2.1.4 实战——置入 AI 文件

26 页

2.4.4 实战——用历史记录面板还原图像

通过"历史记录"面板可以使图像回到已完成的任何一步编辑状态，并从返回的状态继续工作。

33 页

2.7 综合实战——舞者海报

利用操控变形工具，结合定界框各类变换操作，制作一款舞者海报。

43 页

3.3.1 实战——矩形选框工具

使用"矩形选框工具"在图像窗口中单击并拖动，可创建矩形选区，本例打造一款极具艺术效果的照片。

48 页

有音乐

灵魂便不会寂寞。

3.3.2 实战——椭圆选框工具

使用"椭圆选框工具"制作一款简约音乐海报。

49 页

低碳减排 绿色生活

Protect the earth's environment -- the homeland of all mankind.

3.3.4 实战——套索工具

使用"套索工具" 可以徒手创建不规则形状的选区。"套索工具"的使用方法和"画笔工具"相似，需要徒手绘制。

51 页

3.3.5 实战——多边形套索工具

使用"多边形套索工具"建立选区，并更换背景。

52 页

3.4.1 实战——魔棒工具

使用"魔棒工具"可以快速选择对象。

54 页

3.4.2 实战——快速选择工具

使用"快速选择工具"可以像绘画一样创建选区。

54 页

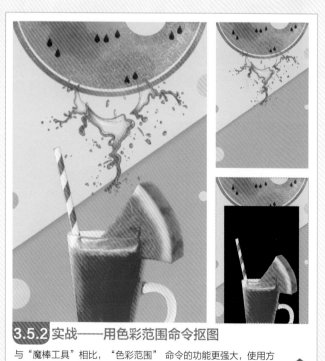

3.5.2 实战——用色彩范围命令抠图

与"魔棒工具"相比，"色彩范围"命令的功能更强大，使用方法也更灵活，可以一边预览选择区域，一边进行动态调整。

56 页

3.10 综合实战——制作炫彩生日贺卡

通过选区的扩展和填色制作一款炫彩生日贺卡。

66 页

4.8.2 实战——制作双重曝光效果

通过更改图层的混合模式制作双重曝光图像效果。

90 页

4.9.2 实战——渐变填充的使用

92 页

5.2.6 实战——打造复古油画效果

103 页

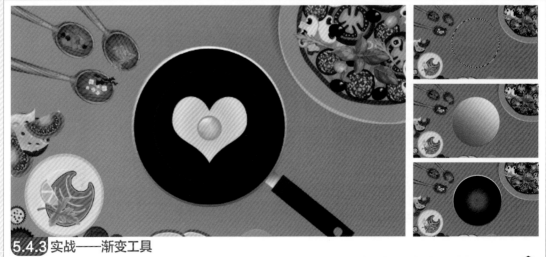

5.4.3 实战——渐变工具

使用"渐变工具"可以创建多种颜色间的渐变混合，不仅可以填充选区、图层和背景，也能用来填充图层蒙版和通道。

110 页

5.6.2 实战——使用背景橡皮擦

"背景橡皮擦工具"用于抠取边缘清晰的图像。

114 页

6.1.2 实战——添加复古文艺色调

120 页

5.7 综合实战——人物线描插画

使用"钢笔工具"在图像上创建路径，再转换为选区，通过为选区描边制作线描插画。

115 页

6.2.12 实战——通道混合器调整命令

该命令通过混合通道颜色改变图像的颜色。

128 页

6.5 综合实战——秋日暖阳人像调整

使用调整图层打造暖色逆光人像。

133 页

8.2.3 实战——从选区生成图层蒙版

可以将选区转换为图层蒙版。

156 页

8.3.2 实战——为矢量蒙版添加图形

可以在矢量蒙版中添加多个不同类型的图形。

158 页

8.5 综合实战——梦幻海底

利用图层蒙版功能制作一幅创意合成图像。

162 页

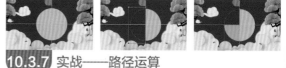

10.3.7 实战——路径运算

通过路径运算制作一幅几何形状海报。

184 页

10.5.7 实战——绘制卡通插画

使用自定义形状制作趣味性插画。

190 页

10.6 综合实战——时尚服装插画

结合图形工具和图形路径，绘制一幅时尚服装插画。

190 页

11.3.1 实战——创建变形文字　196页

12.2.2 实战——使用智能滤镜　208页

12.6.11 实战——打造运动模糊效果　220页

12.11.5 实战——为照片添加唯美光晕　230页

13.1.1 实战——双十一时尚 Banner　237页

13.1.2 实战——火锅促销海报　239页

13.3.1 实战——时尚花卉合成海报

使用"钢笔工具"勾勒图形轮廓，进而完成选区的创建、分割和填充等操作。

245页

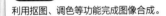

13.3.2 实战——云海漂流创意合成

利用抠图、调色等功能完成图像合成。

247页

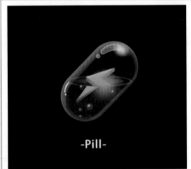

-Pill-

13.4.1 实战——绘制药丸 UI 图标

通过图形工具及图层样式效果的组合使用，打造极具质感的 UI 图标。

251页

13.5 产品包装与设计

在平面效果图的基础上，可以选取部分图形进行变换扭曲操作，使原本平面的图形变得立体，从而更加直观地展示产品在不同场景中的视觉效果。

256页

安晓燕 / 编著

从新手到高手

Photoshop CC
2019 从新手到高手

清华大学出版社

北京

内容简介

本书是为初学者量身定做的一本 Photoshop CC 2019 完全学习手册。书中通过大量的实例展示与详细的步骤操作，深入浅出地讲解了 Photoshop CC 2019 从工具操作等基本技能到制作综合实例的完整流程。

本书共分为 13 章，从最基本的 Photoshop CC 2019 软件界面介绍开始，逐步深入到图像编辑的基本方法，进而讲解选区、图层、绘画与图像修饰、调色、蒙版、通道、矢量工具、路径、文本工具、滤镜等软件核心功能和应用方法，最后通过 5 大类共 11 个综合案例使读者能综合前面学到的软件知识，并应用到实际的工作中去。

本书内容丰富，信息量大，文字通俗易懂，讲解深入、透彻，案例精彩，实战性强。通过本书读者不但可以系统、全面地学习 Photoshop 基本概念和基础操作，还可以由大量精美实例拓展设计思路，掌握 Photoshop 在电商美工、照片处理、海报创作、UI 设计、产品包装等行业的应用方法和技巧，轻松完成各类商业设计工作。

图书在版编目（CIP）数据

Photoshop CC 2019 从新手到高手 / 安晓燕编著．— 北京：清华大学出版社，2019（2024.8 重印）

（从新手到高手）

ISBN 978-7-302-52914-9

Ⅰ．①P… Ⅱ．①安… Ⅲ．① 图像处理软件 Ⅳ．① TP391.413

中国版本图书馆 CIP 数据核字（2019）第 083536 号

责任编辑：陈绿春
封面设计：潘国文
责任校对：徐俊伟
责任印制：宋　林

出版发行：清华大学出版社

网　址：https://www.tup.com.cn, https://www.wqxuetang.com

地　址：北京清华大学学研大厦 A 座　　　　　　　邮　编：100084

社 总 机：010-83470000　　　　　　　　　　　　邮　购：010-62786544

投稿与读者服务：010-62776969，c-service@tup.tsinghua.edu.cn

质量反馈：010-62772015，zhiliang@tup.tsinghua.edu.cn

印 刷 者：三河市龙大印装有限公司

经　　销：全国新华书店

开　　本：185mm×260mm　　印　张：17.25　　插　页：4　　字　数：580 千字

版　　次：2019 年 8 月第 1 版　　印　次：2024 年 8 月第 5 次印刷

定　　价：79.00 元

产品编号：073500-01

前言

　　Photoshop 是 Adobe 公司旗下最为著名的图像处理软件之一，主要用于处理由像素构成的数字图像，是一款专业的位图编辑软件。Photoshop 应用领域广泛，在图像、图形、文字、视频等方面均有应用，在当下热门的淘宝美工、平面广告、出版印刷、UI 设计、网页制作、产品包装、书籍装帧等方面都有着不可替代的重要作用，本书所讲解的软件版本为 Photoshop CC 2019。

一、编写目的

　　鉴于 Photoshop 强大的图像处理能力，我们力图编写一本全方位介绍 Photoshop CC 2019 基本使用方法与技巧的书，结合当下热门行业的案例实训，帮助读者逐步掌握并能灵活使用 Photoshop CC 2019 软件。

二、本书内容安排

　　本书共分为 13 章，精心安排了 123 个具有针对性的案例，不仅讲解了 Photoshop CC 2019 的使用基础，还结合了淘宝美工、照片处理、创意合成、UI 设计和产品包装等行业案例，内容丰富，涵盖面广，可以帮助读者轻松掌握软件的使用技巧和具体应用。本书的内容安排具体如下。

章　名	内容安排
第 1 章 初识 Photoshop CC 2019	本章介绍了 Photoshop CC 2019 的入门知识，包括图像处理基础、Photoshop 的应用领域、软件的安装运行环境和新增功能介绍，以及工作界面和工作区的介绍等
第 2 章 图像编辑的基本方法	本章讲解了文件的基本操作、调整图像与画布、图像的变换与变形操作等图像编辑的基本方法，以及恢复与还原文件、清理内存的技巧等
第 3 章 选区工具的使用	本章主要介绍选区工具的使用，包括认识选区、选区的基本操作、基本选择工具、细化选区、选区的编辑操作等
第 4 章 图层的应用	本章主要介绍图层的应用，包括创建图层、编辑图层、排列与分布图层、合并与盖印图层、使用图层组管理图层、图层样式、图层混合模式等
第 5 章 绘画与图像修饰	本章主要讲解绘画与图像修饰，包括设置颜色、渐变工具的使用方法、填充与描边、画笔面板、绘画工具、擦除工具等
第 6 章 颜色与色调调整	本章主要讲解颜色与色调调整，包括图像的颜色模式、应用调整命令、应用特殊调整命令、使用并设置、信息、面板等
第 7 章 修饰图像工具的应用	本章主要讲解修饰图像工具的应用，包括裁剪图像、修饰工具的使用、修复工具的使用、颜色调整工具的使用等
第 8 章 蒙版的应用	本章详细介绍蒙版的应用，包括图层蒙版的创建与编辑、矢量蒙版的创建与编辑、剪贴蒙版的创建与设置等
第 9 章 通道的应用	本章详细介绍通道的应用，包括编辑与修改专色、用原色显示通道、分离通道、合并通道等通道编辑方法
第 10 章 矢量工具与路径	本章主要讲解矢量工具与路径，包括认识路径和锚点、使用"钢笔工具"绘图、编辑路径、"路径"面板、使用形状工具等

第 11 章 文本的应用	本章详细讲解文字的应用，包括文字的创建与编辑、变形文字的创建、路径文字的创建，以及编辑文本命令等
第 12 章 滤镜的应用	本章主要讲解 Photoshop CC 2019 滤镜的应用，包括认识滤镜、智能滤镜、滤镜库、各类滤镜的使用等
第 13 章 综合实战	本章制作了多个设计案例，包括淘宝美工、照片处理、创意合成、UI 设计、产品包装与设计，并详细地展示了其设计与制作过程

三、本书写作特色

本书以通俗易懂的文字，结合精美的创意实例，全面、深入地讲解了 Photoshop CC 2019 这一功能强大、应用广泛的图像处理软件。总的来说，本书有如下特点。

● 由易到难 轻松学习

本书完全站在初学者的立场，由浅至深地对 Photoshop CC 2019 的常用工具、功能、技术要点进行了详细、全面的讲解。实例涵盖面广，从基本内容到行业应用均有涉及，可满足绝大多数的设计需求。

● 全程图解 一看即会

全书使用全程图解和示例的讲解方式，以图为主、文字为辅。通过这些辅助插图，让读者易学易用、快速掌握。

● 知识点全 一网打尽

除了基本内容的讲解，书中安排了大量"延伸讲解""答疑解惑"和"相关链接"，用于对相应概念、操作技巧和注意事项等进行深层次解读。本书可以说是一种不可多得的、能全面提升读者 Photoshop 技能的练习手册。

四、配套资源下载

本书的相关视频可以扫描书中相关位置的二维码直接观看。本书的配套素材和相关的视频教学文件请扫描右侧的二维码进行下载。

如果在配套资源的下载过程中碰到问题，请联系陈老师，联系邮箱 chenlch@tup.tsinghua.edu.cn。

资源下载

五、作者信息和技术支持

本书由西安工程大学服装与艺术设计学院安晓燕编著。在编写本书的过程中，我们以科学、严谨的态度，力求精益求精，但疏漏之处在所难免，如果有任何技术上的问题，请扫描右侧的二维码，联系相关的技术人员进行解决。

技术支持

编者

2019 年 1 月

第 1 章
初识 Photoshop CC 2019

第 2 章
图像编辑的基本方法

第3章
选区工具的使用

第4章
图层的应用

第 5 章
绘画与图像修饰

第 6 章
颜色与色调调整

第 7 章
修饰图像工具的应用

第 8 章
蒙版的应用

第 9 章
通道的应用

第 10 章
矢量工具与路径

第 11 章
文本的应用

第 12 章
滤镜的应用

第 1 章 初识 Photoshop CC 2019

⊙ 本章简介

Photoshop是美国Adobe公司旗下最为出名的集图像扫描、编辑修改、图像制作、广告创意及图像输入与输出于一体的图像处理软件,被誉为"图像处理大师"。它的功能十分强大,并且使用方便,深受广大设计人员和计算机美术爱好者的喜爱。最新版的Photoshop CC 2019可以让用户享有更多的自由、更快的速度和更强大的功能,从而创作出令人惊叹的图像。

⊙ 本章重点

Photoshop CC 2019概述
Photoshop CC 2019工作界面
设置工作区
使用辅助工具

1.1 图像处理基础

计算机图形图像主要分为两类,一类是位图图像,另一类是矢量图形。Photoshop是一款典型的位图处理软件,但它也包含处理矢量图功能(如文字、钢笔工具)。下面将介绍与这两种图形有关的内容,以便为后面学习图像处理奠定基础。

1.1.1 位图和矢量图

■ 位图

位图图像在技术上称为栅格图像,它是由像素组成的。在Photoshop中处理图像时,编辑的就是像素。打开一个图像文件,如图1-1所示,使用"缩放工具"在图像上连续单击,直至工具中间的"+"号消失,图像放至最大,画面中便会出现许多彩色小方块,这些便是像素,如图1-2所示。

图 1-1

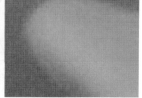
图 1-2

位图的特点是可以表现色彩的变化和颜色的细微过渡,产生逼真的效果,并且很容易在不同的软件之间交换使用。但在保存时,需要记录每一个像素的位置和颜色值,因此,位图占用的存储空间比较大。另外,由于受到分辨率的制约,位图包含固定数量的像素,在对其缩放或旋转时，Photoshop无法生成新的像素，它只能将原有的像素变大以填充多出的空间，结果往往会使清晰的图像变得模糊，也就是通常所说的图像变虚了。例如，图1-3所示为原图像，图1-4所示为将其放大至600%后的局部图像，可以很清楚地看到图像细节已经变模糊。

图1-3　　　　　　　　图1-4

--- 延伸讲解 ✐

　　使用"缩放工具" 𝒬 时，是对文档窗口进行缩放，它只影响视图比例；而对图像的缩放是对图像文件本身进行物理缩放，它会使图像变大或变小。

▌矢量图

　　矢量图是图形软件通过数学的向量方式进行计算得到的图形，它与分辨率没有直接关系。矢量图与位图最大的区别在于，可以任意缩放和旋转，而且不会影响图形的清晰度和光滑性。如图1-5所示为一幅矢量插画，图1-6所示是将图形放大至600%后的局部效果。可以看到，图形仍然光滑、清晰。矢量图的这一特点使其非常适合用于制作图标、LOGO等需要经常缩放或者按照不同打印尺寸输出的文件。

图1-5　　　　　　　　图1-6

　　矢量图占用的存储空间要比位图小很多，但它不能用于创建过于复杂的图形，也无法像照片等位图那样表现丰富的颜色变化和细腻的色调过渡。

--- 延伸讲解 ✐

　　典型的处理矢量图的软件有 Illustrator、CorelDRAW、FreeHand、AutoCAD 等。

▶ 答疑解惑　**矢量图主要应用在哪些领域?**

　　如今矢量图这个术语主要用于二维计算机图形学领域。它是艺术家能够在栅格显示器上生成图像的几种方式之一。另外几种方式包括文本、多媒体以及三维渲染。实际上，所有当今的三维渲染都是二维矢量图形技术的扩展。工程制图领域的绘图仪仍然直接在图纸上绘制矢量图形。

1.1.2 像素与分辨率的关系

　　像素是组成位图图像最基本的元素。每一个像素都有自己的位置，并记载图像中的颜色信息。一个图像包含的像素越多，颜色信息就越丰富，图像效果也会更好，但文件也会随之增大。

　　分辨率是指单位长度内包含的像素点的数量，它的单位通常为像素/英寸（ppi），如720ppi表示每英寸包含72个像素点，300ppi表示每英寸包含300个像素点。分辨率决定了位图细节的精细程度，通常情况下，分辨率越高，包含的像素就越多，图像就越清晰。如图1-7所示为相同打印尺寸但分辨率不同的三个图像，低分辨率的图像有些模糊，高分辨率的图像就非常清晰。

分辨率为300像素　　分辨率为100像素　　分辨率为72像素
图1-7

--- 相关链接 ✐

　　新建文件时，可以设置分辨率，相关内容请参阅2.1.1小节。对于一个现有的文件，则可以使用"图像大小"命令修改它的分辨率，相关内容请参阅2.2.4小节。

答疑解惑 如何设定合适的分辨率？

像素和分辨率是两个密不可分的概念，它们的组合方式决定了图像的数据量。例如，同样是 1 英寸 ×1 英寸的两个图像，分辨率为 72ppi 的图像包含 5184 个像素（宽度 72 像素 × 高度 72 像素 = 5184 像素），而分辨率为 300ppi 的图像则包含多达 90000 个像素（300 像素 ×300 像素 = 90000 像素）。在打印时，高分辨率的图像要比低分辨率的图像包含更多的像素，像素点更小，像素的密度更高，所以可以重现更多细节和更细微的颜色过渡效果。虽然分辨率越高，图像的质量越好，但这也会增加其占用的存储空间，只有根据图像的用途设置合适的分辨率才能取得最佳使用效果。这里介绍一个比较通用的分辨率设定规范：如果图像用于屏幕显示或者网络，可以将分辨率设置为 72 像素 / 英寸（ppi）。对于用于大幅喷绘的图像，分辨率数值应介于 100 像素 / 英寸~150 像素 / 英寸。

1.1.3 常用图像文件格式

对数字图像处理必须采用一定的图像格式，也就是把图像的像素按照一定的方式进行组织和存储，把图像数据存储成文件就得到图像文件。图像文件格式决定了应该在文件中存放何种类型的信息，文件如何与各种应用软件兼容，文件如何与其他文件交换数据，下面将介绍几款常用的图像文件格式。

BMP 格式：BMP 是英文 Bitmap（位图）的缩写，它是 Windows 操作系统中的标准图像文件格式，能够被多种 Windows 应用程序支持。

GIF 格式：最初的 GIF 只是简单地用来存储单幅静止图像（称为 GIF87a），后来随着技术的发展，可以同时存储若干幅静止图像，进而形成连续的动画。GIF 格式的特点是压缩比高，磁盘空间占用较少。虽然 GIF 不能存储超过 256 色的图像，但其具备图像文件短小、下载速度快、可用许多具有同样大小的图像文件组成动画等优势。

JPEG 格式：JPEG 文件的扩展名为 .jpg 或 .jpeg，其压缩技术十分先进，采用有损压缩方式去除冗余的图像和彩色数据，获取极高压缩率的同时能展现十分丰富生动的图像。

JPEG2000 格式：JPEG2000 作为 JPEG 的升级版，其压缩率比 JPEG 高约 30%。与 JPEG 不同的是，JPEG2000 同时支持有损和无损压缩（无损压缩对保存一些重要图片十分有用），而 JPEG 只能支持有损压缩。

TIFF 格式：TIFF 是 Mac 中广泛使用的图像格式，它由 Aldus 和微软联合开发，最初是为跨平台存储扫描图像的需要而设计的。它的特点是图像格式复杂、存储信息多。正因为它存储的图像细微层次的信息非常多，图像的质量得以提高，故而非常有利于原稿的复制。

PSD 格式：该格式是 Photoshop 的专用格式，其中包含了各种图层、通道、遮罩等多种设计样稿，以便于下次打开文件时可以修改上一次的设计。在 Photoshop 所支持的各种图像格式中，PSD 格式的存取速度比其他格式快很多，功能也很强大。

PNG 格式：PNG 是目前保证最不失真的格式，它汲取了 GIF 和 JPG 两者的优点，存储形式丰富，兼有 GIF 和 JPG 的色彩模式，同时支持透明图像的制作。其缺点是不支持动画应用效果。

1.2 Photoshop 的应用领域

作为 Adobe 公司旗下最出名的图像处理软件，Photoshop 的应用领域已经广泛分布于人们的工作和生活中。在淘宝美工、平面设计、照片处理、网页设计、插画绘制、数码艺术创作、UI/APP 设计、包装设计、动画与 CG、效果图后期处理等领域，Photoshop 都起着无可替代的作用。

1.2.1 在淘宝美工中的应用

随着个人电子商务市场竞争加剧，依存于美工基础上的点击率和转化率，已成为决定电商企业成败的重要因素之一。因此，很多网店通过美化主页、优化产品效果图等手段来吸引顾客的注意力，如图1-8所示。淘宝美工需要使用Photo-shop进行图片的处理与合成。当面对成千上万的浏览量时，美工的优势会被一步步放大，美工的重要性和专业性便会十分突出。

图1-8

1.2.2 在平面设计中的应用

平面设计是Photoshop应用最为广泛的领域，平面广告、杂志、包装、海报等这些具有丰富图像元素的平面"印刷品"都需要使用Photoshop进行图像处理，如图1-9和图1-10所示。

图1-9　　　　　　　　图1-10

1.2.3 在照片处理中的应用

随着数码照相机的普及，越来越多的人成为摄影爱好者，而Photoshop可以对数码照片进行色彩校正、调色、修复与润饰等专业化处理，以弥补前期拍摄过程中构图、光线、色彩的不足，还可以对图像进行一些创造性的合成，如图1-11和图1-12所示。

图1-11　　　　　　　　图1-12

1.2.4 在网页设计中的应用

随着网络的普及，网站已成为最大的信息聚集地，也是企业的形象标志，成为推广公司产品、收集市场信息的新渠道。在全球资源共享的网络上，如何创建独特的网站，是网页设计者追求的目标。Photoshop可用于设计和制作网页界面，如图1-13和图1-14所示，然后使用Dream-weaver软件对其进行处理，再用Flash软件添加动画，便可完成互动的网页界面。

图1-13

图1-14

1.2.5 在插画绘制中的应用

随着IT行业的迅速发展，插画越来越多地在各行各业应用，主要有两类：文学插画与商业插画。文学插画是再现文章情节、体现文学精神的视觉艺术，如图1-15所示。商业插画是为企业或产品传递商品信息，集艺术与商业于一体的一种图像表现形式，如图1-16所示。Photoshop具有良好的绘画与调色功能，插画制作者使用Photoshop绘制作品，可以设计出色彩绚丽的插画。

图1-15　　　　　　　　图1-16

1.2.6 在艺术创作中的应用

随着数码时代发展的日新月异，数码绘画作为绘画语言有得天独厚的优势。在艺术创作中，巧用软件技巧可以制作出超乎想象的艺术作品。例如，使用Photoshop对图像进行合成，可以为作品添加生动形象的元素，如图1-17和图1-18所示。

图1-17   图1-18

1.2.7 在 UI/APP 设计中的应用

UI设计是包括软件的人机交互、操作逻辑、界面美观的整体设计，也叫界面设计。好的UI设计不仅能让软件变得有个性有品位，还能使软件操作变得舒适、简单、自由，充分体现软件的定位和特点，如图1-19和图1-20所示。

图1-19   图1-20

从软件界面到手机的操作界面，再到网络以及电子产品等，都离不开界面设计。界面的设计与制作主要由Photoshop来完成，使用Photoshop的渐变、图层样式和滤镜等功能可以表现真实的质感和特效，如图1-21和图1-22所示。

图1-21   图1-22

1.2.8 在包装设计中的应用

一个产品的包装直接影响顾客的购买心理，所以产品的包装是最直接的广告。包装设计涵盖产品容器、产品内外包装、吊牌、标签、运输包装以及礼品包装的设计等。使用Photoshop可以满足这一系列的设计需求，如图1-23和图1-24所示。

图1-23   图1-24

此外，使用Photoshop软件，可以把流畅的线条、和谐的图片、优美的文字组合成一本兼具可读性和可赏性的精美画册。这样画册可以全方位立体展示企业或个人的形象，如图1-25和图1-26所示。

图1-25   图1-26

1.3 Photoshop CC 2019 概述

想要学习和使用Photoshop CC 2019，首先要学会如何正确地安装该软件。Photoshop CC 2019的安装与卸载方法其实很简单，与其他版本大致相同。由于Photoshop CC 2019是图像处理软件，因此对计算机的硬件设备会有相应的配置要求。

1.3.1 安装运行环境

由于Windows操作系统和Mac OS（苹果计算机）操作系统之间存在差异，因此安装Photoshop CC 2019的硬件要求也有所不同，以下是Adobe推荐的最低系统要求。

Windows	支持64位的Intel®或AMD处理器*，2GHz或速度更快的处理器 带有Service Pack的Microsoft Windows 7（64位）、Windows 10（版本为1709或更高版本） 2GB或更大RAM（推荐使用8GB） 64位安装需要3.1GB或更大的可用硬盘空间，安装过程中会需要更多可用空间（无法在使用区分大小写的文件系统的卷上安装） 分辨率为1024像素×768像素的显示器（推荐使用1280像素×800像素），带有16位颜色和512MB或更大内存的专用VRAM，推荐使用2GB的VRAM 支持OpenGL2.0的系统 不再支持32位版本的Windows，需要获得对32位驱动程序和插件的支持，请使用早期版本的Photoshop
Mac OS	支持64位的多核Intel处理器 Mac OS 10.12（Sierra）、Mac OS 10.13（High Sierra）或Mac OS 10.14（Mojave）版本 2GB或更大RAM（推荐使用8GB） 安装需要4GB或更大的可用硬盘空间，安装过程中会需要更多可用空间（无法在使用区分大小写的文件系统的卷上安装） 分辨率为1024像素×768像素的显示器（推荐使用1280像素×800像素），带有16位颜色和512MB或更大的专用VRAM，推荐使用2GB 支持OpenGL2.0的系统

1.3.2 版本新增功能介绍

Photoshop CC 2019的新功能和增强功能，可以极大地丰富用户的图像处理体验，如全新和改良的工具以及工作流程让用户可以直观地创建3D图像、2D设计等。

▌ 默认撤销键

从该版本开始，快捷键Ctrl+Z将成为Photoshop的默认连续撤销键。

▌ 图框工具

使用新增的"图框工具"⊠可将形状或文本转换为图框，以便用户方便地向其中填充图像，如图1-27和图1-28所示。

图1-27　　　　　　　　　图1-28

▌ Ctrl+T 默认等比例缩放

在Photoshop之前的版本中，按快捷键Ctrl+T打开的定界框默认是非等比缩放。如果需要在缩放过程中保持比例不变，必须按住Shift键拖曳边缘。而Photoshop CC 2019的定界框的默认缩放已改成了等比例缩放。如果需要进行非等比缩放，按住Shift键拖曳即可。

■ 图层混合模式即时预览

以往在进行图层效果混合时，需要首先选定一组混合模式，然后查看不同模式下的混合效果。Photoshop CC 2019的最大进步，就是实现了图层混合模式的即时预览。打开菜单，直接在不同混合模式间滑过，图像上就能即时显示出具体的合成效果了。

■ 新增"色轮"工具

Photoshop CC 2019的"颜色"面板新增加了"色轮"工具，相比之前的版本，可以更方便地查找对比色及邻近色，如图1-29所示。

图1-29

■ 更聪明的 V 键

V键在Adobe家族中一直是"移动工具"的代名词。在Photoshop CC 2019中，可以智能识别单击元素类别。双击文字就能进入文字编辑模块，双击形状就能进入形状编辑模块，双击图片就进入图片编辑模块，全自动智能识别。

■ 优化长图层名称显示

Photoshop CC 2019优化了长图层名称的显示方式，除了图层名称的前面部分，还会显示结尾部分，更加人性化。

■ 新对称模式

在之前版本的基础上，Photoshop CC 2019增加了"径向"  和"曼陀罗" 两种全新的对称模式，如图1-30和图1-31所示。

图1-30   图1-31

■ 新增"分布间距"对齐功能

这项功能主要是针对大小不同的形状元素设计。在Photoshop CC 2019之前，Photoshop已经包括水平分布和垂直分布功能，但这些都是按照对象的中心点来计算的。如果对象大小不一，间距也会不一样。Photoshop CC 2019的"分布间距"功能解决了这个问题，即便被选中对象精细程度不同，通过"分布间距"也能保证每个元素的间距相同。

■ 文字工具更方便

新文字工具在易用性方面更强大，在文本框内双击可进入编辑模式，在文本框外双击可直接确认操作结果。

■ 输入框支持简单数学运算

Photoshop CC 2019允许在输入框内输入简单的数学运算符。例如，在调整图像尺寸时，会需要进行精确计算。以前，只能在文本框中输入目标数值，而在Photoshop CC 2019中，可以直接输入运算符，Photoshop将自动计算结果并完成调整，这样便于进行精确修图。

1.4 Photoshop CC 2019 工作界面

Photoshop CC 2019的工作界面简洁实用，工具的选区、面板的访问、工作区的切换等都十分方便。不仅如此，还可以调整工作界面的亮度，以便凸显图像。诸多设计的改进，为用户提供了更加流畅和高效的编辑体验。

1.4.1 了解工作界面组件

Photoshop CC 2019的工作界面包含菜单栏、标题栏、文档窗口、工具箱、工具选项栏、选项卡、状态栏和面板等组件，如图1-32所示。

图1-32

Photoshop CC 2019的工作界面各区域说明如下。

菜单栏：菜单中包含可以执行的各种命令，单击菜单名即可打开相应的菜单。

标题栏：显示了文档名称、文件格式、窗口缩放比例和颜色模式等信息。如果文档中包含多个图层，则标题栏中还会显示当前工作图层的名称。

工具箱：包含用于执行各种操作的工具，如创建选区、移动图像、绘画和绘图等操作。

工具选项栏：用来设置工具的各种选项，它会随着所选工具的不同而改变选项内容。

面板：有的用来设置编辑选项，有的用来设置颜色属性。

状态栏：可以显示文档大小、文档尺寸、当前工具和窗口缩放比例等信息。

文档窗口：是显示和编辑图像的区域。

选项卡：打开多个图像时，只在窗口中显示一个图像，其他的则最小化到选项卡中。单击选项卡中的文件名便可显示相应的图像。

--- 延伸讲解

执行"编辑"|"首选项"|"界面"命令，打开"首选项"对话框，在"颜色方案"选项组中可以调整工作界面的亮度，从黑色到浅灰色，共4种亮度方案。

1.4.2 了解文档窗口

在Photoshop中打开一个图像，便会创建一个文档窗口。如果打开多个图像，它们会停放到选项卡中，如图1-33所示。单击一个文档的名称，即可将其设置为当前操作的窗口，如图1-34所示。按快捷键Ctrl+Tab，可按照前后顺序切换窗口；按快捷键Ctrl+Shift+Tab，则按照相反的顺序切换窗口。

图1-33

图 1-34

在一个窗口的标题栏上单击并将其从选项卡中拖出，它便成为可以任意移动位置的浮动窗口（拖曳标题栏可进行移动），如图1-35所示。拖曳浮动窗口的一角，可以调整窗口的大小，如图1-36所示。将一个浮动窗口的标题栏拖曳到选项卡中，当出现蓝色横线时释放鼠标，可以将窗口重新停放到选项卡中。

图 1-35

图 1-36

如果打开的图像数量较多，导致选项卡中不能显示所有文档的名称，可单击选项卡右侧的双

箭头按钮 》，在打开的级联菜单中选择需要的文档，如图1-37所示。

图 1-37

此外，在选项卡中，沿水平方向拖曳各个文档，可以调整它们的排列顺序。

单击一个窗口右上角的按钮 ✕，可以关闭该窗口。如果要关闭所有窗口，可以在一个文档的标题栏上右击，在弹出的快捷菜单中执行"关闭全部"命令。

1.4.3 了解工具箱

工具箱包含用于选择、绘图、编辑、文字等操作的40多种工具，如图1-38所示。Photoshop CC 2019的工具箱有单列和双列两种显示模式。单击工具箱顶部的双箭头 ▶▶，可以将工具箱切换为单排（或双排）显示模式。使用单列显示模式，可以有效节省屏幕空间，使图像的显示区域更大，方便用户的操作。

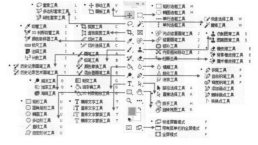

图 1-38

■ 移动工具箱

默认情况下，工具箱停放在窗口左侧。将光标放在工具箱顶部双箭头右侧，单击并向右侧拖动鼠标，可以使工具箱呈浮动状态，并停放在窗

口的任意位置。

选择工具

单击工具箱中的工具可选择该工具，如图1-39所示。如果工具右下角带有三角形图标，表示这是一个工具组，单击可以显示隐藏的工具，如图1-40所示；将光标移动到隐藏的工具上然后放开鼠标，即可选择相应的工具，如图1-41所示。

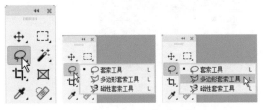

图1-39　　　　图1-40　　　　图1-41

答疑解惑 怎样快速选择工具？

常用的工具可以使用快捷键来选择。例如，按V键可以选择"移动工具"。将光标悬停于工具上，即可显示工具名称和快捷键信息。此外，按Shift+工具快捷键，可在工具组中依次循环选择各个工具。

1.4.4 了解工具选项栏

工具选项栏用于设置工具的参数选项。通过设置合适的参数，不仅可以有效增加工具的灵活性，还能够提高工作效率。不同的工具，其工具选项栏有很大的差异。如图1-42所示为"画笔工具"的工具选项栏，一些设置（如绘画模式和不透明度）是许多工具通用的，而有些设置（如铅笔工具的"自动抹除"）则专用于某个工具。

图1-42

工具操作说明如下。

菜单箭头 ∨：单击该按钮，可以打开一个下拉列表，如图1-43所示。

文本框：在文本框中单击，然后输入新数值并按Enter键即可调整数值。如果文本框旁边有下三角按钮，单击该按钮，会显示一个弹出滑块，拖曳滑块也可以调整数值，如图1-44所示。

小滑块：在包含文本框的选项中，将光标悬停在选项名称上，光标会变为如图1-45所示的状态，单击并向左右两侧拖曳，可以调整数值。

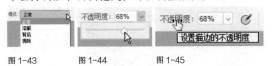

图1-43　　　　图1-44　　　　图1-45

隐藏/显示工具选项栏

执行"窗口"|"选项"命令，可以隐藏或显示工具选项栏。

移动工具选项栏

单击并拖曳工具选项栏最左侧的图标，可以使工具选项栏呈浮动状态（即脱离顶栏固定状态），如图1-46所示。将其拖回菜单栏下面，当出现蓝色条时释放鼠标，可重新停放到原位置。

图1-46

1.4.5 了解菜单

Photoshop CC 2019菜单栏中包含11组菜单，每个菜单内都包含一系列的命令，它们有不同的显示状态，只要了解了每个菜单的特点，就能掌握这些菜单命令的使用方法。

打开菜单

单击某一个菜单即可打开该菜单。在菜单中，不同功能的命令之间会用分割线分开。将光标移动至"调整"命令上，打开其级联菜单，如图1-47所示。

执行菜单中的命令

选择菜单中的命令即可执行此命令。如果命令后面有快捷键，也可以使用快捷键执行命令。例如，按快捷键Ctrl+O可以打开"打开"对话框。级联菜单后面带有黑色三角形标记的命令表示还包含级联菜单。如果有些命令只提供了字母，可以按Alt键+主菜单的字母+命令后面的字母，执行该命令。例如，按快捷键Alt+I+D可执行"图像"|"复制"命令，如图1-48所示。

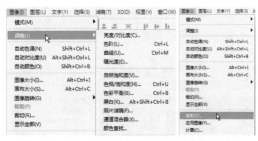

图 1-47　　　　　　　　　　图 1-48

（答疑解惑）**为什么有些命令是灰色的？**

如果菜单中的某些命令显示为灰色，表示它们在当前状态下不能使用；如果一个命令的名称右侧有…状符号，表示执行该命令后会打开一个对话框。例如，在没有创建选区的情况下，"选择"菜单中的多数命令都不能使用；在没有创建文字的情况下，"文字"菜单中的多数命令也不能使用。

■ 打开快捷菜单

在文档窗口的空白处、一个对象上或者在面板上右击，可以显示快捷菜单。

1.4.6 了解面板

面板是Photoshop的重要组成部分，可以用来设置颜色、工具参数，还可以执行各种编辑命令。Photoshop中包含20多个面板，在"窗口"菜单中可以选择需要的面板并将其打开。默认情况下，面板以选项卡的形式成组出现，并停靠在窗口右侧，用户可以根据需要打开、关闭或是自由组合面板。

■ 选择面板

在面板选项卡中，单击一个面板的标题栏，即可切换至相应的面板，如图1-49和图1-50所示。

图 1-49　　　　　　　　　　图 1-50

■ 折叠 / 展开面板

单击导航面板组右上角的双三角按钮 ▶▶，可

以将面板折叠为图标状，如图1-51所示。单击图标，可以展开相应的面板，如图1-52所示。单击面板右上角的"折叠为图标"按钮 ««，可重新将其折叠为图标状。拖曳面板左边界，可以调整面板组的宽度，让面板的名称显示出来，如图1-53所示。

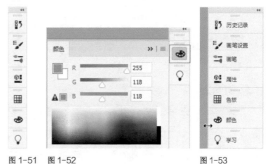

图 1-51　图 1-52　　　　　　　　图 1-53

■ 组合面板

将光标放置在某个面板的标题栏上，单击并将其拖曳到另一个面板的标题栏上，出现蓝色框时释放鼠标，可以将其与目标面板组合，如图1-54和图1-55所示。

图 1-54

图 1-55

延伸讲解 ✎

将多个面板合并为一个面板组，或将一个浮动面板合并到面板组中，可以让文档窗口有更多的操作空间。

■ 链接面板

将光标放在面板的标题栏上，单击并将其拖曳至另一个面板上方，出现蓝色框时释放鼠标，可以将这两个面板链接在一起，如图1-56所示。链接的面板可同时移动或折叠为图标状。

图1-56

■ 移动面板

将光标放在面板的标题栏上，单击并拖曳到窗口空白处，如图1-57所示，即可将其从面板组或链接的面板组中分离出来，使之成为浮动面板，如图1-58所示。拖曳浮动面板的标题栏，可以将它放在窗口中的任意位置。

图1-57　　　　图1-58

■ 调整面板大小

拖动面板的右下角，可同时调整面板的高度与宽度，如图1-59所示。

图1-59

■ 打开面板菜单

单击面板右上角的 ≡ 按钮，可以打开面板菜单，如图1-60所示。菜单中包含与当前面板有关的各种命令。

■ 关闭面板

在面板的标题栏上右击，在弹出的快捷菜单中执行"关闭"命令，如图1-61所示，可以关闭

该面板；执行"关闭选项卡组"命令，可以关闭该面板组。对于浮动面板，可单击右上角的按钮 ✕ ，将其关闭。

图1-60　　　　　图1-61

1.4.7 了解状态栏

状态栏位于文档窗口底部，用于显示文档窗口的缩放比例、文档大小和当前使用的工具等信息。单击状态栏中的按钮 › ，可在打开的菜单中选择状态栏的具体显示内容，如图1-62所示。如果单击状态栏，则可以显示图像的宽度、高度和通道等信息；按住Ctrl键单击（按住鼠标左键不放），可以显示图像的拼贴宽度等信息。

图1-62

菜单命令说明如下。

文档大小： 显示当前文档中图像的数据量信息。

文档配置文件： 显示当前文档所使用的颜色配置文件的名称。

文档尺寸： 显示当前图像的尺寸。

测量比例： 显示文档的测量比例。测量比例是在图像中设置的与比例单位（如英寸、毫米或微米）数相等的像素，Photoshop可以测量用标尺工具或选择工具定义的区域。

暂存盘大小： 显示关于处理图像的内存和Photoshop暂存盘的信息。

效率： 显示执行操作实际花费时间的百分比。当效率为100%时，表示当前处理的图像在内存中生成；如果低于该值，则表示Photoshop正在使用暂存

盘，操作速度会变慢。

计时：显示完成上一次操作所用的时间。

当前工具：显示当前使用工具的名称。

32位曝光：用于调整预览图像，以便在计算机显示器上查看32位/通道高动态范围（HDR）图像的选项。只有文档窗口显示HDR图像时，该选项才能使用。

存储进度：保存文件时，可以显示存储进度。

1.5 查看图像

编辑图像时，需要经常放大或缩小窗口的显示比例、移动画面的显示区域，以便更好地观察和处理图像。Photoshop提供了许多用于缩放窗口的工具和命令，如切换屏幕模式、缩放工具、抓手工具、"导航器"面板等。

1.5.1 在不同的屏幕模式下工作

单击工具箱底部的"更改屏幕模式"按钮 ⬚，可以显示一组用于切换屏幕模式的按钮，包括"标准屏幕模式"按钮 ⬚、"带有菜单栏的全屏模式"按钮 ⬚ 和"全屏模式"按钮 ⬚。

标准屏幕模式：这是默认的屏幕模式，可以显示菜单栏、标题栏、滚动条和其他屏幕元素。

带有菜单栏的全屏模式：显示菜单栏和50%灰色背景，无标题栏和滚动条的全屏窗口。

全屏模式：显示只有黑色背景，无标题栏、菜单栏和滚动条的全屏窗口。

--- 延伸讲解

按F键可以在各个屏幕模式之间切换；按 Tab 键可以隐藏 / 显示工具箱、面板和工具选项栏；按快捷键 Shift+Tab 可以隐藏 / 显示面板。

1.5.2 在多个窗口中查看图像

如果同时打开了多个图像文件，可以通过"窗口"|"排列"级联菜单中的命令控制各个文档窗口的排列方式，如图1-63所示。

图 1-63

菜单命令说明如下。

层叠：从屏幕的左上角到右下角以堆叠和层叠的方式显示未停放的窗口，如图1-64所示。

图 1-64

平铺：以边靠边的方式显示窗口，如图1-65所示。关闭一个图像时，其他窗口会自动调整大小，以填满可用的空间。

图 1-65

在窗口中浮动：允许图像自由浮动（可拖曳标题栏移动窗口），如图1-66所示。

使所有内容在窗口中浮动：使所有文档窗口都浮动，如图1-67所示。

图 1-66

图 1-67

将所有内容合并到选项卡中：如果要恢复为默认的视图状态，即全屏显示一个图像，其他图像最小化到选项卡中，可以执行"窗口"|"排列"|"将所有内容合并到选项卡中"命令。

匹配缩放：将所有窗口都匹配到与当前窗口相同的缩放比例。例如，当前窗口的缩放比例为100%，另外一个窗口的缩放比例为50%，执行该命令后，另一个窗口的显示比例会自动调整为100%。

匹配位置：将所有窗口中图像的显示位置都匹配到与当前窗口相同，匹配前后效果如图1-68和图1-69所示。

图 1-68

匹配旋转：将所有窗口中画布的旋转角度都匹配到与当前窗口相同，匹配前后效果如图1-70和图

1-71所示。

图 1-69

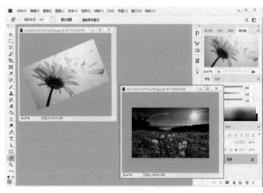

图 1-70

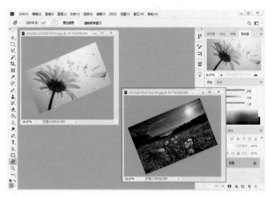

图 1-71

全部匹配：将所有窗口的缩放比例、图像显示位置、画布旋转角度与当前窗口匹配。

1.5.3 实战——用旋转视图工具旋转画布

在Photoshop中绘图或修饰图像时，可以使用"旋转视图工具"旋转画布。

01 启动Photoshop CC 2019软件，按快捷键Ctrl+O，打开相关素材中的"猫咪.jpg"文件。在工具箱中选择"旋转视图工具"🖐，在窗口中单击，会出现一个罗盘，红色的指针指向北方，如图1-72所示。

图1-72

02 按住鼠标左键拖曳即可旋转画布，如图1-73所示。如果要精确旋转画布，可以在工具选项栏的"旋转角度"文本框中输入角度值。如果打开了多个图像，勾选"旋转所有窗口"复选框，可以同时旋转这些窗口。如果要将画布恢复到原始角度，可单击"复位视图"按钮或按Esc键。

图1-73

延伸讲解 ✍

需要启用"图形处理器设置"才能使用"旋转视图工具"，该功能可在Photoshop"首选项"对话框的"性能"属性中进行设定。

1.5.4 实战——用缩放工具调整窗口比例

在Photoshop中绘图或修饰图像时，可以使用"缩放工具"将对象放大或缩小。

01 启动Photoshop CC 2019软件，按快捷键Ctrl+O，打开相关素材中的"美食.jpg"文件，效果如图1-74所示。

图1-74

02 在工具箱中选择"缩放工具"🔍，将光标放置在画面之中，待光标变为🔍状后，单击鼠标左键即可放大窗口显示比例，如图1-75所示。

图1-75

03 按住Alt键，待光标变为🔍状，单击鼠标左键即可缩小窗口显示比例，如图1-76所示。

图1-76

04 在"缩放工具"🔍选中状态下，勾选工具选项栏中的"细微缩放"复选框，如图1-77所示。

图1-77

"缩放工具"选项栏各选项说明如下。

放大🔍/缩小🔍：单击🔍按钮后，单击鼠标左键可放大窗口；单击 Q 按钮后，单击鼠标左键可缩小窗口。

调整窗口大小以满屏显示：在缩放窗口的同时自动调整窗口的大小，以便让图像满屏显示。

缩放所有窗口：同时缩放所有打开的文档窗口。

细微缩放：勾选该复选框后，在画面中单击并向左或向右拖动光标，能够以平滑的方式快速缩小或放大窗口；取消勾选时，在画面中单击并拖曳光标，会出现一个矩形选框，释放鼠标后，矩形选框内的图像会放大至整个窗口。按住Alt键操作，可以缩小矩形选框内的图像。

100%：单击该按钮，图像以实际像素，即100%的比例显示。双击"缩放工具" Q 可以完成同样的操作。

适合屏幕：单击该按钮，可以在窗口中最大化显示完整的图像。双击"抓手工具" ✋ 可以完成同样的操作。

填充屏幕：单击该按钮，可在整个屏幕范围内最大化显示完整的图像。

05 单击图像并向右侧拖曳光标，能够以平滑的方式快速放大窗口，如图1-78所示。

图1-78

06 向左侧拖曳光标，则会快速缩小窗口比例，如图1-79所示。

图1-79

1.5.5 实战——用抓手工具移动画面

当图像尺寸较大，或者由于放大窗口的显示比例而不能显示全部图像时，可以使用"抓手工具"移动画面，查看图像的不同区域。该工具也可用于缩放窗口。

01 启动Photoshop CC 2019软件，按快捷键Ctrl+O，打开相关素材中的"玩偶.jpg"文件，效果如图1-80所示。

02 在工具箱中选择"抓手工具" ✋，将光标放置在画面之中，按住Alt键并单击鼠标左键，可以缩小窗口，如图1-81所示。按住Ctrl键并单击鼠标左键可以放大窗口，如图1-82所示。

图1-80   图1-81

--- 延伸讲解 ❧

如果同时按住Alt键（或Ctrl键）和鼠标左键不放，则能够以平滑的、较慢的方式逐渐缩放窗口。此外，同时按住Alt键（或Ctrl键）和鼠标左键，向左（或右）侧拖动鼠标，能够以较快的方式平滑地缩放窗口。

03 放大窗口后，释放快捷键，单击并拖曳光标即可移动画面，如图1-83所示。

图1-82   图1-83

04 按住H键并单击鼠标左键，窗口中会显示全部图像，并出现一个矩形框，将矩形框定位在需要查看的区域，如图1-84所示。

05 释放鼠标和H键，此时可以快速放大并转到这一图像区域，如图1-85所示。

图1-84　　　　　　　图1-85

> --- 延伸讲解 ---
>
> 使用绝大多数工具时，按住键盘中的空格键都可以切换为"抓手工具"。使用除"缩放工具""抓手工具"以外的其他工具时，按住 **Alt** 键并滚动鼠标中间的滚轮也可以缩放窗口。此外，如果同时打开了多个图像，在选项栏中勾选"滚动所有窗口"复选框后，移动画面的操作将用于所有不能完整显示的图像。抓手工具的其他选项均与"缩放工具"相同。

1.5.6 用导航器面板查看图像

"导航器"面板中包含图像的缩览图和窗口缩放控件，如图1-86所示。如果文件尺寸较大，画面中不能显示完整的图像，通过该面板定位图像的显示区域会更方便。

通过按钮缩放窗口：单击放大按钮▲，可以放大窗口的显示比例；单击缩小按钮▲，可以缩小窗口的显示比例。

通过滑块缩放窗口：拖曳缩放滑块，可放大或缩小窗口的显示比例。

通过数值缩放窗口：缩放文本框中显示了窗口的显示比例。在文本框中输入数值并按Enter键，即可按照设定的比例缩放窗口。

移动画面：当窗口中不能显示完整的图像时，将光标移动到代理预览区域，光标会变为🖐状，单击并拖动鼠标可以移动画面，代理预览区域内的图像会位于文档窗口的中心。

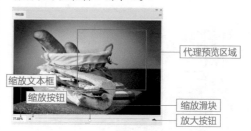

图1-86

> --- 延伸讲解 ---
>
> 执行"导航器"面板菜单中的"面板选项"命令，可在打开的对话框中修改代理预览区域矩形框的颜色。

1.5.7 了解窗口缩放命令

Photoshop的"视图"菜单中包含以下用于调整图像视图比例的命令。

放大：执行"视图"|"放大"命令，或按快捷键Ctrl++，可以放大窗口的显示比例。

缩小：执行"视图"|"缩小"命令，或按快捷键Ctrl+-，可以缩小窗口的显示比例。

按屏幕大小缩放：执行"视图"|"按屏幕大小缩放"命令，或按快捷键Ctrl+0，可自动调整图像的比例，使之能够完整地在窗口中显示。

100%/200%：执行"视图"|"100%/200%"命令，图像会以100%（快捷键为Ctrl+1）或200%的比例显示。

打印尺寸：执行"视图"|"打印尺寸"命令，图像会按照实际的打印尺寸显示。

1.6 设置工作区

在Photoshop的工作界面中，文档窗口、工具箱、菜单栏和面板组成工作区。Photoshop提供了适合不同任务的预设工作区，如绘画时，选择"绘画"工作区，窗口中便会显示与画笔、色彩等有关的各种面板，并隐藏其他面板，以方便用户操作。也可以根据自己的使用习惯创建自定义的工作区。

1.6.1 使用预设工作区

Photoshop为简化某些任务而专门为用户设计了几种预设的工作区。例如，如果要编辑数码照片，可以使用"摄影"工作区，界面中就会显示与照片修饰有关的面板，如图1-87所示。

图1-87

执行"窗口"｜"工作区"级联菜单中的命令，如图1-88所示，可以切换为Photoshop提供的预设工作区。其中，"3D""动感""绘画"和"摄影"等是针对相应任务的工作区。

图1-88

如果修改了工作区（如移动了面板的位置），执行"基本功能（默认）"命令，可以恢复为Photoshop默认的工作区，执行"复位（某工作区）"命令，则可复位所选的预设的工作区。

1.6.2 实战——创建自定义工作区

在Photoshop中进行图像处理时，可以为常用的参数面板创建自定义工作区，方便之后随时进行调用。

01 启动Photoshop CC 2019软件，按快捷键Ctrl+O，打开相关素材中的"玫瑰.jpg"文件，

这里默认的是"基本功能"工作区，效果如图1-89所示。

图1-89

02 执行"窗口"菜单中的命令，关闭不需要的面板，只保留所需的面板，如图1-90所示。

03 执行"窗口"｜"工作区"｜"新建工作区"命令，打开"新建工作区"对话框，输入工作名称，并勾选"键盘快捷键"和"菜单"复选框，单击"存储"按钮，如图1-91所示。

图1-90　　　　　　图1-91

04 在"窗口"｜"工作区"的级联菜单中，可以看到创建的工作区已经包含在菜单中，如图1-92所示，执行该级联菜单中的命令即可切换为该工作区。

图1-92

--- 延伸讲解

如果要删除自定义的工作区，可以执行菜单中的"删除工作区"命令。

1.6.3 实战——自定义彩色菜单命令

如果经常要用到某些菜单命令，可以将它们设定为彩色，以便需要时可以快速找到它们。

01 执行"编辑"|"菜单"命令，或按快捷键Alt+Shift+Ctrl+M，打开"键盘快捷键和菜单"对话框。单击"图像"命令前面的›按钮，展开该菜单，如图1-93所示。

图 1-93

02 选择"模式"命令，然后在如图1-94所示的位置单击，打开下拉列表，为"模式"命令选择橙色（选择"无"表示不为命令设置任何颜色），单击"确定"按钮，关闭对话框。

03 打开"图像"菜单，可以看到"模式"命令的底色已经变成橙色，如图1-95所示。

图 1-94　　　　　图 1-95

1.6.4 实战——自定义工具快捷键

在Photoshop中，用户可以自定义各类快捷键，以满足各种操作需求。

01 在Photoshop中执行"编辑"|"键盘快捷键"命令（快捷键Alt+Shift+Ctrl+K），或在"窗口"|"工作区"级联菜单中执行"键盘快捷键和菜单"命令，打开"键盘快捷键和菜单"对话框。在"快捷键用于"下拉列表中选择"工具"选项，如图1-96所示。如果要修改菜单的快捷键，则可以选择"应用程序菜单"选项。

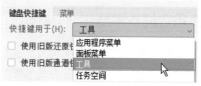

图 1-96

02 在"工具面板命令"列表中选择"抓手工具"，可以看到，它的快捷键是H，单击右侧的"删除快捷键"按钮，可将该工具的快捷键删除，如图1-97所示。

图 1-97

03 "模糊工具"没有快捷键，下面将"抓手工具"的快捷键指定给它。选择"模糊工具"，在显示的文本框中输入H，如图1-98所示。

04 单击"确定"按钮，关闭对话框，在工具箱中可以看到，快捷键H已经分配给了"模糊工具"，如图1-99所示。

图 1-98　　　　　图 1-99

--- 延伸讲解

在"组"下拉列表中选择"Photoshop默认值"选项，可以将菜单颜色、菜单命令和工具的快捷键恢复为Photoshop默认值。

1.7 使用辅助工具

为了更准确地对图像进行编辑和调整，需要了解并掌握辅助工具。常用的辅助工具包括标尺、参考线、网格和注释等工具，借助这些工具可以完成参考、对齐、对位等操作。

1.7.1 使用智能参考线

智能参考线是一种智能化的参考线。智能参考线可以帮助对齐形状、切片和选区。启用智能参考线后，当绘制形状、创建选区或切片时，智能参考线会自动出现在画布中。

执行"视图"|"显示"|"智能参考线"命令，可以启用智能参考线，其中紫色线条为智能参考线，如图1-100所示。

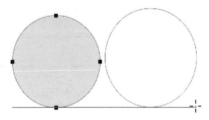

图1-100

1.7.2 使用网格

网格用于物体的对齐和光标的精确定位，对于对称地布置对象非常有用。

打开一个图像素材，如图1-101所示，执行"视图"|"显示"|"网格"命令，可以显示网格，如图1-102所示。显示网格后，可执行"视图"|"对象"|"网格"命令启用对齐功能，此后在创建选区和移动图像时，对象会自动对齐到网格上。

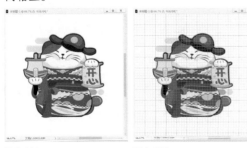

图1-101　　　　　　图1-102

延伸讲解

在图像窗口中显示网格后，就可以利用网格线对齐或移动物体。如果希望在移动物体时能够自动贴齐网格，或者在建立选区时自动贴齐网格线的位置进行定位选取，可执行"视图"|"对齐到"|"网格"命令，使"网格"命令左侧出现√标记即可。

相关链接

默认情况下，网格为线条状。执行"编辑"|"首选项"|"参考线、网格和切片"命令，在打开的"参考线、网格和切片"选项卡中可以设置网格的样式，显示为点状，或者修改它的大小和颜色。

1.7.3 实战——标尺的使用

在绘制处理图像时，使用标尺可以确定图像或元素的位置。

01 启动Photoshop CC 2019软件，按快捷键Ctrl+O，打开相关素材中的"卡通.jpg"文件，按快捷键Ctrl+R显示标尺，如图1-103所示。

图1-103

02 将光标放在水平标尺上，单击并向下拖动鼠标，可以创建水平参考线，如图1-104所示。

图 1-104

03 用同样的方法可以创建垂直参考线，如图1-105所示。

图 1-105

04 如果要移动参考线，可选择"移动工具" ⊕，将光标放置在参考线上方，待光标变为 ⇕ 或 ⇔ 状，单击并拖动鼠标即可移动参考线，如图1-106所示。创建或移动参考线时，如果按住Shift键，可以使参考线与标尺上的刻度对齐。

图 1-106

延伸讲解

执行"视图"|"锁定参考线"命令，可以锁定参考线的位置，以防止被移动，再次执行该命令，即可取消锁定。将参考线拖至标尺处，可将其删除。如果要删除所有参考线，可以执行"视图"|"清除参考线"命令。

答疑解惑　怎样精确地创建参考线？

执行"视图"|"新建参考线"命令，打开"新建参考线"对话框，在"取向"选项中选择创建水平或垂直参考线，在"位置"选项中输入参考线的精确位置，单击"确定"按钮，即可在指定位置创建参考线。

1.7.4 导入注释

使用"注释工具"可以在图像中添加文字注释、内容等，也可以用来协同制作图像、备忘录等。可以将PDF文件中包含的注释导入到图像中。执行"文件"|"导入"|"注释"命令，打开"载入"对话框，选择PDF文件，单击"载入"按钮即可导入注释。

1.7.5 实战——为图像添加注释

使用"注释工具"可以在图像的任何区域添加文字注释，我们常用它来标记制作说明或其他有用信息。

01 启动Photoshop CC 2019软件，按快捷键Ctrl+O，打开相关素材中的"橙子.jpg"文件，效果如图1-107所示。

图 1-107

02 在工具箱中选择"注释工具" ，在图像上单击，出现记事本图标，并且自动出现"注释"面板，如图1-108所示。

图 1-108

03 在"注释"面板中输入文字，如图1-109所示。

04 在文档中再次单击，"注释"面板会自动更新到新的页面，在"注释"面板中单击◀或▶按钮，可以切换页面，如图1-110所示。

图 1-109　　　　图 1-110

05 在"注释"面板中，按Backspace键可以逐字删除注释中的文字，注释页面依然存在，如图1-111所示。

06 在"注释"面板中选择相应的注释并单击"删除注释"按钮，则可删除选择的注释，如图1-112所示。

图 1-111　　　　图 1-112

1.7.6 启用对齐功能

对齐功能有助于精确地放置选区、裁剪选区、切片、形状和路径。如果要启用对齐功能，可执行"视图"|"对齐到"命令，在级联菜单中包括"参考线""网格""图层""切片""画板边界""全部"和"无"选项，如图1-113所示。

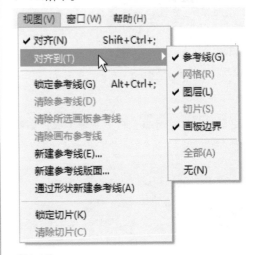

图 1-113

菜单选项说明如下。

参考线：可以将对象与参考线对齐。

网格：可以将对象与网格对齐，网格被隐藏时，该选项不可用。

图层：可以将对象与图层的边缘对齐。

切片：可以将对象与切片的边缘对齐。切片被隐藏时，该选项不可用。

画板边界：可以将对象与画板的边缘对齐。

全部：选择所有"对齐到"选项。

无：取消所有"对齐到"选项。

1.7.7 显示或隐藏额外内容

参考线、网格、目标路径、选区边缘、切片、文本边界、文本基线和文本选区都是不会打印出来的额外内容，要显示它们，可执行"视图"|"显示额外内容"命令（使该命令前出现√），然后在"视图"|"显示"级联菜单中选择任意项目，如图1-114所示。再次执行某一命令，则可隐藏相应的项目。

图 1-114

菜单命令说明如下。

图层边缘：显示图层内容的边缘，想要查看透明层上的图像边界时，可以执行该命令。

选区边缘：显示或隐藏选区的边框。

目标路径：显示或隐藏路径。

网格：显示或隐藏网格。

参考线/智能参考线：显示或隐藏参考线、智能参考线。

数量：显示或隐藏计数数目。

切片：显示或隐藏切片的界定框。

注释：显示或隐藏图像中创建的注释信息。

像素网格：将文档窗口放大至最大的缩放级别后，像素之间会用网格进行划分；不执行该命令，则像素之间不显示网格。

3D副视图/3D地面/3D光源/3D选区：在处理3D文件时，显示或隐藏3D轴、地面、光源和选区。

UV叠加：可以在拼合的纹理上查看UV叠加。

画笔预览：在使用画笔时，选择的是毛刷笔尖，执行该命令后，可以在文档窗口中预览笔尖效果和笔尖方向。

网格：执行"编辑"|"操控变形"命令后，显示变形网格。

编辑图钉：执行该命令后，使用"场景模糊""光圈模糊"和"移轴模糊"滤镜时，显示图钉等编辑控件。

全部/无：显示或隐藏以上所有选项。

显示额外选项：执行该命令，可在打开的"显示额外选项"对话框中设置同时显示或隐藏以上多个项目。

第2章 图像编辑的基本方法

⊙ **本章简介**

Photoshop作为一款专业的图像处理软件，必须了解并掌握该软件的一些图像处理基本常识，才能在工作中更好地处理各类图像，创作出高品质的设计作品。本章主要介绍Photoshop中一些基本的图像编辑方法。

⊙ **本章重点**

像素与分辨率的关系
修改画布大小
修改图像的尺寸
从错误中恢复
内容识别比例缩放

2.1 文件的基本操作

文件的基本操作是使用Photoshop处理图像时必须要掌握的知识点，包括新建文件、打开文件、保存和关闭文件等操作。

2.1.1 新建文件

执行"文件"|"新建"命令，或按快捷键Ctrl+N，打开"新建"对话框，如图2-1所示，在右侧输入文件名并设置文件尺寸、分辨率、颜色模式和背景内容等选项，单击"确定"按钮，即可创建一个空白文件。如果想使用旧版本的"新建"对话框，在"首选项"的"常规"设置里勾选"使用旧版'新建文档'界面"复选框即可，如图2-2所示。

图2-1　　　　　　　　　图2-2

"新建"对话框中各选项说明如下。

名称：可输入文件的名称，也可以使用默认的文件名"未标题-1"。创建文件后，文件名会显示在文档窗口的标题栏中。保存文件时，文件名会自动显示在存储文件的对话框内。

文档类型：在该下拉列表中提供了各种常用文档的预设选项，如照片、Web、A3/A4打印纸、胶片和视频等。

宽度/高度：可输入文件的宽度和高度。在右侧选项中可以选择一种单位，包括像素、英寸、厘米、毫米、点、派卡和列。

分辨率：可输入文件的分辨率。在右侧选项中可以选择分辨率的单位，包括像素/英寸和像素/厘米。

颜色模式：可以选择文件的颜色模式，包括位图、灰度、RGB颜色、CMYK颜色和Lab颜色。

背景内容：可以选择文件背景的内容，包括白色、黑色、背景色和透明等。

高级：包含"颜色配置文件"和"像素长宽比"选项。在"颜色配置文件"下拉列表中可以选择像素的长宽比。显示器上的图像是由方形像素组成的，除非使用用于视频的图像，否则都应选择"方形像素"。选择其他选项可使用非方形像素。

存储预设：单击该按钮，打开"新建文档预设"对话框，输入预设的名称并选择相应的选项，可以将当前设置的文件大小、分辨率、颜色模式等创建为一个预设。以后需要创建同样的文件时，只需在"新建"对话框的"预设"下拉列表中选择该预设即可，这样就省去了重复设置选项的麻烦。

删除预设：选择自定义的预设文件后，单击该按钮，可将其删除。但系统提供的预设不能删除。

图像大小：以当前设置的尺寸和分辨率新建文件时，显示文件的实际大小。

--- 相关链接 ✎ ---------------------------------

关于前景色和背景色的详细介绍，请参考本书5.1.1小节。

2.1.2 打开文件 ....≪≪≪

在Photoshop中打开文件的方法有很多种，可以使用命令、快捷键打开，也可以用Adobe Bridge打开。

▌用"打开"命令打开文件

执行"文件"｜"打开"命令，或按快捷键Ctrl+O，将弹出"打开"对话框。在对话框中选择一个文件，或者按住Ctrl键单击选择多个文件，再单击"打开"按钮，或双击文件即可将其打开，如图2-3所示。

▌用"打开为"命令打开文件

如果使用与文件的实际格式不匹配的扩展名

存储文件（如用扩展名.gif存储PSD文件），或者文件没有扩展名，则Photoshop可能无法确定文件的正确格式，导致不能打开文件。

遇到这种情况，可以执行"文件"｜"打开为"命令，在弹出的"打开为"对话框中选择文件，并在"打开为"列表中为它指定正确的格式，如图2-4所示，单击"打开"按钮将其打开。如果这种方法不能打开文件的话，则选取的格式可能与文件的实际格式不匹配，或者文件已经损坏。

图2-3   图2-4

▌通过快捷方式打开文件

在Photoshop还没运行时，可将打开的文件拖到Photoshop应用程序图标上打开文件，如图2-5所示。当运行了Photoshop，可将文件直接拖曳到Photoshop的图像编辑区域中打开文件，如图2-6所示。

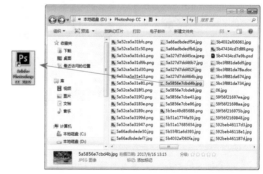

图2-5

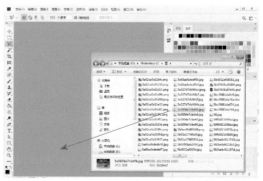

图2-6

打开最近使用过的文件

执行"文件"｜"最近打开文件"命令，在级联菜单中会显示最近在Photoshop中打开过的20个文件，单击任意一个文件即可将其打开。执行级联菜单中的"清除最近的文件列表"命令，可以清除保存的目录。

作为智能对象打开

执行"文件"｜"打开为智能对象"命令，打开"打开"对话框，如图2-7所示。将所需文件打开后，文件会自动转换为智能对象（图层缩览图右下角有一个图标），如图2-8所示。

图 2-7 　　　　　　　　　图 2-8

2.1.3 置入文件

执行"文件"｜"置入嵌入对象"命令，可以将照片、图片等位图或者EPS、PDF、AI等矢量格式的文件作为智能对象置入Photoshop中进行编辑。

2.1.4 实战——置入 AI 文件

下面将通过执行"置入嵌入对象"命令，在文档中置入AI格式文件，并通过"自由变换"命令进行对象调整，最终制作出一款夏日冰爽饮料海报。

01 启动Photoshop CC 2019软件，按快捷键Ctrl+O，打开相关素材中的"背景.jpg"文件，效果如图2-9所示。

02 执行"文件"｜"置入嵌入对象"命令，在弹出的"置入嵌入的对象"对话框中选择路径文件夹中的"饮料.ai"文件，单击"置入"按钮，如图2-10所示。

图 2-9 　　　　　　　　图 2-10

03 弹出"打开为智能对象"对话框，在"裁剪到"下拉列表中选择"边框"选项，如图2-11所示。

04 单击"确定"按钮，将AI文件置入背景图像中，如图2-12所示。

图 2-11 　　　　　　　　图 2-12

05 拖曳定界框上的控制点，对文件进行等比缩放，调整完成后按Enter键确认，效果如图2-13所示。在"图层"面板中，置入的AI图像文件右下角图标为🔖状，如图2-14所示。

图2-13　　　　图2-14

2.1.5 导入文件

在Photoshop中，新建或打开图像文件后，可以执行"文件"|"导入"级联菜单中的命令，如图2-15所示，将视频帧、注释和WIA支持等内容导入文档中，并对其进行编辑。

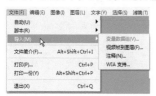

图2-15

某些数码照相机使用"Windows图像采集"（WIA）支持来导入图像，将数码照相机连接到计算机，然后执行"文件"|"导入"|"WIA支持"命令，可以将照片导入Photoshop中。

如果计算机配置有扫描仪并安装了相关的软件，则可在"导入"级联菜单中选择扫描仪的名称，使用扫描仪扫描图像，并将其存储为TIFF、PICT、BMP格式，然后在Photoshop中打开。

2.1.6 导出文件

在Photoshop中创建和编辑的图像可以导出到Illustrator或视频设备中，以满足不同的使用需求。在"文件"|"导出"级联菜单中包含了可以导出文件的命令，如图2-16所示。

图2-16

Zoomify：执行"文件"|"导出"|Zoomify命令，可以将高分辨率的图像发布到网络上，再利用Viewpoint Media Player平移或缩放图像以查看它的不同部分。在导出时Photoshop会创建JPEG或HTML文件，用户可以将这些文件上传到Web服务器。

路径到Illustrator：如果在Photoshop中创建了路径，可以执行"文件"|"导出"|"路径到Illustrator"命令，将路径导出为AI格式，导出的路径可以继续在Illustrator中编辑。

2.1.7 保存文件

新建文件或对打开的文件进行编辑之后，应及时保存处理结果，以免因断电或死机丢失文件。Photoshop提供了多个保存文件的命令，用户可以选择不同的格式来存储文件，以便其他程序使用。

■ 用"存储"命令保存文件

在Photoshop中对图像文件进行编辑后，执行"文件"|"存储"命令，或按快捷键Ctrl+S，即可保存对当前图像的修改，图像会按原有的格式存储。如果是新建的文件，存储时则会打开"另存为"对话框，在对话框中的"格式"下拉列表中可选择保存这些信息的文件格式。

■ 用"存储为"命令保存文件

执行"文件"|"存储为"命令，将弹出如图2-17所示的"另存为"对话框，可以将当前图像文件保存为另外的名称和其他格式，或者将其存储在其他位置。如果不想保存对当前图像进行的修改，可以通过该命令创建源文件的副本，再将源文件关闭即可。

图2-17

▌选择正确的文件保存格式

文件格式不仅决定图像数据的存储方式（作为像素还是矢量）、压缩方式，还决定文件支持什么样的Photoshop功能，以及文件是否与其他应用程序兼容。使用"存储"或"存储为"命令保存图像时，可以在"另存为"对话框中选择文件保存格式，如图2-18所示。

图2-18

2.1.8 关闭文件

图像的编辑操作完成后，可采用以下方法关闭文件。

关闭文件：执行"文件"|"关闭"命令（快捷键Ctrl+W），或单击文档窗口右上角的按钮 ，可以关闭当前图像文件。如果对图像进行了修改，会弹出提示对话框，如图2-19所示。如果当前图像是一个新建的文件，单击"是"按钮，可以在打开的"存储为"对话框中保存文件；单击"否"按钮，可关闭文件，但不保存对文件进行的修改；单击"取消"按钮，则关闭对话框，并取消关闭操作。如果当前文件是已有文件，单击"是"按钮，可保存对文件进行的修改。

图2-19

关闭全部文件：执行"文件"|"关闭全部"命令，可以关闭在Photoshop中打开的所有文件。

关闭文件并转到Bridge：执行"文件"|"关闭并转到Bridge"命令，可以关闭当前文件，然后打开Bridge。

退出程序：执行"文件"|"退出"命令，或单击程序窗口右上角的按钮 ✕ ，可退出Photoshop。如果没有保存文件，将打开提示对话框，询问用户是否保存文件。

2.2 调整图像与画布

我们拍摄的数码照片或是从网络上下载的图像可以有不同的用途，例如，可以设置成计算机桌面、QQ头像、手机壁纸，也可以上传到网络相册或者打印。然而，图像的尺寸和分辨率有时不符合要求，这就需要对图像的大小和分辨率进行适当的调整。

2.2.1 修改画布大小

画布是指整个文档的工作区域，如图2-20所示。执行"图像"|"画布大小"命令，可以在打开的"画布大小"对话框中修改画布尺寸，如图2-21所示。

图2-20

图2-21

当前大小：显示了图像宽度和高度的实际尺寸、文档的实际大小。

新建大小：可以在"宽度"和"高度"文本框中输入画布的尺寸。当输入的数值大于原来尺寸时会增大画布，反之则减小画布。减小画布会裁剪图像。输入尺寸后，"新建大小"显示为修改画布后的文档大小。

相对：勾选该复选框，"宽度"和"高度"文本框中的数值将代表实际增加或减少的区域大小，而不再代表整个文档的大小。此时，输入正值表示增加画布，输入负值则减小画布。

定位：单击不同的方格，可以指示当前图像在新画布上的位置，如图2-22~图2-24所示为设置不同定位方向并增加画布后的图像效果（画布的扩展颜色为蓝色）。

画布扩展颜色：在该下拉列表中可以选择填充新画布的颜色。如果图像的背景是透明的，则"画布扩展颜色"选项将不可用，添加的画布也是透明的。

图2-22

图2-23

图2-24

2.2.2 旋转画布

执行"图像"|"图像旋转"命令，在级联菜单中包含了用于旋转画布的命令。执行这些命令可以旋转或翻转整个图像。如图2-25所示为原始图像，如图2-26所示是执行"水平翻转画布"命令后的状态。

图2-25　　　　　　　　　图2-26

--- 延伸讲解 ✐

执行"图像"|"图像旋转"|"任意角度"命令，打开"旋转画布"对话框，输入画布的旋转角度即可按照设定的角度和方向精确旋转画布，如图2-27所示。

图2-27

● 答疑解惑 "图像旋转"命令与"变换"命令有何区别？

"图像旋转"命令用于旋转整个图像。如果要旋转单个图层中的图像，则需要执行"编辑"|"变换"命令；如果要旋转选区，需要执行"选择"|"变换选区"命令。

2.2.3 显示画布之外的图像

在文档中置入一个较大的图像文件，或者使用"移动工具"将一个较大的图像拖入到一个比较小的文档时，图像中的一些内容就会位于画布

之外，不会显示出来。执行"图像"|"显示全部"命令，Photoshop会通过判断图像中像素的位置，自动扩大画布，显示全部图像。

2.2.4 实战——修改图像的尺寸

执行"图像"|"图像大小"命令，可以调整图像的像素大小、打印尺寸和分辨率。修改图像大小不仅会影响图像在屏幕上的视觉效果，还会影响图像的质量、打印效果、所占的存储空间。

01 启动Photoshop CC 2019软件，按快捷键Ctrl+O，打开相关素材中的"食物.jpg"文件，效果如图2-28所示。

02 执行"图像"|"图像大小"命令，打开"图像大小"对话框，在预览图像上单击并拖动鼠标，定位显示中心，此时预览图像底部会出现显示比例的百分比，如图2-29所示。按住Ctrl键单击预览图像，可以增大显示比例；按住Alt键单击预览图像，可以减小显示比例。

图2-28 图2-29

03 "宽度""高度"和"分辨率"文本框用于设置图像的打印尺寸，操作方法有两种。第一种方法是勾选"重新采样"复选框，然后修改图像的宽度或高度，这会改变图像的像素数量。例如，减小图像的大小时（6厘米×10厘米），就会减少像素数量，如图2-30所示，此时图像虽然变小了，但画质不会改变，如图2-31所示。

图2-30 图2-31

04 增加图像的大小或提高分辨率时（24厘米×40厘米），如图2-32所示，会增加新的像素，这时图像尺寸虽然增大了，但画质会下降，如图2-33所示。

图2-32 图2-33

05 第二种方法，先取消"重新采样"复选框的勾选，再修改图像的宽度或高度（依旧是6厘米×10厘米）。这时图像的像素总量不会变化，也就是说，减少宽度和高度时，会自动增加分辨率，如图2-34和图2-35所示。

图2-34 图2-35

06 增加宽度和高度时（依旧是24厘米×40厘米），会自动降低分辨率，图像的视觉大小看起来不会有任何改变，画质也没有变化，如图2-36和图2-37所示。

图2-36 　　　　　　　　　图2-37

2.3 复制与粘贴

复制、剪切和粘贴等都是应用程序中最普通的常用命令，用于完成复制与粘贴任务。与其他程序不同的是，Photoshop可以对选区内的图像进行特殊的复制与粘贴操作，如在选区内粘贴图像，或清除选中的图像。

2.3.1 复制文档

如果要基于图像的当前状态创建一个副本，可以执行"图像"|"复制"命令，在打开的"复制图像"对话框中进行设置，如图2-38所示。

在"为"文本框中可以输入新图像的名称。如果图像包含多个图层，则"仅复制合并的图层"选项可用，勾选该复选框，复制后的图像将自动合并图层。此外，在文档窗口顶部右击，在弹出的快捷菜单中执行"复制"命令，可以快速复制图像，如图2-39所示，Photoshop会自动为新图像命名。

图2-38 　　　　　　图2-39

2.3.2 复制、合并复制与剪切

复制

在Photoshop中打开一个文件，如图2-40所示，在图像中创建选区，如图2-41所示，执行"编辑"|"复制"命令，或按快捷键Ctrl+C，可以将选中的图像复制到剪贴板，此时画面中的图像内容保持不变。

图2-40 　　　　　　　　　图2-41

合并复制

如果文档包含多个图层，如图2-42所示，在图像中创建选区，如图2-43所示，执行"编辑"|"合并复制"命令，可以将所有可见层中的图像复制到剪贴板。如图2-44所示为采用这种

方法复制图像并粘贴到另一文档中的效果。

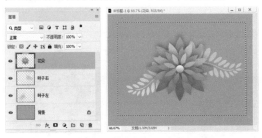

图2-42　　　　　图2-43

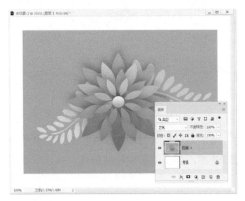

图2-44

▌剪切

执行"编辑"｜"剪切"命令，可以将选中的图像从画面中剪切掉，如图2-45所示。剪切的图像粘贴到另一个文档中的效果如图2-46所示。

图2-45　　　　　图2-46

2.3.3 粘贴与选择性粘贴

▌粘贴

在图像中创建选区，如图2-47所示，复制（或剪切）图像，执行"编辑"｜"粘贴"命令，或按快捷键Ctrl+V，可以将剪贴板中的图像粘贴其他文档中，如图2-48所示。

▌选择性粘贴

复制或剪切图像后，可以执行"编辑"｜

"选择性粘贴"级联菜单中的命令，粘贴图像，如图2-49所示。

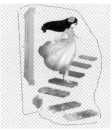

图2-47　　　　　图2-48

图2-49

原位粘贴：将图像按照其原位粘贴到文档中。

贴入：如果创建了选区，执行该命令，可以将图像粘贴到选区内并自动添加蒙版，将选区之外的图像隐藏。

外部粘贴：如果创建了选区，执行该命令，可以将图像粘贴到选区内并自动添加蒙版，将选区中的图像隐藏。

2.3.4 清除图像

在图像中创建选区，如图2-50所示，执行"编辑"｜"清除"命令，可以将选中的图像清除，如图2-51所示。

图2-50　　　　　图2-51

如果清除的是"背景"图层上的图像，如图2-52所示，则清除区域会填充背景色，如图2-53所示。

图2-52　　　　　图2-53

2.4 恢复与还原

在编辑图像的过程中，如果出现失误或对创建的效果不满意，可以撤销操作，或者将图像恢复为最近保存过的状态。Photoshop提供了很多帮助用户恢复操作的功能，有了它们作保证，就可以放心大胆地创作了。

2.4.1 还原与重做

执行"编辑"|"还原（操作）"命令，或按快捷键Ctrl+Z，可以撤销对图像所做的修改，将其还原到上一步编辑状态中。若连续按快捷键Ctrl+Z，可逐步撤销操作。

如果想要恢复被撤销的操作，可连续执行"编辑"|"重做（操作）"命令，或连续按快捷键Shift+Ctrl+Z。

● 答疑解惑 如何复位对话框中的参数？

执行"图像"|"调整"级联菜单中的命令，以及"滤镜"菜单中的命令时，都会打开相应的对话框，修改参数后，如果想要恢复为默认值，可以按住Alt键，对话框中的"取消"按钮就会变为"复位"按钮，单击它即可，如图2-54和图2-55所示。

图2-54

图2-55

2.4.2 恢复文件

执行"文件"|"恢复"命令，可以直接将文件恢复到最后一次保存时的状态。

2.4.3 用历史记录面板还原操作

在编辑图像时，每进行一步操作，Photoshop就会将其记录在"历史记录"面板中。通过该面板可以将图像恢复到操作过程中的某一步状态，可以再次回到当前的操作状态，也可以将处理结果创建为快照或是新的文件。

执行"窗口"|"历史记录"命令，可以打开"历史记录"面板，如图2-56所示。单击"历史记录"面板右上角的 ■ 按钮，打开面板菜单，如图2-57所示。

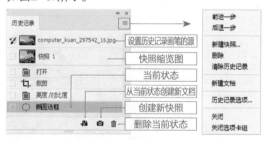

图2-56   图2-57

面板参数说明如下。

设置历史记录画笔的源 ✔：使用历史记录画笔时，该图标所在的位置将作为历史画笔的源图像。

快照缩览图：被记录为快照的图像状态。

当前状态：当前选定的图像编辑状态。

从当前状态创建新文档 ■：基于当前操作步骤中图像的状态创建一个新的文件。

创建新快照 ◎：基于当前的图像状态创建快照。

删除当前状态 ■：选择一个操作步骤，单击该按钮，可将该步骤及后面的操作删除。

2.4.4 实战——用历史记录面板还原图像

利用"历史记录"面板上可以回到进行过的编辑状态，并从返回的状态继续工作。

01 启动Photoshop CC 2019软件，按快捷键Ctrl+O，打开相关素材中的"人物.jpg"文件，效果如图2-58所示。

02 执行"窗口"|"历史记录"命令，打开"历史记录"面板，如图2-59所示。

图2-58　　　　　　　图2-59

03 执行"图像"|"调整"|"黑白"命令，打开"黑白"对话框，设置参数，单击"确定"按钮，创建黑白图像效果，如图2-60所示。

图2-60

04 执行"图像"|"调整"|"阈值"命令，打开"阈值"对话框，设置参数，单击"确定"按钮，创建阈值图像效果，如图2-61所示。

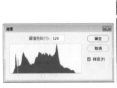

图2-61

05 下面将通过"历史记录"面板还原操作，如图2-62所示为当前"历史记录"面板中记录的操作步骤，在面板中单击"黑白"图层，就可以将图像恢复为该步骤时的编辑状态，如图2-63所示。

图2-62

图2-63

06 打开文件时，图像的初始状态会自动登录到快照区，单击快照区，就可以将其恢复到最初的打开状态，如图2-64所示。如果要还原所有被撤销的操作，只需单击最后一步操作即可，如图2-65所示。

图2-64

图2-65

--- 延伸讲解 ---

　　在 Photoshop 中对面板、颜色设置、动作和首选项进行的修改不是对某个特定图像的更改，因此不会记录在"历史记录面板"中。

2.4.5 实战——选择性恢复图像区域

如果希望有选择性地恢复部分图像，可以使用"历史记录画笔"和"历史记录画笔艺术工具"，这两个工具必须配合"历史记录"面板使用。

01 启动Photoshop CC 2019软件，按快捷键Ctrl+O，打开相关素材中的"海报.jpg"文件，效果如图2-66所示。

02 执行"滤镜"|"模糊"|"径向模糊"命令，在弹出的"径向模糊"对话框中设置参数，如图2-67所示。

图2-66

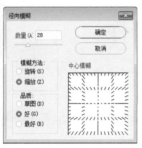

图2-67

03 单击"确定"按钮，此时得到的径向模糊效果如图2-68所示。

04 在工具箱中选择"历史记录画笔工具"，

在选项栏中设置画笔"硬度"为0%，设置"不透明度"为50%。在"历史记录"面板中设置恢复的状态为"打开"状态，如图2-69所示。

图2-68

图2-69

05 移动光标至图像窗口，调整画笔至合适大小，单击并拖曳光标，进行局部涂抹，使文字和冰淇淋部分恢复到原来的清晰效果，效果如图2-70所示。

图2-70

2.5 清理内存

编辑图像时，Photoshop需要保存大量的中间数据，导致计算机的运行速度变慢。执行"编辑"|"清理"级联菜单中的命令，如图2-71所示，可以释放由"历史记录"面板、剪贴板和视频占用的内存，加快系统的处理速度。清理之后，项目的名称会显示为灰色。执行"全部"命令，可清理上面所有项目。

需要注意的是，执行"编辑"|"清理"菜单中的"历史记录"和"全部"命令会清理在Photoshop中打开的所有文档。如果只想清理当前文档，可以执行"历史记录"面板菜单中的"清除历史记录"命令。

图2-71

2.5.1 增加暂存盘

编辑大图时，如果内存不够，Photoshop就会使用硬盘来扩展内存，这是一种虚拟内存技术（也称为暂存盘）。暂存盘与内存的总容量，至少为运行文件的5倍，Photoshop才能流畅运行。

在文档窗口底部的状态栏中，"暂存盘"大小显示了Photoshop可用内存的大概值（左侧数值），以及当前所有打开的文件与剪贴板、快照等占用内存的大小（右侧数值）。如果左侧数值大于右侧数值，表示Photoshop正在使用虚拟内存。

在状态栏中显示"效率"，观察该值，如果接近100%，表示仅使用少量暂存盘；低于75%，

则需要释放内存，或者添加新的内存来提高性能。

2.5.2 减少内存占用量的复制方法

使用"编辑"菜单中的"复制"和"粘贴"命令时，会占用剪贴板和内存空间。如果内存有限，可以将需要复制的对象所在的图层拖曳到"图层"面板底部的 🗋 按钮上，复制得到一个包含该对象的新图层。

可以使用"移动工具" ⊕ 将另外一个图像中需要的对象直接拖入正在编辑的文档。

执行"图像"|"复制"命令，可以复制整幅图像。

2.6 图像的变换与变形操作

移动、旋转、缩放、扭曲、斜切等是图形处理的基本方法。其中，移动、旋转和缩放称为变换操作；扭曲和斜切称为变形操作。

2.6.1 定界框、中心点和控制点

执行"编辑"|"变换"命令，在级联菜单中包含了各种变换命令，如图2-72所示。执行这些命令时，当前对象周围会出现一个定界框，定界框中央有一个中心点，四周有控制点，如图2-73所示。默认情况下，中心点位于对象的中心，它用于定义对象的变换中心，拖曳它可以移动其位置。拖曳控制点则可以进行变换操作。

图2-72

图2-73

--- 延伸讲解

执行"编辑"|"变换"级联菜单中的"旋转180度""顺时针旋转90度""逆时针旋转90度""水平翻转"和"垂直翻转"命令时，可直接对图像进行以上变换，而不会显示定界框。

2.6.2 移动图像

"移动工具" ⊕ 是Photoshop中最常用的工具之一，不论是移动图层、选区内的图像，还是将其他文档中的图像拖入当前文档中，都需要使用"移动工具"。

■ 在同一文档中移动图像

在"图层"面板中选择要移动的对象所在的图层，如图2-74所示，使用"移动工具"在画面中单击并拖曳光标，即可移动所选图层中的图像，如图2-75所示。

图2-74

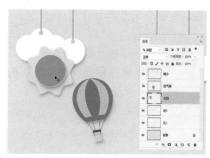

图2-75

如果创建了选区，如图2-76所示，在选区内单击并拖曳光标，可以移动选中的图像，如图2-77所示。

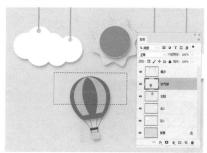

图2-76

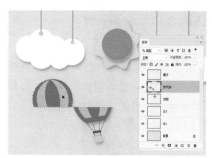

图2-77

---- 延伸讲解 ✂

使用"移动工具"时，按住Alt键单击并拖动图像，可以复制图像，同时生成一个新的图层。

■ 在不同的文档间移动图像

打开两个或多个文档，选择"移动工具" ✛，将光标放在画面中，如图2-78所示。单击并拖曳光标至另一个文档的标题栏，停留片刻后切换到该文档，移动到画面中释放鼠标，可将选中的图像拖入该文档，如图2-79所示。

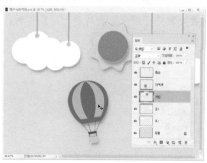

图2-78

图2-79

--- 延伸讲解 ✂ ------

将一个图像拖入另一个文档时，按住Shift键操作，可以使拖入的图像位于当前文档的中心。如果这两个文档的大小相同，则拖入的图像就会与当前文档的边界对齐。

■ 移动工具选项栏

如图2-80所示为"移动工具"的选项栏。

⊕ ▽ ☑自动选择 图层 ∨ □显示变换控件 ┠ ┇ ┥ ┠ ┰ ┸ ┃ ┠ ┈ ∥ 3D模式: ⊕ ⊕ ✛ ⊕ ⊕

图2-80

"移动工具"选项栏中各选项说明如下。

自动选择：如果文档中包含多个图层或组，可勾选该复选框并在下拉列表中选择要移动的内容。选择"图层"选项，在画面单击时，可以自动选择光标所在位置包含像素的最上面的图层；选择"组"选项，在画面单击时，可以自动选择光标所在位置包含像素的最上面的图层所在的图层组。

显示变换控件：勾选该复选框后，选择一个图层时，就会在图层内容的周围显示界定框，如图2-81所示，此时拖曳控制点，可以对图像进行变换操作，如图2-82所示。如果文档中的图层数量较多，并且需要经常进行缩放、旋转等变换操作时，该选项比较有用。

图2-81

图2-82

对齐图层：选择两个或多个图层后，可单击相应的按钮让所选图层对齐。这些按钮的功能包括顶对齐、垂直居中对齐、底对齐、左对齐、水平居中对齐和右对齐。

分布图层：如果选择了3个或3个以上的图层，可单击相应的按钮，使所选图层按照一定的规则均匀分布，包括按顶分布▇、垂直居中分布▇、按底分布▇、按左分布▇、水平居中分布▇和按右分布▇。

3D模式：提供了可以对3D模型进行移动、缩放等操作的工具，包括旋转3D对象工具、滑动3D对象工具、缩放3D对象工具。

--- 延伸讲解

使用"移动工具"时，每按一次键盘中的→、←、↑、↓键，便可以将对象移动一个像素的距离；如果按住Shift键，再按方向键，则图像每次可以移动10个像素的距离。此外，如果移动图像的同时按住Alt键，则可以复制图像，同时生成一个新的图层。

2.6.3 实战——旋转与缩放

"旋转"命令用于对图像进行旋转变换操作；"缩放"命令用于对图像进行放大或缩小操作。下面将通过具体实例讲解其操作方法。

01 启动Photoshop CC 2019软件，按快捷键Ctrl+O，打开相关素材中的"旋转与缩放.psd"文件，效果如图2-83所示。

02 在"图层"面板中单目标操作对象所在的"彩铅"图层，如图2-84所示。

图2-83　　　　　　　　图2-84

03 执行"编辑"|"自由变换"命令，或按快捷键Ctrl+T显示定界框，如图2-85所示。

图2-85

04 将光标放在定界框四周的控制点上，当光标变为↘状时，按住Shift键的同时，单击并拖动鼠标可朝不同方向缩放图像，如图2-86所示。

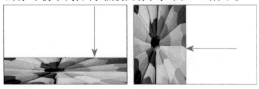

图2-86

05 释放Shift键，拖曳光标可等比缩放图像，如图2-87所示。

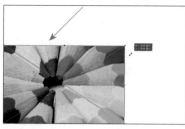

图2-87

06 将图像摆放至中心位置，继续将光标放在定界框外靠近中间位置的控制点处，当光标变为↰状时，单击并拖动鼠标可朝不同方向旋转图像，如图2-88所示。操作完成后，按Enter键确认，如果对变换结果不满意，则按Esc键取消操作。

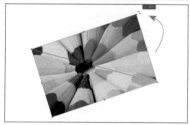

图2-88

2.6.4 实战——斜切与扭曲

"斜切"命令用于使图像产生斜切透视效果；"扭曲"命令用于对图像进行任意的扭曲变形。下面将通过具体实例讲解操作方法。

01 启动Photoshop CC 2019软件，按快捷键Ctrl+O，打开相关素材中的"斜切与扭曲.psd"文件，效果如图2-89所示。

02 在"图层"面板中单击目标操作对象所在的"热气球"图层，然后按快捷键Ctrl+T显示界定框，将光标放在定界框外侧位于中间位置的控制点上，按住Shift+Ctrl键，光标会变为▷状，单击

并拖动鼠标可以沿水平方向斜切对象，如图2-90所示。

图2-89

图2-90

03 按住Shift+Ctrl键，拖曳定界框四周的控制点（光标会变为▷状），可以沿垂直方向斜切对象，如图2-91所示。

图2-91

04 按Esc键取消操作。按快捷键Ctrl+T显示定界框，将光标放在定界框四周的控制点上，按住Ctrl键，光标会变为▷状，单击并拖动鼠标可以扭曲对象，如图2-92所示。

图2-92

2.6.5 实战——透视变换

"透视"命令用于使图像产生透视变形效果，下面将通过具体实例讲解操作方法。

01 启动Photoshop CC 2019软件，按快捷键Ctrl+O，打开相关素材中的"透视变换.psd"文件，效果如图2-93所示。

02 在"图层"面板中单击目标操作对象所在的"水果"图层，如图2-94所示。

图2-93　　　　　　　　图2-94

03 按快捷键Ctrl+T显示定界框，将光标放在定界框四周的控制点上，按住Shift+Ctrl+Alt键，光标会变为▷状，单击并拖曳光标可进行透视变换，如图2-95所示。操作完成后，按Enter键确认。

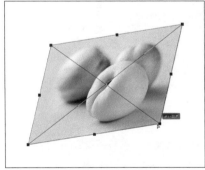

图2-95

2.6.6 实战——精确变换

变换选区中的图像时，使用工具选项栏可以快速、准确地变换图像。

01 启动Photoshop CC 2019软件，按快捷键Ctrl+O，打开相关素材中的"精确变换.psd"文件，效果如图2-96所示。

图2-96

02 执行"编辑"|"自由变换"命令，或按快捷键Ctrl+T显示定界框，工具选项栏会显示各种变换选项，如图2-97所示。在选项栏中输入数值并按Enter键即可进行精确变换操作。

图2-97

选项栏中各选项说明如下。

X: 100像素 "设置参考点的水平位置"文本框：设置中心点横坐标。

Y: 100像素 "设置参考点的垂直位置"文本框：设置中心点纵坐标。

W: 100.00% "设置水平缩放"文本框：设置图像的水平缩放比例。

H: 100.00% "设置垂直缩放比例"文本框：设置图像的垂直缩放比例。

△ 0.00 度 "旋转"文本框：设置旋转角度。

H: 0.00 度 "设置水平斜切"文本框：设置水平斜切角度。

V: 0.00 度 "设置垂直斜切"文本框：设置垂直斜切角度。

插值 两次立方 插值：选择此变换的插值。

在自由变换和变形模式之间切换：实现自由变换和变形模式之间的相互切换。

03 在"设置参考点的水平位置"文本框中输入数值300像素，可以水平移动图像，如图2-98所示；继续在"设置参考点的垂直位置"文本框中输入数值260像素，可以垂直移动图像，如图2-99所示。单击这两个选项中间的"使用参考点相关定位"按钮△，可相对于当前参考点位置重新定位新的参考点位置。

图 2-98

图 2-99

04 将图像恢复到原始状态，且"保持长宽比"∞按钮处于未选中状态，在"设置水平缩放"文本框内输入数值20%，可以水平拉伸图像，如图2-100所示；恢复原始状态，继续在"设置垂直缩放比例"文本框内输入数值30%，可以垂直拉伸图像，如图2-101所示。

图 2-100

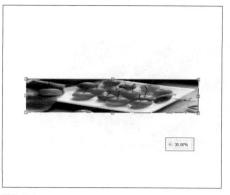

图 2-101

05 如果单击这两个选项中间的"保持长宽比"∞按钮，则可将图像进行等比缩放，如图2-102所示。

图 2-102

06 将图像恢复到原始状态，在"旋转"文本框内输入数值25.00，可以旋转图像，如图2-103所示。

图 2-103

07 将图像恢复到原始状态，在"设置水平斜切"文本框内输入数值20，可以水平斜切图像，如图2-104所示。

图 2-104

08 在"设置垂直斜切"文本框内输入数值
20.00，可以垂直斜切图像，如图2-105所示。

图 2-105

---- 延伸讲解 🖋

　　进行变换操作时，工具选项栏会出现参考点定位
符📍，方块对应定界框上的各个控制点。如果要将中
心点调整到定界框边界上，可单击小方块。例如，要
将中心点移动到定界框的左上角，可单击参考点定位
符左上角的方块💁。

2.6.7 实战——变换选区内的图像

　　在使用Photoshop修改图像
时，如果只想对其中的某一部分
进行更改，可通过建立选区对局
部进行调整。

01 启动Photoshop CC 2019软件，按快捷键
Ctrl+O，打开相关素材中的"变换选区内的图
像.psd"文件，效果如图2-106所示。

02 在工具箱中选择"矩形选框工具"⬚，
在画面中单击并拖动鼠标创建一个矩形选区，如
图2-107所示。

图 2-106　　　　　　　　图 2-107

03 按快捷键Ctrl+T显示定界框，然后拖动定界
框上的控制点可以对选区内的图像进行旋转、缩
放、斜切等变换操作，如图2-108所示。

图 2-108

2.6.8 操控变形

　　操控变形工具可以扭曲特定的图像区域，同
时保持其他区域不变。例如，可以轻松地让人的
手臂弯曲，让身体摆出不同的姿态。也可用于小
范围的修饰，如修改发型等。操控变形可以编辑
图像图层、图层蒙版和矢量蒙版。

　　在Photoshop CC 2019中执行"编辑"|"操
控变形"命令，选项栏显示如图2-109所示，在
显示的变形网格中添加图钉并拖动，即可应用
变换。

图 2-109

　　选项栏中各选项说明如下。

　　模式：选择"刚性"模式，变形效果精确，但
缺少柔和的过渡；选择"正常"模式，变形效果准
确，过渡柔和；选择"扭曲"模式，可在变形的同
时创建透视效果。

　　浓度：选择"较少点"选项，网格点较少，相
应地只能放置少量图钉，并且图钉之间需要保持较
大间距；选择"正常"选项，网格数量适中；选择
"较多点"选项，网格最细密，可以添加更多的

图钉。

扩展：设置变形效果的衰弱范围。

显示网格：勾选该复选框，显示变形网格。

图钉深度：选择一个图钉，单击 按钮，可以将它向上层/下层移动一个堆叠顺序。

旋转：设置图像的扭曲范围。

复位/撤销/应用：单击 按钮，删除所有图钉，将网格恢复到变形前的状态；单击按钮 或按Esc键，可放弃变形操作；单击 ✓ 按钮或按Enter键，可确认变形操作。

2.7 综合实战——舞者海报

下面将结合本章所学重要知识点，利用操控变形工具，结合定界框各类变换操作，制作一款舞者海报。

01 启动Photoshop CC 2019软件，按快捷键Ctrl+O，打开相关素材中的"背景.jpg"文件，效果如图2-110所示。

02 将相关素材中的"人物.png"文件导入文档，摆放在画面中心位置，效果如图2-111所示。

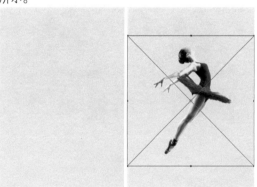

图2-110　　　　　　图2-111

03 操作完成后，按Enter键确认。执行"编辑"|"操控变形"命令，人物图像上会显示变形网格，如图2-112所示。

04 在工具选项栏中将"模式"设置为"正常"，将"浓度"设置为"较少点"，然后在人物腿部关节处的网格上单击，添加图钉。取消"显示网格"复选框的勾选，以便能更清楚地观察图像的变换，如图2-113所示。

图2-112　　　　　　图2-113

05 单击并拖动鼠标即可改变人物的动作，如图2-114所示。

06 选择一个图钉后，在工具选项栏中会显示其旋转角度，直接输入数值可以进行调整，如图2-115所示。

图2-114　　　　　　图2-115

选择一个图钉以后，按 Delete 键可将其删除。此外，按住 Alt 键单击图钉也可以将其删除。如果要删除所有图钉，可在变形网格上右击，在弹出的快捷菜单中执行"移去所有图钉"命令。

07 操作完成后，按Enter键确认。将相关素材中的"背景装饰.png"文件导入文档，摆放在"人物"图层下方，效果如图2-116所示。

08 继续将相关素材中的"文字.png"文件导入文档，放在画面下方，效果如图2-117所示。

图2-116　　　　　　图2-117

09 定界框显示状态下，在选项栏中调节"旋转"参数为-15度，使文字进行适当旋转，效果如图2-118所示。

10 操作完成后，按Enter键确认。将相关素材中的"标题.png"文件导入文档，放在画面顶部，效果如图2-119所示。

图2-118　　　　　　图2-119

11 用同样的方法，将相关素材中的"水晶球.png"文件导入文档，在定界框显示状态下，调整其位置、旋转角度及大小，效果如图2-120所示。

12 在"图层"面板中将"水晶球"图层的透明度设置为60%，同时在"图层样式"对话框中为"人物"与"文字"图层添加投影，最终效果如图2-121所示。

图2-120　　　　　　图2-121

关于图层样式的具体应用，请参考本书的4.2节。

第 3 章 选区工具的使用

本章简介

选区在图像编辑过程中扮演着非常重要的角色，创建选区即指定图像编辑操作的有效区域，可以用来处理图像的局部像素。创建选区是通过选区工具完成的，包括规则的选区工具和不规则的选区工具。其中规则的选区工具有矩形选框工具、椭圆选框工具、单行选框工具、单列选框工具，而不规则的选区工具有套索工具、多边形套索工具、磁性套索工具、快速选择工具和魔棒工具。

本章重点

选区的基本操作
基本选择工具的使用
"魔棒工具"的使用
选区的编辑操作

3.1 认识选区

"选区"指的就是选择的区域或范围。在Photoshop中，选区是指在图像上用来限制操作范围的动态（浮动）蚂蚁线，如图3-1所示。在Photoshop中处理图像时，经常需要对图像的局部进行调整，通过选择一个特定的区域，即"选区"，就可以对选区中的内容进行编辑，并且保证未选定区域的内容不会被改动，如图3-2所示。

图 3-1

图 3-2

3.2 选区的基本操作

在学习和使用选择工具和命令之前，先介绍一些与选区基本编辑操作有关的命令，包括创建选区前需要设定的选项，以及创建选区后进行的简单操作，以便为深入学习选择方法打下基础。

3.2.1 全选与反选

执行"选择" | "全选"命令，或按快捷键Ctrl+A，即可选择当前文档边界内的全部图像，如图3-3所示。

图3-3

创建的选区如图3-4所示，执行"选择"|"反向"命令，或按快捷键Ctrl+Shift+I，可以反选当前的选区（即取消当前选择的区域，选择未选取的区域），如图3-5所示。

图3-4　　　　　　图3-5

--- 延伸讲解 ✎

在执行"选择"|"全部"命令后，再按快捷键Ctrl+C，即可复制整个图像。如果文档中包含多个图层，则可以按快捷键Ctrl+Shift+C进行合并复制。

3.2.2 取消选择与重新选择

创建如图3-6所示的选区，执行"选择"|"取消选择"命令，或按快捷键Ctrl+D，可取消所有已经创建的选区。如果当前激活的是选择工具（如选框工具、套索工具），移动光标至选区内并单击鼠标，也可以取消当前的选择，如图3-7所示。

图3-6　　　　　　图3-7

Photoshop会自动保存前一次的选择范围。在取消选择后，执行"选择"|"重新选择"命令或按快捷键Ctrl+Shift+D，便可调出前一次的选择范围，如图3-8所示。

图3-8

3.2.3 选区运算

在图像的编辑过程中，有时需要同时选择多块不相邻的区域，或者增加、减少当前选区的面积。在选择工具的选项栏上，可以看到如图3-9所示的按钮，使用这些按钮，可以进行选区运算。

图3-9

按钮说明如下。

▢ 新选区：单击该按钮后，可以在图像上创建一个新选区。如果图像上已经包含了选区，则每新建一个选区，都会替换上一个选区，如图3-10所示。

▢ 添加到选区：单击该按钮或按住Shift键，此时的光标会显示＋标记，拖动鼠标即可将新建的选区添加到已有的选区，如图3-11所示。

图3-10　　　　　　图3-11

▢ 从选区减去：对于多余的选取区域，同样可以将其减去。单击该按钮或按住Alt键，此时光标会显示—标记，然后使用"矩形选框工具"绘制需要减去的区域即可，如图3-12所示。

  □ 与选区交叉：单击该按钮或按住快捷键Alt＋Shift，此时光标会显示×标记，新创建的选区与原选区重叠的部分（即相交的区域）将被保留，产生一个新的选区，而不相交的选取范围将被删除，如图3-13所示。

 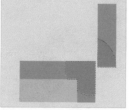

图 3-12　　　　　　　　图 3-13

3.2.4 移动选区

  移动选区操作用于改变选区的位置。首先，在工具箱中选择一种选择工具，然后移动光标至选区内，待光标显示为▸形状时单击并拖动，即可移动选区。在拖动过程中，光标会显示为黑色三角形状，如图3-14和图3-15所示。

图 3-14

图 3-15

  如果只是小范围地移动选区，或要求准确地移动选区，可以使用键盘上的←、→、↑和↓4个方向键来移动选区，按一次键移动一个像素。按快捷键Shift＋方向键，可以一次移动10个像素的位置。

3.2.5 隐藏与显示选区

  创建选区后，执行"视图"｜"显示"｜"选区边缘"命令，或按快捷键Ctrl+H，可以隐藏选区。如果用画笔绘制选区边缘的轮廓，或者对选中的图像应用滤镜，将选区隐藏之后，可以更加清楚地看到选区边缘图像的变化情况。

--- 延伸讲解

  隐藏选区后，选区虽然看不见了，但它依然存在，并限定操作的有效区域。需要重新显示选区时，可按快捷键 Ctrl+H。

3.3 基本选择工具

  Photoshop中的基本选择工具包括选框类工具和套索类工具。选框类工具包括"矩形选框工具"▭、"椭圆选框工具"◯、"单行选框工具"▭、"单列选框工具"▮，这些选框工具用于创建规则的选区。套索类工具包括"套索工具"◯、"多边形套索工具"◣、"磁性套索工具"◢，这些套索类工具用于创建不规则的选区。

3.3.1 实战——矩形选框工具

"矩形选框工具" □ 是最常用的选框工具，使用该工具在图像窗口中单击并拖动，即可创建矩形选区。下面利用"矩形选框工具" □ 打造一款极具艺术效果的照片。

01 启动Photoshop CC 2019软件，按快捷键Ctrl+O，打开相关素材中的"小女孩.jpg"文件，效果如图3-16所示。

图3-16

02 按快捷键Ctrl+J复制"背景"图层得到"图层1"图层。选择工具箱中的"裁剪工具" □ ，在工具选项栏中单击"选择预设长宽比或裁剪尺寸"选项框，选择"宽×高×分辨率"选项，并设置数值为5厘米×5厘米，长按鼠标左键，将裁剪框移动至适当位置，如图3-17所示，按Enter键即可确认裁剪。

图3-17

03 在工具箱中选择"矩形选框工具" □ ，在工具选项栏中单击"样式"选项框，选择"固定大小"选项，并设置"宽度"为5厘米，设置"高度"为0.1厘米，如图3-18所示。

样式： 固定大小 ∨ 宽度： 5厘米 ⇄ 高度： 0.1厘

图3-18

04 在画面中单击并向右拖动鼠标，创建固定大小的矩形选区，如图3-19所示。

05 单击工具选项栏中的"添加到选区"按钮 □ ，依照上述方法，在画面中建立多个矩形选区，如图3-20所示。

图3-19　　　　　　　图3-20

06 在工具选项栏中单击"高度和宽度互换"按钮 ⇄ ，将宽度与高度值互换，如图3-21所示。

样式： 固定大小 ∨ 宽度： 0.1厘 ⇄ 高度： 5厘米

图3-21

07 用上述同样的方法，在图像中创建多个竖向矩形选区，如图3-22所示。

08 按快捷键Shift+Ctrl+I将选区反向，然后按快捷键Ctrl+J复制选区中的图像，得到"图层2"图层，将该图层下面的"背景"图层隐藏，效果如图3-23所示。

图3-22　　　　　　　图3-23

09 显示"背景"图层并单击"图层"面板中的"创建新图层"按钮 □ ，绘制一个与画面大小一致的矩形并填充棕色（#936c5b），如图3-24所示。

10 在工具选项栏中单击"样式"选项框，选择"正常"选项，在图像中独立色块左上角单击并向右下角拖动鼠标，创建选区，如图3-25所示。

图 3-24　　　　图 3-25

11 在"图层"面板中选中"图层2"图层，执行"图像"|"调整"|"黑白"命令，打开"黑白"对话框，调节参数，如图3-26所示。

12 操作完成后，单击"确定"按钮。按快捷键Ctrl+D取消选择，黑白效果如图3-27所示。

图 3-26　　　　图 3-27

13 用上述同样的方法，绘制更多的矩形选区，为图像增添艺术效果，完成效果如图3-28所示。

图 3-28

3.3.2 实战——椭圆选框工具

"椭圆选框工具"〇可用于创建椭圆或正圆选区。下面使用"椭圆选框工具"〇制作一款简约音乐海报。

01 启动Photoshop CC 2019软件，按快捷键Ctrl+O，打开相关素材中的"唱片.jpg"文件，效果如图3-29所示。

02 在"图层"面板中单击"背景"图层后面的🔒按钮，将其转换为可编辑图层，如图3-30所示。

图 3-29　　　　　　　　　图 3-30

03 在工具箱中选择"椭圆选框工具"〇，按住Shift键在画面中单击并拖曳光标，创建正圆形选区，选中唱片（可同时按住空格键移动选区，使选区与唱片对齐），如图3-31所示。

04 选区创建完成后，按Delete键将选区中的图像删除，按快捷键Ctrl+D可取消选择，效果如图3-32所示。

图 3-31　　　　　　　　图 3-32

05 同样的方法，利用"椭圆选框工具"〇再次绘制一个与唱片大小一致的正圆形选区，如图3-33所示。

06 这里需要保留黑色唱片部分，删除白色背景。在选区保留状态下，执行"选择"|"反向"命令，或按快捷键Shift+Ctrl+I将选区反向，按Delete键即可将白色背景删除，如图3-34所示。

图 3-33　　　　　　　图 3-34

07 按快捷键Ctrl+O，打开相关素材中的"背景.jpg"文件,效果如图3-35所示。

08 在Photoshop CC 2019中,将"唱片"文档中的素材拖入"背景"文档,调整唱片素材的大小及位置,并在"图层"面板中将"唱片"图层的透明度降低至80%,使整体色调更为协调,最终效果如图3-36所示。

图3-35

图3-36

3.3.3 实战——单行和单列选框工具

"单行选框工具" 与"单列选框工具" 用于创建一个像素高度或宽度的选区,在选区内填充颜色可以得到水平或垂直直线。本案例将结合网格,巧妙地利用单行和单列选框工具制作格子布效果。

01 启动Photoshop CC 2019软件,执行"文件"|"新建"命令,新建一个"高度"为2000像素,"宽度"为3000像素,"分辨率"为300像素/英寸的RGB文档,如图3-37所示。

图3-37

02 单击"确定"按钮,再执行"视图"|"显示"|"网格"命令,使网格可见,如图3-38所示。

图3-38

03 按快捷键Ctrl+K打开"首选项"对话框并进行网格设置,设置"网格线间隔"为3厘米,设置"子网格"为3,设置"网格颜色"为浅蓝色,设置"样式"为直线,具体如图3-39所示。

图3-39

04 完成设置后单击"确定"按钮,此时的网格效果如图3-40所示。

图3-40

05 在工具箱中选择"单行选框工具" ,单击工具选项栏中的"添加到选区"按钮 ,然后每间隔3条网格线单击,创建多个单行选区,如图3-41所示。

图3-41

除了使用"添加到选区"按钮添加连续的选区外，按住 Shift 键同样可以添加连续的选区。

06 执行"选择"｜"修改"｜"扩展"命令，在弹出的对话框中输入80，将1像素的单行选区扩展成高度为80像素的矩形选框，如图3-42所示。

07 单击"图层"面板中的"创建新图层"按钮，新建空白图层。修改前景色为蓝色（#64a9ff），按快捷键Alt+Delete可以快速给选区填充颜色，然后在"图层"面板中将该图层的不透明度设置为50%，如图3-43所示，按快捷键Ctrl+D取消选择。

图3-42　　　　　　　图3-43

08 用同样的方法，使用"单列选框工具"绘制蓝色（#64a9ff）竖条，如图3-44所示。

09 按快捷键Ctrl+H隐藏网格，绘制的格子布效果如图3-45所示。

图3-44　　　　　　　图3-45

3.3.4 实战——套索工具

"套索工具"用于徒手创建不规则形状的选区。用"套索工具"能创建任意形状的选区，其使用方法和"画笔工具"相似，需要徒手创建。

01 启动Photoshop CC 2019软件，按快捷键Ctrl+O，打开相关素材中的"草地.jpg"文件，效果如图3-46所示。

02 在工具箱中选择"套索工具"，在画面

中单击并拖曳光标，创建一个不规则选区，如图3-47所示。

图3-46　　　　　　　图3-47

03 按快捷键Ctrl+O，打开相关素材中的"土地.jpg"文件，然后将"草地"文档中的选区中的图像拖入"土地"文档，再调整到合适的大小与位置，如图3-48所示。

04 将泥土所在的"背景"图层解锁，转换为可编辑图层，如图3-49所示。使用"套索工具"在该图层创建选区，如图3-50所示。

05 创建完成后按Shift+Ctrl+I将选区反向，并按Delete键删除多余部分的图像，将草地与泥土所在的图层进行合并，得到的效果如图3-51所示。

图3-48　　　　　　　图3-49

图3-50　　　　　　　图3-51

06 将相关素材中的树、大象、老鹰、鹿文件分别添加到文档中，使画面更完善，效果如图3-52所示。

07 在文档中继续创建一个与画布大小一致的

矩形选区，并填充蓝白径向渐变色，效果如图3-53所示。

图3-52

图3-53

08 将相关素材中的云朵文件添加到画面中，并添加文字，再进行最后的画面调整，最终效果如图3-54所示。

低碳减排 绿色生活

Protect the earth's environment -- the homeland of all mankind.

图3-54

3.3.5 实战——多边形套索工具

"多边形套索工具"常用来创建不规则形状的多边形选区，如三角形、四边形、梯形和五角星等。本实例将通过使用"多边形套索工具"建立选区，更换背景。

01 启动Photoshop CC 2019软件，按快捷键Ctrl+O，打开相关素材中的"窗户.jpg"文件，效果如图3-55所示。

02 在工具箱中选择"多边形套索工具"，在工具选项栏中单击"添加到选区"按钮，在左侧窗口内的一个边角上单击鼠标左键，然后沿着它边缘的转折处继续单击鼠标，自定义选区范围。将光标移到起点处，待光标变为状，再次单击即可封闭选区，如图3-56所示。

图3-55

图3-56

--- 延伸讲解 ---

创建选区时，按住 Shift 键操作，可以锁定水平、垂直或以 45° 角为增量进行绘制。如果双击，则会在双击点与起点间连接一条直线来闭合选区。

03 同样的方法，继续使用"多边形套索工具"将中间窗口和右侧窗口内的图像选中，如图3-57所示。

04 双击"图层"面板中的"背景"图层，将其转化成可编辑图层，然后按Delete键，将选区内的图像删除，效果如图3-58所示。

图3-57

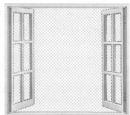
图3-58

05 将相关素材中的"夜色.jpg"文件拖入文档，如图3-59所示。

06 调整图像至合适大小，并放置在"窗户"图层下方，得到的最终效果如图3-60所示。

图3-59

图3-60

使用"多边形套索工具" ❧ 时，按住 Alt 键单击并拖曳光标，可以切换为"套索工具" ρ，此时拖动鼠标可徒手创建选区，释放 Alt 键可恢复为"多边形套索工具" ❧。

3.3.6　实战——磁性套索工具

使用"磁性套索工具" ❧ 可以自动识别边缘较清晰的图像，比"多边形套索工具" ❧ 更智能。

01 启动Photoshop CC 2019软件，按快捷键Ctrl+O，打开相关素材中的"橙子.jpg"文件，效果如图3-61所示。

02 在工具箱中选择"磁性套索工具" ❧，在橙子的边缘单击，如图3-62所示。

图3-61　　　　　　图3-62

03 释放鼠标后，沿着水果边缘移动光标，Photoshop会在光标经过处放置一定数量的锚点来连接选区，如图3-63所示。

04 如果想要在某一位置放置一个锚点，可

在该处单击；如果锚点的位置不准确，则可按Delete键将其删除，连续按Delete键可依次删除前面的锚点，如图3-64所示；按Esc键可以清除所有锚点。

图3-63　　　　　　图3-64

05 将光标移至起点处，如图3-65所示，单击可以封闭选区，如图3-66所示。如果在创建选区的过程中双击，则会在双击处与起点之间连接一条直线来封闭选区。

图3-65　　　　　　图3-66

在使用"磁性套索工具" ❧ 绘制选区的过程中，按住 Alt 键在其他区域单击，可切换为"多边形套索工具" ❧；按住 Alt 键单击并拖动鼠标，可切换为"套索工具" ρ。

3.4 魔棒与快速选择工具

"魔棒工具" ❧ 和"快速选择工具" ❧ 是基于色调和颜色差异来构建选区的工具。"魔棒工具" ❧ 可以通过单击创建选区，而"快速选择工具" ❧ 需要像绘画一样创建选区。使用这种工具可以快速选择色彩变化不大、色调相近的区域。

3.4.1 实战——魔棒工具

使用"魔棒工具" 在图像上单击，就会选择与单击处色调相似的像素。当背景颜色变化不大，需要选取的对象轮廓清楚且与背景色之间也有一定的差异时，使用"魔棒工具" 可以快速选择对象。

01 启动Photoshop CC 2019软件，按快捷键Ctrl+O，打开相关素材中的"汉堡.jpg"文件，效果如图3-67所示。

02 在"图层"面板中双击"背景"图层，将其转换为可编辑图层，如图3-68所示。

图3-67　　　　　　　　　图3-68

03 在工具箱中选择"魔棒工具" ，在工具选项栏中设置"容差"值为10，然后在白色背景处单击，将背景载入选区，如图3-69所示。

图3-69

--- 延伸讲解

容差决定颜色取样时的范围，容差越大，选择的像素范围越大；容差越小，选择的像素范围越小。

04 按Delete键可删除选区内图像，如图3-70所示，按快捷键Ctrl+D取消选。

图3-70

05 按快捷键Ctrl+O，打开相关素材中的"背景.jpg"文件，效果如图3-71所示。

06 在Photoshop CC 2019中，将"汉堡.jpg"文档中的素材拖入"背景"文档，调整"汉堡"素材的大小及位置，最终效果如图3-72所示。

图3-71　　　　　　　　　图3-72

3.4.2 实战——快速选择工具

"快速选择工具" 的使用方法与"画笔工具"类似。该工具能够利用可调整的圆形画笔笔尖快速"绘制"选区，可以像绘画一样创建选区。在拖动鼠标时，选区还会向外扩展并自动查找和跟随图像中定义的边缘。

01 启动Photoshop CC 2019软件，按快捷键

Ctrl+O，打开相关素材中的"孩童.jpg"文件，效果如图3-73所示。

02 在"图层"面板中双击"背景"图层，将其转换为可编辑图层。接着在工具箱中选择"快速选择工具"，并在工具选项栏中设置笔尖大小为10像素，如图3-74所示。

图3-73 　　　　　　　　图3-74

03 在要选取的人物对象上单击并沿着身体轮廓拖动鼠标，创建选区，如图3-75所示。

04 按住Alt键在选中的背景上（手脚与背景的空隙处）单击并拖曳光标，将多余的部分从选区中减去，如图3-76所示。

05 按快捷键Ctrl+O，打开相关素材中的"背景.jpg"文件，将"孩童"文档中选取的对象拖入"背景"文档，并调整素材的大小及位置，效

果如图3-77所示。

06 在"图层"面板中双击添加的对象所在的图层，在弹出的"图层样式"对话框中添加"投影"效果，调整参数后，单击"确定"按钮即可为对象添加投影，最终效果如图3-78所示。

图3-75 　　　　　　　　图3-76

图3-77 　　　　　　　　图3-78

3.5 选择颜色范围

　　使用"色彩范围"命令可根据图像的颜色范围创建选区，与"魔棒工具"相似，但是使用"色彩范围"命令创建的选区要比使用"魔棒工具"创建的选区更加精确。

3.5.1 色彩范围对话框

　　打开一个文件，如图3-79所示，执行"选择"|"色彩范围"命令，可以打开"色彩范围"对话框，如图3-80所示。

　　"色彩范围"对话框中各选项含义如下。

　　"选择"下拉列表框：用来设置选区的创建依

据。选择"取样颜色"时，以使用对话框中的"吸管工具"拾取的颜色为依据创建选区。选择"红色""黄色"或者其他颜色时，可以选择图像中特定的颜色，如图3-81所示。选择"高光""中间调"和"阴影"时，可以选择图像中特定的色调，如图3-82所示。

"选择"下拉列表框

图3-79　　　　　　图3-80

吸管工具组

选区预览框

"预览效果"选项

"选区预览"下拉列表

图3-81　　　　　　图3-82

"检测人脸"复选框：选择人像或人物皮肤时，可勾选该复选框，以便更加准确地选择肤色。

"本地化颜色簇"复选框：勾选该复选框后，可以使当前选中的颜色过渡更平滑。

颜色容差：用来控制颜色的范围，该值越高，包含的颜色范围越广。

范围：在文本框中输入数值或拖曳下方的滑块，可调整本地颜色簇化的选择范围。

选区预览框：显示应用当前设置所创建的选区区域。

"预览效果"选项：选中"选择范围"单选按钮，选区预览框中显示当前选区的选中效果，选中"图像"单选按钮，选区预览框中显示该图像的效果。

"选区预览"下拉列表框：单击下拉按钮，打开下拉列表框，可以设置图像中选区的预览效果。

存储：单击该按钮，弹出"存储"对话框。在该对话框中可以将当前设置的"色彩范围"参数进行保存，以便以后应用到其他图像中。

吸管工具组：用于选择图像中的颜色，并可对颜色进行增加或减少的操作。

"反相"复选框：勾选该复选框后，即可将当前选区中的图像反相。

延伸讲解

再次执行"色彩范围"命令时，对话框中将自动保留上一次执行命令时设置的各项参数。按住 **Alt** 键时，"取消"按钮变为"复位"按钮，单击该按钮可将所有参数复位到初始状态。

3.5.2 实战——用色彩范围命令抠图

"色彩范围"命令比"魔棒工具"的功能更为强大，使用方法也更为灵活，可以一边预览选择区域，一边进行动态调整。

01 启动Photoshop CC 2019软件，按快捷键Ctrl+O，打开相关素材中的"背景.jpg"文件，效果如图3-83所示。

02 执行"文件"|"置入嵌入对象"命令，选中相关素材中的"西瓜汁.jpg"文件，将其置入文档，并调整到合适的大小及位置，如图3-84所示。

03 按Enter键确认，对置入对象执行"选择"|"色彩范围"命令，在弹出的"色彩范围"对话框中，选择右侧的"吸管工具"，移动光标至图像窗口或预览框中，在黑色背景区域单击鼠标，令选择内容（这里选择的是背景）成为白场，如图3-85所示。

图3-83　　　　图3-84　　　　图3-85

04 勾选"反相"复选框，令杯子成为白场，背景成为黑场，移动滑块可调节颜色容差与范围，如图3-86所示。

05 预览框用于预览选择的颜色范围，白色表示选择区域，黑色表示未选中区域，单击"确定"

按钮，此时图像中会出现选区，如图3-87所示。

06 按快捷键Ctrl+J复制选区中的图像，隐藏"西瓜汁"图层，得到的最终效果如图3-88所示。

第3章 选区工具的使用

图3-86　　　　　图3-87　　　　　图3-88

答疑解惑 "色彩范围"命令有什么特点？

使用"色彩范围"命令、"魔棒工具"和"快速选择工具"都能基于色调差异创建选区。但使用"色彩范围"命令可以创建羽化的选区，也就是说，选出的图像会呈现透明效果。使用"魔棒工具"和"快速选择工具"则不能。

3.6 快速蒙版

快速蒙版是一种选区转换工具，使用它能将选区转换为临时的蒙版图像，然后可以使用"画笔""滤镜""钢笔"等工具编辑蒙版，再将蒙版转换为选区，从而达到编辑选区的目的。

3.6.1 实战——用快速蒙版编辑选区

一般，使用"快速蒙版"模式是从选区开始，然后添加或者减去选区，以建立蒙版。创建的快速蒙版可以使用绘图工具与滤镜进行调整，以便创建复杂的选区。

01 启动Photoshop CC 2019软件，按快捷键Ctrl+O，打开相关素材中的"天空.jpg"文件，效果如图3-89所示。

02 执行"文件"|"置入嵌入对象"命令，选中相关素材中的"城市.jpg"文件，将其置入文档，并调整到合适的大小及位置，如图3-90所示。

图3-89

图3-90

03 按Enter键确认，在工具箱中选择"快速选择工具" ，在"城市"对象上沿着天空轮廓拖动鼠标，创建选区，如图3-91所示。

04 执行"选择"|"在快速蒙版模式下编辑"命令，或单击工具箱中的"以快速蒙版模式编辑"按钮 ，进入快速蒙版编辑状态，如图3-92所示。

图3-91　　　　　　　　图3-92

05 在工具箱中选择"画笔工具" ，在未选中的图像上涂抹，将其添加到选区当中，如图3-93所示。

06 再次执行"选择"|"在快速蒙版模式下编辑"命令，或单击工具箱中的"以标准模式编辑"按钮 ，退出快速蒙版编辑状态，切换为正

常模式，然后按Delete键删除选区中的图像，最终效果如图3-94所示。

图 3-93　　　　　　　图 3-94

--- 延伸讲解

按 Delete 键删除选区中的图像时，如果出现如图3-95所示的对话框，需要将对象图层进行栅格化，方可进行删除操作。

图 3-95

3.6.2 设置快速蒙版选项

创建选区以后，如图3-96所示，双击工具箱中的"以快速蒙版模式编辑"按钮 ，可以打开"快速蒙版选项"对话框，如图3-97所示。

被蒙版区域："被蒙版区域"是指选区之外的图像区域。将"色彩指示"设置为"被蒙版选项"，选区之外的图像将被蒙版颜色覆盖，而选中的图像完全显示，如图3-98所示。

所选区域："所选区域"是指选中的区域。将"色彩指示"设置为"所选区域"时，选中的图像将被蒙版颜色覆盖，选区之外的图像完全显示，如图3-99所示。该选项适用于在没有选区的状态下直接进行快速蒙版，然后在快速蒙版的状态下制作选区。

图 3-96　　　　　　　图 3-97

图 3-98　　　　　　　图 3-99

颜色：单击颜色块后，可以在打开的"拾色器"中设置蒙版的颜色。如果对象与蒙版的颜色特别相近，可以对蒙版颜色进行调整。

不透明度：用于设置蒙版颜色的不透明度。

--- 延伸讲解

"颜色"和"不透明度"只影响蒙版的外观，不会对选区产生任何影响。

3.7 细化选区

在进行图像处理时，如果画面中有毛发等微小细节，很难精确地创建选区。针对这类情况，在选择类似毛发等细节时，可以先使用"魔棒工具" 、"快速选择工具" 或"色彩范围"命令等创建大致的选区，再使用"选择并遮住"命令对选区进行细化，从而选中对象。

3.7.1 选择视图模式

创建选区，如图3-100所示，执行"选择"｜"选择并遮住"命令，或按快捷键Alt+

Ctrl+R，即可切换到"属性"面板，单击"视图"选项右侧的三角形按钮，在打开的下拉列表中选择一种视图模式，如图3-101所示。

图 3-100   图 3-101

"视图模式"选项说明如下。

洋葱皮：以被选区透明蒙版的方式查看。

闪烁虚线：可查看具有闪烁边界的标准选区，如图3-102所示。在羽化的选区边缘，边界将会围绕被选中50%以上的像素。

叠加：可在快速蒙版状态下查看选区，如图3-103所示。

图 3-102   图 3-103

黑/白底：在黑/白色背景上查看选区，如图3-104和图3-105所示。

图 3-104   图 3-105

--- 延伸讲解 ✐ ----------------------

按 F 键可以循环显示各个视图，按 X 键可暂时停用所有视图。

黑白：可预览用于定义选区的通道蒙版，如图3-106所示。

图层：可查看被选区蒙版的图层，如图3-107所示。

图 3-106   图 3-107

显示边缘：用于显示调整区域。

显示原稿：用于查看原始选区。

高品质预览：勾选该复选框，即可实现高品质预览。

3.7.2 调整选区边缘

在"属性"面板中，"调整边缘"选项组用于对选区进行平滑、羽化、扩展等处理。创建一个矩形选区，如图3-108所示，然后在"属性"面板中，选择在"图层"模式下预览选区效果，如图3-109所示。

图 3-108   图 3-109

"属性"选项说明如下。

平滑：可以减少选区边界中的不规则区域，创建更加平滑的选区轮廓。对于矩形选区，则可使其边角变得圆滑，如图3-110所示。

羽化：可为选区设置羽化程度，让选区边缘的图像呈现透明效果，如图3-111所示。

图 3-110   图 3-111

对比度：可以锐化选区边缘并去除模糊，对于添加了羽化效果的选区，增加对比度即可减少或消除羽化。

移动边缘：负值表示收缩选区边界，如图3-112所示；正值表示扩展选区边界，如图3-113所示。

图 3-112

图 3-113

3.7.3 指定输出方式

"属性"面板中的"输出设置"选项组用于消除选区边缘的杂色、设定选区的输出方式，如图3-114所示。

"输出设置"选项说明如下。

净化颜色：勾选该复选框后，拖动"数量"滑块，可以去除图像的彩色杂边。"数量"值越高，消除范围越广。

输出到：在该选项的下拉列表中可以选择选区的输出方式，如图3-115所示。部分输出结果如图3-116所示。

图 3-114

图 3-115

选区

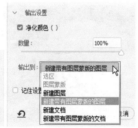

图层蒙版

新建图层

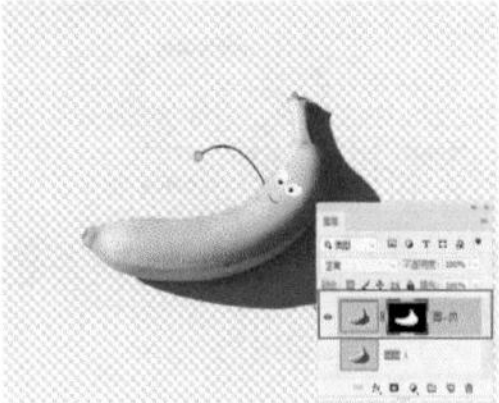

新建带有图层蒙版的图层

图 3-116

3.7.4 实战——用细化工具抠取毛发

"属性"面板中包含两个选区细化工具和"边缘检测"选项，通过这些工具可以轻松抠出毛发。

01 启动Photoshop CC 2019软件，按快捷键Ctrl+O，打开相关素材中的"背景.jpg"文件，效果如图3-117所示。

02 执行"文件"|"置入嵌入对象"命令，选中相关素材中的"猫咪.jpg"文件，将其置入文档，并调整到合适的大小及位置，如图3-118所示。

图 3-117

图 3-118

03 按Enter键确认，在工具箱中选择"快速选择工具"，在"猫咪"对象上沿着轮廓拖动鼠标，创建选区，如图3-119所示。

04 单击工具选项栏中的 选择并遮住… 按钮，打开"属性"面板，在其中选择"黑白"视图模式，勾选"智能半径"和"净化颜色"复选框，将"半径"设置为250像素，如图3-120所示。设置完成后可以看到画面中的毛发已经大致被选取出来了，如图3-121所示。

图 3-119

图 3-120

图3-121

05 在"输出到"下拉列表中选择"新建带有图层蒙版的图层"选项，然后单击"确定"按钮，即可将猫咪抠取出来，如图3-122所示。

06 在猫咪对象所在图层的下方新建图层，并使用"画笔工具" ✐ 绘制阴影，使猫咪更为立体，最终效果如图3-123所示。

图3-122

图3-123

--- 延伸讲解 ✐

　　修改选区时，可以用界面左侧的"缩放工具" 🔍 在图像上单击放大视图比例，以便观察图像细节；可以用"抓手工具" ✋ 移动画面，调整图像的显示位置。

3.8 选区的编辑操作

　　创建选区之后，往往要对选区进行编辑和加工，才能使选区符合要求。选区的编辑包括平滑选区、扩展和收缩选区、对选区进行羽化等。创建选区后，执行"选择"|"修改"命令，在级联菜单中包含了用于编辑选区的命令，如图3-124所示。

图3-124

3.8.1 边界选区

　　边界选区以所在选区的边界为中心向内、向外产生选区，以一定像素，形成一个环带轮廓。创建如图3-125所示的选区，执行"选择"|"修改"|"边界"命令，弹出"边界选区"对话框，设置边界值，边界效果如图3-126所示。

图3-125

图3-126

3.8.2 平滑选区

　　平滑选区可使选区边缘变得连续和平滑。执行"平滑"命令时，系统将弹出如图3-127所示的"平滑选区"对话框，在"取样半径"文本框中输入平滑数值，单击"确定"按钮即可。如图3-128所示为创建的选区，如图3-129所示为平滑选区后的效果。

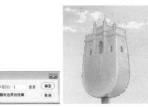

图3-127　　　　图3-128

图3-129

3.8.3 扩展选区

　　"扩展"命令可以在原来选区的基础上向外扩展选区。创建如图3-130所示的选区，执行"选择"|"修改"|"扩展"命令，弹出如图3-131所示的"扩展选区"对话框，设置扩展量

后，单击"确定"按钮，如图3-132所示为扩展10像素后的选区效果。

图3-130

图3-131

图3-132

3.8.4 收缩选区

在选区存在的情况下，执行"选择"｜"修改"｜"收缩"命令，将弹出如图3-133所示的"收缩选区"对话框，其中"收缩量"文本框用来设置选区的收缩范围。在文本框中输入数值，即可将选区向内收缩相应的像素。如图3-134所示为收缩10像素后的选区效果。

图3-133

图3-134

3.8.5 羽化选区

"羽化"是通过建立选区和选区周围像素之间的转换边界来模糊边缘，这种模糊方式会丢失选区边缘的图像细节。选区的羽化功能常用来制作晕边艺术效果。在工具箱中选择一种选择工具，可在工具选项栏的"羽化"文本框中输入羽化值，然后建立具有羽化效果的选区。

创建选区，如图3-135所示，执行"选择"｜"修改"｜"羽化"命令，在弹出的对话框中设置羽化值，对选区进行羽化，如图3-136所示。羽化值的大小控制图像晕边的大小，羽化值

越大，晕边效果越明显。

图3-135　　　　　　　　图3-136

● 答疑解惑 为什么羽化时会弹出提示信息？

如果选区较小，而羽化半径设置得较大，就会弹出一个羽化警告对话框，如图3-137所示。单击"确定"按钮，表示确认当前设置的羽化半径，这时选区可能变得非常模糊，以至于在画面中看不到，但选区仍然存在。如果不想出现该警告，应缩小羽化半径或增大选区的范围。

图3-137

3.8.6 实战——图像合成

羽化选区可以使选区的边缘变得柔和，实现选区内与选区外图像自然过渡。

01 启动Photoshop CC 2019软件，按快捷键Ctrl+O，打开相关素材中的"热气球.jpg"文件，效果如图3-138所示。

02 在工具箱中选择"套索工具" ○，按住鼠标左键并在图像上进行拖曳，围绕热气球创建选区，如图3-139所示。

图3-138　　　　　　　　图3-139

03 执行"选择"｜"修改"｜"羽化"命令，弹出"羽化选区"对话框，设置"羽化半径"为

50像素，如图3-140所示，单击"确定"按钮。

04 完成上述操作后，围绕热气球创建的选区略微缩小，并且边缘变得更加圆滑。在"图层"面板中双击"背景"图层，将其转换为可编辑图层，然后按快捷键Shift+Ctrl+I反选选区，按Delete键删除反选区域中的图像，如图3-141所示。

图3-140   图3-141

05 按快捷键Ctrl+O，打开相关素材中的"背景.jpg"文件，效果如图3-142所示。

06 将"热气球"文档中抠出的图像拖入"背景"文档，调整到合适的大小及位置，并适当调至图像亮度，最终效果如图3-143所示。

图3-142   图3-143

3.8.7 扩大选取与选取相似

如果需要选取区域的颜色比较相似，可以先选取其中一部分，然后利用"扩大选取"或"选取相似"命令选择其他部分。

创建如图3-144所示的选区，使用"扩大选取"命令可以将原选区扩大，所扩大的范围是与原选区相邻且颜色相近的区域。扩大的范围由"魔棒工具"选项栏中的容差值决定，设置容差为30，扩大选区效果如图3-145所示。

执行"选取相似"命令，也可将选区扩大，类似于"扩大选取"命令，但此命令扩展的范围

与"扩大选取"命令不同，它是将整个图像颜色相似而不管是否与原选区邻近的区域全部扩展至选取区域中，如图3-146所示。

图3-144   图3-145

图3-146

---- 延伸讲解

多次执行"扩大选取"或"选取相似"命令，可以按照一定的增量扩大选区。

3.8.8 隐藏选区边缘

对选区中的图像进行了填充、描边或应用滤镜等操作后，如果想查看实际效果，但觉得选区边界不断闪烁的"蚂蚁线"会影响效果时，执行"视图"|"显示"|"选区边缘"命令，可以有效地隐藏选区边缘，而又不取消当前的选区。

3.8.9 对选区应用变换

创建选区，如图3-147所示，执行"选择"|"变换选区"命令，可以在选区上显示定界框，如图3-148所示。拖曳控制点可对选区进行旋转、缩放等变换操作，选区内的图像不会受到影响，如图3-149所示。如果执行"编辑"菜单中的"变换"命令，则会对选区及选中的图像同时应用变换，如图3-150所示。

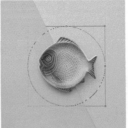

图3-147　　　　　　　　图3-148

图3-149　　　　　　　　图3-150

3.8.10 存储选区

创建选区，如图3-151所示，单击"通道"面板底部的"将选区存储为通道"按钮 ◻，可将选区保存在Alpha通道中，如图3-152所示。

图3-151　　　　　　　　图3-152

此外，使用"选择"菜单中的"存储选区"命令也可以保存选区。执行该命令时会打开"存储选区"对话框，如图3-153所示。

图3-153

"存储选区"对话框中各选项说明如下。

文档：在下拉列表中可以选择保存选区的目标文件。在默认情况下，选区保存在当前文档中，我们也可以选择将其保存在新建的文档中。

通道：可以选择将选区保存到新建的通道，或保存到其他Alpha通道中。

名称：用来设置选区的名称。

操作：如果保存选区的目标文件包含选区，则可以选择如何在通道中合并选区。选择"新建通道"，可以将当前选区存储在新通道中；选择"添加到通道"，可以将选区添加到目标通道的现有选区中；选择"从通道中减去"，可以从目标通道内的现有选区中减去当前的选区；选择"与通道交叉"，可以从与当前选区和目标通道中的现有选区交叉的区域中存储一个选区。

3.8.11 载入选区

当选区作为通道存储后，下次使用时只需打开图像，按住Ctrl键单击存储的通道即可将选区载入图像，如图3-154所示。此外，执行"选择"|"载入选区"命令，也可以载入选区。执行该命令时会打开"载入选区"对话框，如图3-155所示。

图3-154　　　　　　　　图3-155

"载入选区"对话框中各选项说明如下。

文档：用来选择包含选区的目标文件。

通道：用来选择包含选区的通道。

反相：可以反转选区，相当于载入选区后执行"反向"命令。

操作：如果当前文档中包含选区，可以通过该选项设置如何合并载入选区。选择"新建选区"，可用载入的选区替换当前选区；选择"添加到选区"，可将载入的选区添加到当前选区中；选择"从选区中减去"，可以从当前选区中减去载入的选区；选择"与选区交叉"，可以得到载入的选区与当前选区交叉的区域。

3.9 应用选区

选区是图像编辑的基础，本节将详细介绍选区在图像编辑中的具体应用。

3.9.1 剪切、复制和粘贴图像

选择图像中的全部或部分区域后，执行"编辑"|"复制"命令，或按快捷键Ctrl+C，可将选区内的图像复制到剪贴板中，如图3-156所示。执行"编辑"|"剪切"命令，或按快捷键Ctrl+X，可将选区内的图像复制到剪贴板中，如图3-157所示。在其他图像窗口或程序中执行"编辑"|"粘贴"命令，或按快捷键Ctrl+V，即可得到剪贴板中的图像，如图3-158所示。

图3-156　　　　　　图3-157

图3-158

延伸讲解

剪切与复制，同样可以将选区中的图像复制到剪贴板中，但是剪切后该图像区域将从原始图像中剪除。默认情况下，在Photoshop中粘贴剪贴板中的图像时，系统会自动创建新的图层来放置复制的图像。

3.9.2 合并复制和贴入

"合并复制"和"贴入"命令虽然也用于图像复制操作，但它们不同于"复制"和"粘贴"命令。

"合并复制"命令可以在不影响原图像的情况下，将选区范围内所有图层的图像全部复制并放入剪贴板，而"复制"命令仅复制当前图层选区范围内的图像。

使用"贴入"命令时，必须先创建选区。执行"贴入"命令后，粘贴的图像只出现在选区范围内，超出选区范围的图像自动被隐藏。使用"贴入"命令能够得到一些特殊的效果。

3.9.3 移动选区内的图像

使用"移动工具"✛可以移动选区内的图像。创建选区，如图3-159所示，使用"移动工具"✛可以移动选区内的图像，如图3-160所示；如果没有创建选区，同样可以移动当前选择的图层，如图3-161所示。

图3-159　　　　　　图3-160

图3-161

3.9.4 实战——调节人物裙摆

在创建选区之后，可以使用"变换"命令对选区内的图像进行缩放、斜切、透视等变换操作。

01 启动Photoshop CC 2019软件，按快捷键Ctrl+O，打开相关素材中的"裙子.jpg"文件，效果如图3-162所示。

02 使用工具箱中的"钢笔工具" ✎，沿着裙子边缘绘制路径，如图3-163所示。

图3-162 　　　　　　图3-163

03 将上述绘制的路径转换为选区，并按快捷键Ctrl+J复制选区中的图像，如图3-164所示。

04 选择复制的图像，按快捷键Ctrl+T打开定界框，进行自由变换。将光标放在定界框外，拖曳光标旋转图像，如图3-165所示。

图3-164 　　　　　　图3-165

05 在图像中右击，在弹出的快捷菜单中执行"变形"命令，待出现网格后，单击并拖动网格中的各个锚点，可对图像进行变形操作，如图3-166所示。

06 操作完成后按Enter键确认，最终效果如图3-167所示。

图3-166 　　　　　　图3-167

3.10 综合实战——制作炫彩生日贺卡

下面将通过选区的扩展和填色制作一款炫彩生日贺卡。

01 启动Photoshop CC 2019软件，按快捷键Ctrl+O，打开相关素材中的"蛋糕.jpg"文件，效果如图3-168所示。

02 在"图层"面板中双击"背景"图层，将其转换为可编辑图层。

图 3-168

$\bigcirc\!3$ 在工具箱中选择"魔棒工具" ✦ ，在工具选项栏中设置"容差"值为10，然后在白色背景处单击，将背景载入选区，并按Delete键将选区中的图像删除，如图3-169所示。

图 3-169

$\bigcirc\!4$ 按快捷键Shift+Ctrl+I反选选区，执行"选择"|"修改"|"扩展"命令，在弹出的"扩展选区"对话框中，设置"扩展量"为30像素，如图3-170所示，单击"确定"按钮，扩展后的选区效果如图3-171所示。

图 3-170

图 3-171

$\bigcirc\!5$ 单击"图层"面板中的"创建新图层"按钮 ，创建新图层，并移到蛋糕所在图层的下方。

$\bigcirc\!6$ 在工具箱中双击"设置前景色"按钮，在弹出的"拾色器（前景色）"对话框中设置颜色

为粉色（#ffc2c2），如图3-172所示，单击"确定"按钮，关闭对话框。

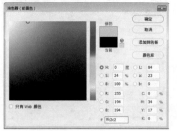

图 3-172

$\bigcirc\!7$ 按快捷键Alt+Delete给选区填充颜色，得到的效果如图3-173所示。

图 3-173

$\bigcirc\!8$ 继续执行"选择"|"修改"|"扩展"命令，在弹出的"扩展选区"对话框中，设置"扩展量"为40像素，再创建新图层并置于所有图层的最下方，填充黄色（#fff78c），如图3-174所示。

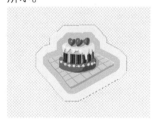

图 3-174

$\bigcirc\!9$ 用上述同样的方法，重复扩展选区并用不同的颜色进行填充，直到颜色铺满背景，再将相关素材中的"文字.png"文件置入，最终效果如图3-175所示。

图 3-175

第 4 章 图层的应用

本章简介

图层是Photoshop的核心功能之一。图层的引入，为图像的编辑带来了极大的便利。以前只有通过复杂的选区和通道运算才能得到的效果，现在通过图层和图层样式便可轻松实现。

本章重点

图层的创建
图层的编辑
掌握图层样式的使用
图层混合模式

4.1 什么是图层

图层是将多个图像创建为具有工作流程效果的构建块，就像层叠在一起的透明纸，可以透过图层的透明区域看到下面一层的图像，多个图层组成一幅完整的图像。

4.1.1 图层的特性

总的来说，Photoshop的图层都具有如下三个特性。

■ 独立

图像中的每个图层都是独立的，当移动、调整或删除某个图层时，其他图层不会受到影响，如图4-1和图4-2所示。

图4-1

图4-2

■ 透明

图层可以看作是透明的胶片，未绘制图像的区域可看见下方图层的内容。将众多图层按一定次序叠加在一起，便可得到复杂的图像。通过调节上层图层的透明度，可以看到下层内容，如图4-3所示。

图4-3

■ 叠加

图层由上至下叠加在一起，但并不是简单的堆积，通过控制各图层的混合模式和透明度，可得到千变万化的图像合成效果，如图4-4所示。

图4-4

---- 延伸讲解 🖋

在编辑图层前，在"图层"面板中单击所需图层即可选择图层，所选图层成为"当前图层"。图像绘制、颜色调整只能在一个图层中进行，而移动、对齐、变换、样式应用可以一次处理所选的多个图层。

4.1.2 图层的类型

在Photoshop中可以创建多种类型的图层，每种类型的图层有不同的功能和用途，它们在"图层"面板中的显示状态也各不相同，如图4-5所示。

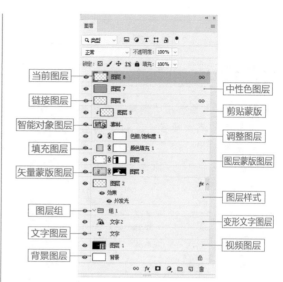

图4-5

当前图层：当前选择的图层，在对图像进行处理时，编辑操作将在当前图层中进行。

中性色图层：填充了黑色、白色、灰色的特殊图层，结合特定图层混合模式可用于承载滤镜或在上面绘画。

链接图层：保持链接状态的图层。

剪贴蒙版：蒙版的一种，下面图层中的图像可以控制上面图层的显示范围，常用于合成图像。

智能对象图层：包含嵌入的智能对象的图层。

调整图层：可以调整图像的色彩，但不会永久更改像素值。

填充图层：通过填充"纯色""渐变"或"图案"而创建的特殊效果的图层。

图层蒙版图层：添加了图层蒙版的图层，通过对图层蒙版的编辑可以控制图层中图像的显示范围和显示方式，是合成图像的重要方法。

矢量蒙版图层：带有矢量形状的蒙版图层。

图层样式：添加了图层样式的图层，通过图层样式可以快速创建特效。

图层组：用于组织和管理图层，以便于查找和编辑图层。

变形文字图层：进行了变形处理的文字图层。与普通的文字图层不同，变形文字图层的缩览图上有一个弧线形的标志。

文字图层：使用文字工具输入文字时，创建的文字图层。

视频图层：包含有视频文件帧的图层。

背景图层："图"层面板中最下面的图层。

4.1.3 认识图层面板

"图层"面板用于创建、编辑和管理图层，以及为图层添加样式。面板中列出了文档中包含的所有图层、图层组和图层效果，如图4-6所示。

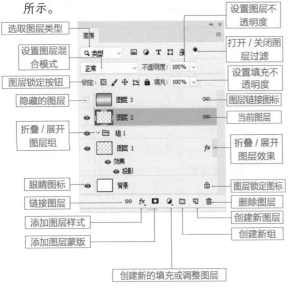

图4-6

"图层"面板的选项说明如下。

选取图层类型：当图层数量较多时，可在该下拉列表中选择一种图层类型（包括名称、效果、模式、属性、颜色），让"图层"面板只显示此类图层，隐藏其他类型的图层。

打开/关闭图层过滤：单击该按钮，可以启用或停用图层过滤功能。

设置图层混合模式：从下拉列表中可以选择图层的混合模式。

设置图层不透明度：输入数值，可以设置当前图层的不透明度。

图层锁定按钮 ⊠ ⁄ ✛ ⊓ 🔒：用来锁定当前图层的属性，使其不可编辑，包括锁定透明像素 ⊠、锁定图像像素 ⁄、锁定位置 ✛、防止在画板和画框内外自动嵌套 ⊓ 和锁定全部 🔒 属性。

设置填充不透明度：设置当前图层的填充不透明度，它与图层的不透明度类似，但不会影响图层效果。

隐藏的图层：用于控制图层的显示或隐藏。

当该图标显示为眼睛形状时，表示图层处于显示状态；当该图标显示为空格形状时，表示图层处于隐藏状态。处于隐藏状态的图层不能被编辑。

当前图层：在Photoshop中，可以选择一个或多个图层以便在上面工作，当前选择的图层以加色显示。对于某些操作，一次只能在一个图层上完成。单个选定的图层称为当前图层。当前图层的名称将出现在文档窗口的标题栏中。

图层链接图标 ∞：显示该图标的多个图层为彼此链接的图层，它们可以一同移动或进行变换操作。

折叠/展开图层组：单击该图标，可以折叠或展开图层组。

折叠/展开图层效果：单击该图标，可以展开图层效果列表，显示当前图层添加的所有效果的名称。再次单击可折叠图层效果列表。

眼睛图标 ◉：有该图标的图层为可见图层，单击它，可以隐藏图层，隐藏的图层不能进行编辑。

图层锁定图标 🔒：显示该图标时，表示图层处于锁定状态。

链接图层 ∞：用来连接当前选择的多个图层。

添加图层样式 fx：单击该按钮，在打开的菜单中可选择需要添加的图层样式，为当前图层添加图层样式。

添加图层蒙版 ◻：单击该按钮，即可为当前图层添加图层蒙版。

创建新的填充或调整图层 ◕：单击该按钮，在弹出的菜单中选择填充或调整图层选项，可以添加填充图层或调整图层。

删除图层 🗑：选择图层或图层组，单击该按钮，可将其删除。

创建新图层 ◻：单击该按钮，可以新建图层。

创建新组 ◻：单击该按钮，可以创建一个图层组。

答疑解惑 如何调整图层缩览图的大小？

在"图层"面板中，图层名称左侧的图像是该图层的缩览图。它显示了图层中包含的图像内容，缩览图中的棋盘格代表了图像的透明区域。在图层缩览图上右击，可通过执行快捷菜单中的命令，调整缩览图的大小。

4.2 创建图层

在"图层"面板中，可以通过多种方法创建图层。在编辑图像的过程中，也可以创建图层。例如，从其他图像中复制、粘贴图像时自动新建图层。本节将学习图层的具体创建方法。

4.2.1 在图层面板中创建图层

单击"图层"面板中的"创建新图层"按钮，即可在当前图层上面新建图层，新建的图层会自动成为当前图层，如图4-7所示。如果要在当前图层的下面新建图层，可以按住Ctrl键单击按钮，如图4-8所示。

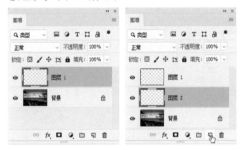

图 4-7　　　　　　　图 4-8

---- 延伸讲解

在"背景"图层下方不能创建图层。

4.2.2 使用新建命令

如果想创建图层并设置图层的属性，如名称、颜色和混合模式等，可以执行"图层"|"新建"|"图层"命令，或按住Alt键单击按钮，打开"新建图层"对话框进行设置，如图4-9所示。

图 4-9

---- 延伸讲解

在"颜色"下拉列表中选择一种颜色后，可以使用颜色标记图层。用颜色标记图层在Photoshop中称为颜色编码。为某些图层或图层组设置一个区别于其他图层或组的颜色，可以有效地区分不同用途的图层。

4.2.3 使用通过复制的图层命令

在图像中创建选区后，如图4-10所示，执行"图层"|"新建"|"通过复制的图层"命令，或按快捷键Ctrl+J，可以将选中的图像复制到新的图层中，原图层内容保持不变，如图4-11所示。如果没有创建选区，则执行该命令可以快速复制当前图层，如图4-12所示。

图 4-10

图 4-11　　　　　　　图 4-12

4.2.4 使用通过剪切的图层命令

在图像中创建选区后，执行"图层"|"新建"|"通过剪切的图层"命令，或按快捷键Shift+Ctrl+J，可将选区内的图像从原图层中剪切到新的图层中，如图4-13所示，如图4-14所示为移开图像后的效果。

图 4-13　　　　图 4-14

4.2.5 创建背景图层

新建文档时，使用白色、黑色或背景色作为背景内容，"图层"面板最下面的图层便是"背景"图层，如图4-15所示。选择"背景内容"为"透明"时，则没有"背景"图层。

图 4-15

文档中没有"背景"图层时，选择一个图层，如图4-16所示，执行"图层"|"新建"|"图层背景"命令，可以将它转换为"背景"图层，如图4-17所示。

图 4-16　　　　图 4-17

4.2.6 将背景图层转换为普通图层

"背景"图层是比较特殊的图层，它永远在"图层"面板的最底层，不能调整堆叠顺序，并且不能设置不透明度、混合模式，也不能添加效果。要进行这些操作，需要先将"背景"图层转换为普通图层。

双击"背景"图层，如图4-18所示，在打开的"新建图层"对话框中输入名称（也可以使用默认的名称），然后单击"确定"按钮，即可将"背景"图层转换为普通图层，如图4-19所示。

图 4-18

图 4-19

"背景"图层可以用绘画工具、滤镜等编辑。一个图像中可以没有"背景"图层，但最多只能有一个"背景"图层。

--- 延伸讲解

按住 Alt 键双击"背景"图层，可以不必打开"新建图层"对话框而直接将其转换为普通图层。

4.3 编辑图层

本节将具体介绍图层的基本编辑方法，包括选择图层、复制图层、链接图层、修改图层的名称和颜色、显示与隐藏图层。

4.3.1 选择图层

选择一个图层：单击"图层"面板中的图层即可选择相应的图层，所选图层会成为当前图层。

选择多个图层：如果要选择多个相邻的图层，可以在第一个图层上单击，然后按住Shift键在最后一个图层上单击，如图4-20所示；如果要选择多个不相邻的图层，可按住Ctrl键单击这些图层，如图4-21所示。

图4-20　　　　　图4-21

选择所有图层：执行"选择"|"所有图层"命令，可以选择"图层"面板中的所有图层，"背景"图层除外，如图4-22所示。

选择链接的图层：选择一个链接的图层，执行"图层"|"选择链接图层"命令，可以选择与之链接的所有图层。

取消选择图层：如果不想选择任何图层，可在面板中的空白处单击，如图4-23所示，或者通过执行"选择"|"取消选择图层"命令取消选择。

图4-22　　　　　图4-23

4.3.2 复制图层

通过复制图层可以复制图层中的图像。在Photoshop CC 2019中，不但可以在同一图像中复制图层，而且还可以在两个不同的图像之间复制图层。

■ 在面板中复制图层

在"图层"面板中，将需要复制的图层拖曳到"创建新图层"按钮上，即可复制该图层，如图4-24和图4-25所示。按快捷键Ctrl+J可复制当前图层。

图4-24　　　　　图4-25

■ 通过命令复制图层

选择一个图层，执行"图层"|"复制图层"命令，打开"复制图层"对话框，输入图层名称并设置选项，单击"确定"按钮，可以复制该图层，如图4-26和图4-27所示。

图4-26　　　　　图4-27

"复制图层"对话框中各属性说明如下。

为：可输入图层的名称。

文档：在下拉列表中选择其他打开的文档，可以将图层复制到该文档中。如果选择"新建"，则可以设置文档的名称，将图层内容创建为新文件。

4.3.3 链接图层

如果要同时处理多个图层中的图像，如同时移动、应用变换或者创建剪贴蒙版，则可将这些图层链接在一起进行操作。

在"图层"面板中选择两个或多个图层，单击"链接图层"按钮，或执行"图层"|"链接图层"命令，即可将它们链接。如果要取消链接，可以选择一个图层，然后单击按钮。

4.3.4 修改图层的名称和颜色

在图层数量较多的文档中，可以为一些重要的图层设置容易识别的名称或区别于其他图层的颜色，以便在操作中能够快速找到它们。

如果要修改一个图层的名称，可选择该图层，并执行"图层"|"重命名图层"命令，或者直接双击该图层的名称，如图4-28所示，然后在显示的文本框中输入新名称，如图4-29所示。

图4-28　　　　　　　图4-29

如果要修改图层的颜色，可以选择该图层，然后右击，在弹出的快捷菜单中选择颜色，如图4-30和图4-31所示。

图4-30　　　　　　　图4-31

4.3.5 显示与隐藏图层

图层缩览图前面的眼睛图标 ◉ 用来控制图层的可见性。有该图标的图层为可见的图层，如图4-32所示，无该图标的图层是隐藏的图层。单击图层前面的眼睛图标 ◉，可以隐藏该图层，如图4-33所示。如果要重新显示图层，可在原眼睛图标处单击。

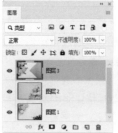

图4-32

图4-33

将光标放在图层的眼睛图标 ◉ 上，单击并在眼睛图标列拖动鼠标，可以快速隐藏（或显示）多个相邻的图层，如图4-34所示。

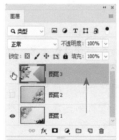

图4-34

4.3.6 锁定图层

Photoshop提供了图层锁定功能，以限制图层编辑的内容和范围，避免错误操作。单击"图层"面板中的5个锁定按钮即可将相应的图层锁定，如图4-35所示。

图4-35

锁定透明像素▓：在"图层"面板中选择图层或图层组，然后单击▓按钮，则图层或图层组中的透明像素被锁定。当使用绘图工具绘图时，只能编辑图层非透明区域（即有图像像素的部分）。

锁定图像像素✎：单击该按钮后，只能对图层进行移动和变换操作，不能在图层上进行绘画、擦除或应用滤镜等操作。

锁定位置✛：单击此按钮，图层不能进行移动、旋转和自由变换等操作，但可以正常使用绘图和编辑工具进行图像编辑。

防止在画板和画框内外自动嵌套◨：单击该按钮，可防止图层在画板内外自动嵌套。

锁定全部🔒：单击此按钮，图层被全部锁定，不能移动位置，不能执行任何图像编辑操作，也不能更改图层的不透明度和混合模式。"背景"图层即默认为全部锁定。

答疑解惑 **为什么有空心的锁，也有实心的锁？**

当图层只有部分属性被锁定时，图层名称右侧会出现一个空心的锁状图标；当所有属性都被锁定时，锁状图标是实心的。

4.3.7 查找和隔离图层

当图层数量较多时，如果想快速找到某个图层，可以执行"选择"|"查找图层"命令，如图4-36所示，"图层"面板顶部会出现一个文本框，如图4-37所示，输入该图层的名称，面板中便会只显示该图层，如图4-38所示。

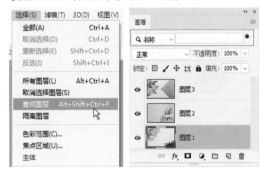

图4-36　　　　图4-37

Photoshop可以对图层进行隔离，即让面板中显示某种类型的图层（包括名称、效果、模式、属性和颜色），隐藏其他类型的图层。例如，在面板顶部选择"类型"选项，然后单击右侧的

T按钮，面板中就只显示文字类图层；选择"效果"选项，面板中就只显示添加了某种效果的图层。执行"选择"|"隔离图层"命令，也可以进行相同的操作。

图4-38

--- 延伸讲解 ⚡

如果想停止图层过滤，在面板中显示所有图层，可单击面板右上角的"打开或关闭图层过滤"按钮●。

4.3.8 删除图层

将需要删除的图层拖曳到"图层"面板中的"删除图层"按钮🗑上，即可删除该图层。此外，执行"图层"|"删除"级联菜单中的命令，也可以删除当前图层或面板中所有隐藏的图层。

4.3.9 栅格化图层内容

如果要使用绘画工具和滤镜编辑文字图层、形状图层、矢量蒙版或智能对象等包含矢量数据的图层，需要先将其栅格化，让图层中的内容转化为光栅图像，然后才能进行相应的编辑。

选择需要栅格化的图层，执行"图层"|"栅格化"级联菜单中的命令即可栅格化图层中的内容，如图4-39所示。

图4-39

文字：栅格化文字图层，使文字变为光栅图像。栅格化以后，文字内容不能再修改。

形状/填充内容/矢量蒙版：执行"形状"命令，可以栅格化形状图层；执行"填充内容"命令，可以栅格化形状图层的填充内容，并基于形状创建矢量蒙版；执行"矢量蒙版"命令，可以栅格化矢量蒙版，将其转换为图层蒙版。

智能对象：栅格化智能对象，使其转换为像素。

视频：栅格化视频图层，选定的图层将拼合到"时间轴"面板中选定的当前帧的复合中。

3D：栅格化3D图层。

图层样式：栅格化图层样式，将其应用到图层内容中。

图层/所有图层：执行"图层"命令，可以栅格化当前选择的图层；执行"所有图层"命令，可以栅格化包含矢量数据、智能对象和生成数据的所有图层。

4.3.10 清除图像的杂边

当移动或粘贴选区时，选区边框周围的一些像素也会包含在选区内，执行"图层"|"修边"级联菜单中的命令，可以清除这些多余的像素，如图4-40所示。

图4-40

颜色净化：去除彩色杂边。

去边：用包含纯色（不含背景色的颜色）的邻近像素的颜色替换任何边像素的颜色。

移去黑色杂边：如果将黑色背景上创建的消除锯齿的选区粘贴到其他颜色的背景上，可执行该命令消除黑色杂边。

移去白色杂边：如果将白色背景上创建的消除锯齿的选区粘贴到其他颜色的背景中，可执行该命令消除白色杂边。

4.4 排列与分布图层

"图层"面板中的图层是按照从上到下的顺序堆叠排列的，上面图层中的不透明部分会遮盖下面图层中的图像。如果改变面板中图层的堆叠顺序，图像的效果也会发生改变。

4.4.1 实战——改变图层的顺序

在"图层"面板中，将一个图层拖至另外一个图层的上面或下面，当突出显示的线条出现在要放置图层的位置时，释放鼠标即可调整图层的堆叠顺序。

图4-41

01 启动Photoshop CC 2019软件，按快捷键Ctrl+O，打开相关素材中的"荷花.psd"文件，效果如图4-41所示。

02 选中"荷叶"图层，执行"图层"|"排列"命令，展开级联菜单，如图4-42所示。

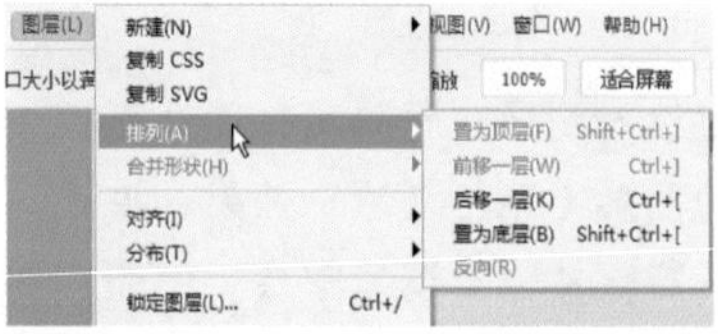

图4-42

03 执行"后移一层"命令,将"荷叶"图层往后移动一层,效果如图4-43所示。

图4-43

04 在"图层"面板中,将"荷叶"图层拖动到"荷花大"图层的上方,调整图层的顺序,如图4-44所示。

图4-44

05 继续选择"荷叶"图层,再按快捷键Ctrl+Shift+[,将该图层置于最底层,如图4-45所示。

图4-45

06 按快捷键Ctrl+],将"荷叶"图层向上移动一层,如图4-46所示。

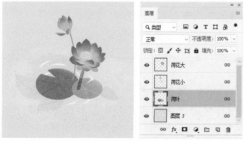

图4-46

延伸讲解

如果选择的图层位于图层组中,则执行"置为顶层"和"置为底层"命令时,可以将图层调整到当前图层组的最顶层或最底层。

4.4.2 实战——对齐与分布命令的使用

Photoshop的对齐和分布功能用于准确定位图层的位置。在进行对齐和分布操作之前,首先要选择这些图层,或者将这些图层设置为链接图层,下面将使用"对齐"和"分布"命令操作对象。

01 启动Photoshop CC 2019软件,按快捷键Ctrl+O,打开相关素材中的"浣熊.psd"文件,效果如图4-47所示。

图4-47

02 选中除"背景"图层以外的所有图层。执行"图层"|"对齐"|"顶边"命令,可以将所有选定图层上的顶端像素与其中最顶端的像素对齐,如图4-48所示。

图4-48

03 按快捷键Ctrl+Z撤销上一步操作。执行"图

层"|"对齐"|"垂直居中"命令，可以将每个选定图层上的垂直像素与所有选定的垂直中心像素对齐，如图4-49所示。

图4-49

04 按快捷键Ctrl+Z撤销上一步操作。执行"图层"|"对齐"|"水平居中"命令，可以将选定图层上的水平中心像素与所有选定图层的水平中心像素对齐，如图4-50所示。

图4-50

05 按快捷键Ctrl+Z撤销上一步操作。取消对齐，随意打散图层的分布，如图4-51所示。

图4-51

06 选中除"背景"图层以外的所有图层。执行"图层"|"分布"|"左边"命令，可以从每个图层的左端像素开始，间隔均匀地分布图层，如图4-52所示。

图4-52

---- 延伸讲解 ----

　　如果当前使用的是"移动工具" ✛，可单击工具选项栏上的 ▙、♦、≡、▜、ᵐ、▙ 按钮来对齐图层；单击 ⋶、≟、▵、ᵐ、♦、▟ 按钮来进行图层的分布操作。

4.5 合并与盖印图层

　　尽管Photoshop CC 2019对图层的数量没有限制，用户可以新建任意数量的图层，但图像的图层越多，打开和处理项目时所占用的内存，保存时所占用的磁盘空间也会越大。因此，需要及时合并一些不需要修改的图层，以减少图层数量。

4.5.1 合并图层

　　如果需要合并两个及两个以上的图层，可在"图层"面板中将其选中，然后执行"图层"|"合并图层"命令，合并后的图层使用上面图层的名称，如图4-53和图4-54所示。

图 4-53　　　　　　　图 4-54

图 4-57　　　　　　　图 4-58

4.5.2 向下合并可见图层

如果需要将一个图层与它下面的图层合并，可以选择该图层，然后执行"图层"|"向下合并"命令，或者按快捷键Ctrl+E，可完成合并，如图4-55和图4-56所示。向下合并后，显示的名称为下面图层的名称。

图 4-55　　　　　　　图 4-56

4.5.3 合并可见图层

如果需要合并图层中可见的图层，选中所有图层，执行"图层"|"合并可见图层"命令，或按Ctrl+Shift+E快捷键，便可将它们合并到"背景"图层上，隐藏的图层不能合并进去，如图4-57和图4-58所示。

4.5.4 拼合图层

如果要将所有图层都拼合到"背景"图层中，可以执行"图层"|"拼合图像"命令，如果合并时图层中有隐藏的图层，系统将弹出提示对话框，单击"确定"按钮，隐藏图层将被删除，单击"取消"按钮，则取消合并操作。

4.5.5 盖印图层

使用Photoshop的盖印功能，可以将多个图层的内容合并到一个新的图层，同时使源图层保持完好。Photoshop没有提供盖印图层的相关命令，只能通过快捷键进行操作。

向下盖印：选择一个图层，按快捷键Ctrl+Alt+E，可以将该图层中的图像盖印到下面的图层中，原图层内容保持不变。

盖印多个图层：选择多个图层，按快捷键Ctrl+Alt+E，可以将它们盖印到一个新的图层中，原有图层的内容保持不变。

盖印可见图层：按快捷键Ctrl+Alt+E，可以将所有可见图层中的图像盖印到一个新的图层中，原有图层内容保持不变。

盖印图层组：选择图层组，按快捷键Ctrl+Alt+E，可以将组中的所有图层内容盖印到一个新的图层中，原图层组保持不变。

4.6 使用图层组管理图层

当图像的图层数量达到成十上百之后，"图层"面板就会显得非常杂乱。为此，Photoshop提供了图层组功能，以方便图层的管理。图层与图层组的关系类似于Windows系统中的文件与文件夹的关系。图层组可以展开或折叠，也可以像图层一样设置透明度、混合模式，添加图层蒙版，进行整体选择、复制或移动等操作。

4.6.1 创建图层组

在"图层"面板中单击"创建新组"按钮 □，或执行"图层"|"新建"|"组"命令，即可在当前选择图层的上方创建图层组，如图4-59所示。双击图层组名称位置，在出现的文本框中可以输入新的图层组名称。

图4-59

通过上述方式创建的图层组不包含任何图层，需要拖动图层至图层组中。在需要移动的图层上单击并拖动至图层组名称或 □ 图标上再释放鼠标，如图4-60所示，结果如图4-61所示。

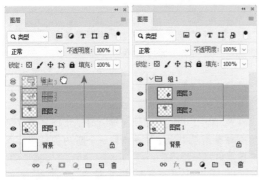

图4-60　　　　　　　图4-61

若要将图层移出图层组，可再次将该图层拖动至图层组的上方或下方并释放鼠标，或者直接将图层拖出图层组区域。

也可以直接从当前选择图层创建图层组，这样新建的图层组将包含当前选择的所有图层。按住Shift或Ctrl键，选择需要添加到同一图层组中的所有图层，执行"图层"|"新建"|"从图层建立组"命令，或按快捷键Ctrl+G，可创建图层组。

--- 延伸讲解 ----------

选中图层后，执行"图层"|"新建"|"从图层建立组"命令，打开"从图层建立组"对话框，设置图层组的名称、颜色和模式等属性，可以将其创建在设置了特定属性图层组内。

4.6.2 使用图层组

当图层组中的图层比较多时，可以折叠图层组以节省"图层"面板的空间。折叠时只需单击图层组名称左侧的三角形图标 ∨ 即可，如图4-62所示。当需要查看图层组中的图层时，再次单击该三角形图标可展开图层组。

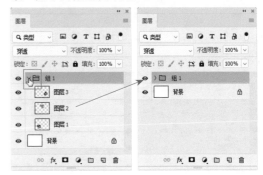

图4-62

--- 相关链接 ----------

右击图层组空白区域，可设置图层组的颜色，具体方法可参照4.3.4小节。图层组也可以像图层一样，设置属性、移动位置、更改透明度、复制或删除，操作方法与图层完全相同。

单击图层组左侧的眼睛图标 ●，可隐藏图层组中的所有图层，再次单击可重新显示。

拖动图层组至"图层"面板底端的 □ 按钮，可复制当前图层组。选择图层组后单击 🗑 按钮，弹出如图4-63所示的对话框。单击"组和内容"按钮，将删除图层组和图层组中的所有图层；单击"仅组"按钮，将只删除图层组，图层组中的图层将被移出图层组。

图4-63

4.7 图层样式

所谓图层样式，实际上就是投影、内阴影、外发光、内发光、斜面和浮雕、光泽、颜色叠加、图案叠加、渐变叠加、描边等图层效果的集合，它能够在顷刻间将平面图形转化为具有材质和光影效果的立体对象。

4.7.1 添加图层样式

如果要为图层添加图层样式，可以选择这一图层，然后采用下面任意一种方式打开"图层样式"对话框。

执行"图层"|"图层样式"级联菜单中的样式命令，可打开"图层样式"对话框，并切换至相应的样式设置面板，如图4-64所示。

在"图层"面板中单击"添加图层样式"按钮 _fx_，在打开的快捷菜单中选择一个样式，如图4-65所示，也可以打开"图层样式"对话框，并切换至相应的样式设置面板。

图4-64　　　　　图4-65

双击需要添加样式的图层，可打开"图层样式"对话框，在对话框左侧可以选择不同的图层样式选项。

--- 延伸讲解 ---

图层样式不能用于"背景"图层，但是可以将"背景"图层转换为普通图层，然后为其添加图层样式效果。

4.7.2 图层样式对话框

执行"图层"|"图层样式"|"混合选项"命令，弹出"图层样式"对话框，如图4-66所示。"图层样式"对话框的左侧列出了10种效果，效果名称前面的复选框已勾选，表示在图层中添加了该效果。取消勾选复选框，则可以停用该效果，但保留效果参数。

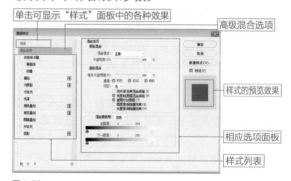

单击可显示"样式"面板中的各种效果
高级混合选项
样式的预览效果
相应选项面板
样式列表

图4-66

"图层样式"对话框中部分选项说明如下。

样式列表：包含样式、混合选项和各种图层样式选项。选中样式复选框可应用该样式，单击样式名称可切换到相应的选项面板。

新建样式：将自定义效果保存为新的样式文件。

样式的预览效果：通过预览形态显示当前设置的样式效果。

相应选项面板：在该区域显示当前选择的选项对应的参数设置。

--- 延伸讲解 ---

使用图层样式虽然可以轻而易举地实现特殊效果，但也不能滥用，要注意使用场合及各种图层效果间的合理搭配，否则会适得其反。

4.7.3 混合选项面板

默认情况下，在打开"图层样式"对话框后，都将切换到面板中，如图4-67所示，此面板主要对一些常见的选项，如混合模式、不透明度、混合颜色等参数进行设置。

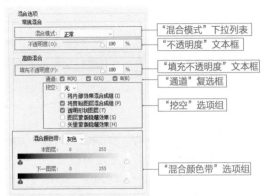

图4-67

面板中各选项说明如下。

"混合模式"下拉列表：单击右侧的下拉按钮，可打开下拉列表，在列表中选择任意一个选项，即可使当前图层按照选择的混合模式与下层图层叠加在一起。

"不透明度"文本框：通过拖曳滑块或直接在文本框中输入数值，设置当前图层的不透明度。

"填充不透明度"文本框：通过拖曳滑块或直接在文本框中输入数值，可设置当前图层的填充不透明度。填充不透明度影响图层中绘制的像素或图层中绘制的形状，但不影响已经应用图层的任何图层效果的不透明度。

"通道"复选框：可选择当前显示的通道效果。

"挖空"选项组：可以指定图层中哪些图层是"穿透"的，从而使其他图层中的内容显示出来。

"混合颜色带"选项组：通过单击"混合颜色带"右侧的下拉按钮，在打开的下拉列表中选择不同的颜色选项，然后通过拖曳下方的滑块，调整当前图层对象的相应颜色。

4.7.4 实战——绚烂烟花抠图

矢量蒙版、图层蒙版、剪贴蒙版都是在"图层"面板中设定，而混合颜色带则隐藏在"图层样式"对话框中。下面主要运用混合颜色带对图像进行抠图。

01 启动Photoshop CC 2019软件，按快捷

键Ctrl+O，打开相关素材中的"混合选项抠图.psd"文件，效果如图4-68所示。

02 在"图层"面板中恢复"烟花"图层的显示，如图4-69所示。

图4-68　　　　　　　　　　图4-69

03 选择"烟花"图层，按快捷键Ctrl+T显示定界框，将图像调整到合适的位置及大小，按Enter键确认，效果如图4-70所示。

图4-70

04 双击"烟花"图层，打开"图层样式"对话框，按住Alt键单击"本图层"中的黑色滑块，分开滑块，将右半边滑块向右拖至靠近白色滑块处，使烟花周围的灰色能够很好地融合到背景图像中，如图4-71所示，完成后单击"确定"按钮。

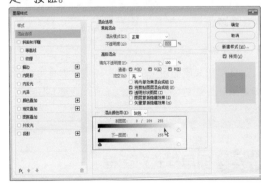

图4-71

05 按快捷键Ctrl++，放大图像。单击"图层"面板底部的"添加图层蒙版"按钮 ▢，为"烟花"图层添加蒙版，如图4-72所示。

06 选择工具箱中的"画笔工具" ✍，设置前景色为黑色，然后用柔边缘笔刷在烟花周围涂抹，使烟花融入夜空中，如图4-73所示。

图4-72　　　　　图4-73

07 在"图层"面板中恢复"烟花2"图层的显示，并选中该图层，如图4-74所示。

08 用上述同样的方法，添加其他烟花效果，最终如图4-75所示。

图4-74　　　　　图4-75

--- 延伸讲解 ✐

"混合颜色带"适合抠取背景简单、没有烦琐内容且对象与背景之间色调差异大的图像。如果对所选取对象的精度要求不高，或者只是想看到图像合成的草图，用混合颜色带进行抠图是不错的选择。

4.7.5 样式面板

"样式"面板中包含Photoshop提供的各种预设的图层样式。选择"图层样式"对话框中左侧样式列表中的"样式"选项，即可切换至"样式"面板，如图4-76所示。在"样式"面板中显示当前可应用的样式，单击样式图标即可应用该样式。也可以执行"窗口"|"样式"命令，单独打开"样式"面板，如图4-77所示。

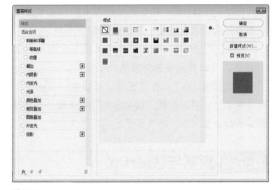

图4-76

图4-77

4.7.6 存储样式库

如果在"样式"面板中创建了大量的自定义样式，可以将这些样式保存为一个独立的样式库。

执行"样式"面板菜单中的"存储样式"命令，打开"另存为"对话框，输入样式库名称和保存位置，单击"保存"按钮，即可将面板中的样式保存为样式库。如果将自定义的样式库保存在Photoshop程序文件夹的Presets>Styles文件夹中，则重新运行Photoshop后，该样式库的名称会出现在"样式"面板菜单的底部。

4.7.7 修改、隐藏与删除样式

通过隐藏或删除图层样式，可以去除为图层添加的图层样式效果，方法如下。

删除图层样式：添加图层样式的图层右侧会显示 fx 图标，单击该图标可以展开所有添加的图层效果，拖动该图标或"效果"栏至面板底端"删除图层"按钮 🗑 上，可以删除图层样式。

删除样式效果: 拖动效果列表中的图层效果至"删除图层"按钮🛢上,可以删除该图层效果。

隐藏样式效果: 单击图层样式效果左侧的眼睛图标◉,可以隐藏该图层效果。

修改图层样式: 在"图层"面板中,双击一个效果的名称,可以打开"图层样式"对话框并切换至该效果的设置面板,然后可修改图层样式参数。

4.7.8 复制与粘贴样式

快速复制图层样式,有鼠标拖动和菜单命令两种方法可供选用。

▌ 鼠标拖动

展开"图层"面板中的图层效果列表,拖动"效果"项或图标fx至另一图层上方,即可移动图层样式至另一图层,此时光标显示为🖑形状,同时在光标下方显示fx标记,如图4-78所示。

如果在拖动时按住Alt键,则可以复制该图层样式至另一图层,此时光标显示为🖑形状,如图4-79所示。

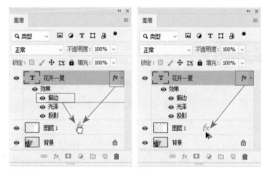

图4-78   图4-79

▌ 菜单命令

在添加了图层样式的图层上右击,在弹出的快捷菜单中执行"复制图层样式"命令,然后在需要粘贴样式的图层上右击,在弹出快捷菜单中执行"粘贴图层样式"命令即可。

4.7.9 缩放样式效果

对添加了效果的图层对象进行缩放时,效果仍然保持原来的比例,而不会随着对象大小的变化而改变。如果要效果与图像比例一致,就需要单独对效果进行缩放。

执行"图层"|"图层样式"|"缩放效果"

命令,可打开"缩放图层效果"对话框,如图4-80所示。

图4-80

在对话框中的"缩放"下拉列表中可选择缩放比例,也可直接输入缩放的数值,如图4-81所示为设置"缩放"分别为20%和200%的效果。"缩放效果"命令只缩放图层样式中的效果,而不会缩放应用了该样式的图层。

图4-81

4.7.10 将图层样式创建为图层

如果想进一步对图层样式进行编辑,如在效果上绘制元素或应用滤镜,则需要先将效果创建为图层。

选中添加了图层样式的图层,再执行"图层"|"图层样式"|"创建图层"命令,系统会弹出一个提示对话框,如图4-82所示。

图4-82

单击"确定"按钮,样式便会从原图层中剥离出来成为单独的图层,如图4-83所示。在这些图层中，有的会被创建为剪贴蒙版，有的则被设置了混合样式，以确保转换前后的图像效果不会发生变化。

图 4-83

4.7.11 实战——拉丝金属质感按钮

图层样式也叫图层效果。利用图层样式为图层中的图像添加投影、发光、浮雕、描边等效果，可以创建具有真实质感的水晶、玻璃、金属和纹理特效。下面利用图层样式绘制一个拉丝金属质感按钮。

01 启动Photoshop CC 2019软件，执行"文件" | "新建"命令，新建"高度"为800像素，"宽度"为800像素，"分辨率"为72像素/英寸的RGB文档，并设置文档名称为"金属拉丝质感"，如图4-84所示。

图 4-84

02 进入工作界面后，使用"椭圆工具" ◯ 在画布中央绘制一个黑色正圆，如图4-85所示。

03 选择上述创建的"椭圆1"图层，按快捷键

Ctrl+J复制图层，然后选中复制的图层，按快捷键Ctrl+T调出控制框，再按住快捷键Shift+Alt进行等比缩放，效果如图4-86所示。

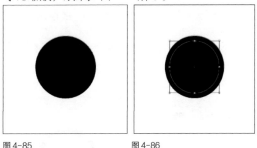

图 4-85   图 4-86

04 按Enter键结束操作，将"椭圆1 复制"图层重命名为"椭圆2"图层，并修改"填充"为白色，得到的效果如图4-87所示。

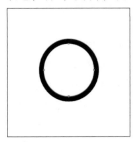

图 4-87

05 在"图层"面板中双击"椭圆2"图层，弹出"图层样式"对话框，在其中勾选"渐变叠加"复选框，设置"混合模式"为"正常"，设置"不透明度"为100%，具体设置如图4-88所示，效果如图4-89所示。

图 4-88   图 4-89

--- 延伸讲解 🖋 ------------------

如果添加"渐变叠加"效果后发现效果没有变化（即没有被应用到图形本身），可以单击一次"重置对齐"选项。

----

06 继续在"图层样式"对话框中勾选"投

影"复选框,然后设置"混合模式"为"正片叠底",混合颜色为黑色,设置"不透明度"为90%,设置"距离"为15像素,设置"扩展"为0,设置"大小"为25像素,如图4-90所示。

09 在"图层样式"对话框中勾选"描边"复选框,设置"大小"为1像素,设置"填充类型"为"渐变",如图4-94所示。

07 设置完成后单击"确定"按钮,保存图层样式,使用"椭圆工具"○在图形上方绘制一个白色正圆,如图4-91所示。

10 设置完成后单击"确定"按钮,保存图层样式,将相关素材中的"背景.jpg"文件拖入文档,置于图形下方,如图4-95所示。

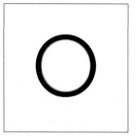

图4-90　　　　　　图4-91

08 双击"图层"面板中的"椭圆3"图层,弹出"图层样式"对话框,在其中勾选"渐变叠加"复选框,设置"混合模式"为"正常",设置"不透明度"为100%,设置"样式"为"角度",设置"缩放"为150%,如图4-92所示。设置完成后得到的图形效果如图4-93所示,图形表面已经产生了金属质感。

图4-94　　　　　　图4-95

11 在"图层"面板中选择"椭圆1"图层,设置其"不透明度"为60%,设置"填充"为80%,如图4-96所示。

12 至此,一款拉丝金属质感的圆形按钮就完成了,最终效果如图4-97所示。

图4-92　　　　　　图4-93

图4-96　　　　　　图4-97

4.8 图层混合模式

　　一幅图像中的各个图层由上到下叠加在一起,并不仅仅是简单的图像堆积,通过设置各个图层的不透明度和混合模式,可控制各个图层的图像之间的相互关系,从而将图像完美融合在一起。混合模式控制图层之间像素颜色的相互作用。Photoshop可使用的图层混合模式有正常、溶解、叠加、正片叠底等20多种,不同的混合模式具有不同的效果。

4.8.1 混合模式的使用

在"图层"面板中选择一个图层，单击面板顶部的 正常 按钮，在展开的下拉列表中即可选择混合模式，如图4-98所示。

下面为图像添加一个渐变填充效果的图层，如图4-99所示，然后分别使用不同的混合模式，演示它与下面的图层是如何混合的。

图4-98　　图4-99

"正常"模式：默认的混合模式，图层的不透明度为100%时，完全遮盖下面的图像，如图4-99所示。降低不透明度，可以使其与下面的图层混合。

"溶解"模式：设置该模式并降低图层的"不透明度"时，可以使半透明区域上的像素离散，产生点状颗粒，如图4-100所示。

"变暗"模式：比较两个图层，当前图层中亮度值比底层像素高的像素，会被底层较暗的像素替换，亮度值比底层像素低的像素保持不变，如图4-101所示。

 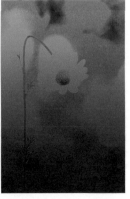

图4-100　　　　　　图4-101

"正片叠底"模式：当前图层中的像素与底层的白色混合时保持不变，与底层的黑色混合时被其替换，混合结果通常会使图像变暗，如图4-102所示。

"颜色加深"模式：通过增加对比度来加强

深色区域，底层图像的白色保持不变，如图4-103所示。

图4-102　　　　　　图4-103

"线性加深"模式：通过降低亮度使像素变暗，它与"正片叠底"模式的效果相似，但可以保留下面图像的更多颜色信息，如图4-104所示。

"深色"模式：比较两个图层的所有通道值的总和并显示值较小的颜色，不会生成第三种颜色，如图4-105所示。

 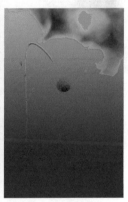

图4-104　　　　　　图4-105

"变亮"模式：与"变暗"模式的效果相反，当前图层中较亮的像素会替换底层较暗的像素，而较暗的像素则被底层较亮的像素替换，如图4-106所示。

"滤色"模式：与"正片叠底"模式的效果相反，它可以使图像产生漂白的效果，类似于多个幻灯片彼此投影的效果，如图4-107所示。

"颜色减淡"模式：与"颜色加深"模式的效果相反，它通过减小对比度来加亮底层的图像，并使颜色更加饱和，如图4-108所示。

"线性减淡（添加）"模式：与"线性加深"模式的效果相反。通过增加亮度来减淡颜色，亮化效果比"滤色"和"颜色减淡"模式的效果都强烈，如图4-109所示。

图4-106　　　　　图4-107

图4-108　　　　　图4-109

"浅色"模式：比较两个图层的所有通道值的总和并显示值较大的颜色，不会生成第三种颜色，如图4-110所示。

"叠加"模式：可增强图像的颜色，并保持底层图像的高光和暗调，如图4-111所示。

图4-110　　　　　图4-111

"柔光"模式：当前图层中的颜色决定了图像变亮或是变暗。如果当前图层中的像素比50%灰色亮，则图像变亮；如果当前图层中的像素比50%灰色

暗，则图像变暗。产生的效果与发散的聚光灯照在图像上的效果相似，如图4-112所示。

"强光"模式：如果当前图层中的像素比50%灰色亮，则图像亮；如果当前图层中的像素比50%灰色暗，则图像变暗。产生的效果与耀眼的聚光灯照在图像上的效果相似，如图4-113所示。

图4-112　　　　　图4-113

"亮光"模式：如果当前图层中的像素比50%灰色亮，则通过减小对比度的方式使图像变亮；如果当前图层中的像素比50%灰色暗，则通过增加对比度的方式使图像变暗。可以使混合后的颜色更加饱和，如图4-114所示。

"线性光"模式：如果当前图层中的像素比50%灰色亮，则通过减小对比度的方式使图像变暗；如果当前图层中的像素比50%灰色暗，则通过增加对比度的方式使图像变暗。"线性光"模式可以使图像产生更高的对比度，如图4-115所示。

图4-114　　　　　图4-115

"点光"模式：如果当前图层中的像素比50%灰色亮，则替换暗的像素；如果当前图层中的像素比50%灰色暗，则替换亮的像素，如图4-116所示。

"实色混合"模式：如果当前图层中的像素比50%灰色亮，会使底层图像变亮；如果当前图层中的像素比50%灰色暗，会使底层图像变暗，该模式通常会使图像产生色调分离效果，如图4-117所示。

图4-116　　　　　　　　图4-117

"差值"模式：当前图层的白色区域会使底层图像产生反相效果，而黑色则不会对底层图像产生影响，如图4-118所示。

"排除"模式：与"差值"模式的原理基本相似，但该模式可以创建对比度更低的混合效果，如图4-119所示。

图4-118　　　　　　　　图4-119

"减去"模式：可以从目标通道中相应的像素上减去源通道中的像素值，如图4-120所示。

"划分"模式：查看每个通道中的颜色信息，从基色中划分混合色，如图4-121所示。

"色相"模式：将当前图层的色相应用到底层图像的亮度和饱和度中，可以改变底层图像的色相，但不会影响其亮度和饱和度。对于黑色、白色和灰色区域，该模式不起作用，如图4-122所示。

"饱和度"模式：将当前图层的饱和度应用到底层图像的亮度和色相中，可以改变底层图像

的饱和度，但不会影响其亮度和色相，如图4-123所示。

图4-120　　　　　　　　图4-121

图4-122　　　　　　　　图4-123

"颜色"模式：将当前图层的色相与饱和度应用到底层图像中，但保持底层图像的亮度不变，如图4-124所示。

"明度"模式：将当前图层的亮度应用于底层图像的颜色中，可以改变底层图像的亮度，但不会对其色相与饱和度产生影响，如图4-125所示。

图4-124　　　　　　　　图4-125

4.8.2 实战——制作双重曝光效果

下面通过更改图层的混合模式来制作双重曝光图像效果。

01 启动Photoshop CC 2019软件，按快捷键Ctrl+O，打开相关素材中的"鹿.jpg"文件，效果如图4-126所示。

02 执行"文件"|"置入嵌入对象"命令，将相关素材中的"森林.jpg"文件置入文档，调整合适的大小及位置，如图4-127所示。

图4-126

图4-127

03 暂时隐藏"森林"图层，回到"背景"图层。在工具箱中选择"魔棒工具"，选取"背景"文档中的白色区域，按Shift键单击可扩大选区，选取白色区域后，按快捷键Shift+Ctrl+I反选，"鹿"载入选区的部分，如图4-128所示。

图4-128

04 恢复"森林"图层的显示，并置为当前图层，单击"图层"面板底部的"添加图层蒙版"按钮，为"森林"图层建立图层蒙版，如图4-129所示。

05 选择"背景"图层，按快捷键Ctrl+J复制图层，并将复制得到的图层置顶，将图层混合模式

调整为"变亮"，如图4-130所示。

图4-129

图4-130

06 单击"图层"面板底部的"添加图层蒙版"按钮，为复制得到的图层建立图层蒙版。选中蒙版，将前背景色设为黑白，按B键切换到"画笔工具"，在文档上进行涂抹，如图4-131所示，露出需要的图像。

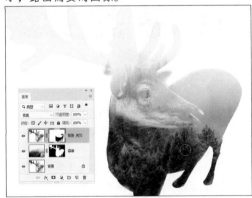
图4-131

07 在"图层"面板中选择"森林"图层的蒙版，使用黑色画笔在需要显现的部分涂抹，如图4-132所示。

图 4-132

层，在弹出的"拾色器"对话框中设置颜色为棕色（#e6ddc6），设置其混合模式为"正片叠底"，并降低"不透明度"到80%，在合适的位置添加文字，最终效果如图4-133所示。

图 4-133

08 单击"图层"面板底部的"创建新的填充或调整图层"按钮 ◑，创建"纯色"调整图

4.9 填充图层

填充图层是为了在图层中填充纯色、渐变和图案而创建的特殊图层。在Photoshop中，可以创建三种类型的填充图层，分别是纯色填充图层、渐变填充图层和图案填充图层。创建填充图层后，可以通过设置混合模式或者调整图层的"不透明度"来创建特殊的图像效果。填充图层可以随时修改或者删除，不同类型的填充图层之间还可以互相转换，也可以将填充图层转换为调整图层。

4.9.1 实战——纯色填充的使用

纯色填充图层是用一种颜色进行填充的可调整图层。下面介绍创建纯色填充图层的具体操作。

01 启动Photoshop CC 2019软件，按快捷键Ctrl+O，打开相关素材中的"瓜果.jpg"文件，效果如图4-134所示。

图 4-134

02 单击"图层"面板底部的"创建新的填充或调整图层"按钮 ◑，创建"纯色"调整图层，在弹出的"拾色器"对话框中设置颜色为棕色（#463a3a），并设置其混合模式为"变亮"，减淡图像中的深色区域，如图4-135所示。

图 4-135

03 再次单击"图层"面板底部的"创建新的填充或调整图层"按钮 ◑，创建"纯色"调整图层。在弹出的"拾色器"对话框中设置颜色为

浅蓝色（#8becf2），并设置其混合模式为"叠加"，设置"不透明度"为10%，提高图像的亮度，如图4-136所示。

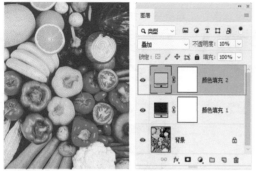

图4-136

04 按快捷键Ctrl+Alt+Shift+E盖印图层，并设置该图层的混合模式为"叠加"，设置"不透明度"为50%，适量去除图像的灰度，如图4-137所示。

图4-137

05 单击"添加图层蒙版"按钮 ◻，为该图层添加蒙版。选中蒙版，将前背景色设为黑白，按B键切换到"画笔工具" ✐，在文档上进行涂抹，如图4-138所示。

图4-138

06 单击"图层"面板底部的"创建新的填充或调整图层"按钮 ◒，创建"纯色"调整图层，

在弹出的"拾色器"对话框中设置颜色为蓝色（#3cd7f8），并设置其混合模式为"柔光"，提高图像的亮度，如图4-139所示。

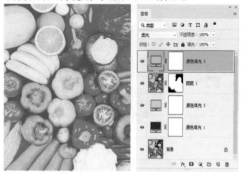

图4-139

4.9.2 实战——渐变填充的使用

渐变填充图层中填充的颜色为渐变色，其填充效果和"渐变工具"填充的效果相似，不同的是渐变填充图层的效果可以进行修改。下面介绍具体操作。

01 启动Photoshop CC 2019软件，按快捷键Ctrl+O，打开相关素材中的"江南.jpg"文件，效果如图4-140所示。

02 在工具箱中选择"快速选择工具" ✐，在图像中选取天空部分，多余的部分可以使用工具选项栏中的"从选区减去"工具 ✐进行删减，选区效果如图4-141所示。

图4-140

图4-141

03 执行"图层"｜"新建填充图层"｜"渐变"命令，或单击"图层"面板中的"创建新的填充或调整图层"按钮 ◒，在打开的快捷菜单中执行"渐变"命令，打开"渐变填充"对话框，单击渐变条，在弹出的"渐变编辑器"对话框中自定"白色到蓝色（#b2dfff）"的渐变，如图4-142所示。

04 单击"确定"按钮，关闭对话框，最终效果如图4-143所示。

图4-142

图4-143

4.9.3 实战——图案填充的使用

图案填充图层是运用图案填充的图层。在Photoshop中，有许多预设图案，若预设图案不理想，可以自定图案进行填充。下面介绍具体操作。

01 启动Photoshop CC 2019软件，按快捷键Ctrl+O，打开相关素材中的"女孩.jpg"文件，效果如图4-144所示。

02 按快捷键Ctrl+O，打开相关素材中的"碎花.jpg"文件，执行"编辑"|"定义图案"命令，将图案进行定义，如图4-145所示。

图4-144

图4-145

03 返回"女孩"文档，使用工具箱中的"磁性套索工具" 将人物的白色裙子选中，如图4-146所示。

04 单击"图层"面板底部的"创建新的填充或调整图层"按钮 ，创建"图案"调整图层，在弹出的对话框中选择存储的自定义图案，并调整参数，如图4-147所示。

图4-146

图4-147

05 单击"确定"按钮，关闭对话框，在"图层"面板中设置"图案填充"调整图层的混合模式为"正片叠底"，效果如图4-148所示。

图4-148

4.10 综合实战——时尚破碎海报

图层样式可以随时修改、隐藏或者修改，具有非常强的灵活性，下面就利用图层样式合成图像。

01 启动Photoshop CC 2019软件，执行"文件"|"新建"命令，新建"高度"为10厘米，"宽度"为10厘米，"分辨率"为300像素/英寸的空白文档。

02 完成文档创建后，在"图层"面板中单击"创建新图层"按钮，新建空白图层。将前景色更改为黑色，按快捷键Alt+Delete填充颜色至图层，然后将相关素材中的"人像.jpg"文件拖入文档，调整至合适的位置及大小，如图4-149所示。

03 单击"图层"面板下方的按钮，再选择"画笔工具"，用黑色的柔边笔刷擦除右边人物肩膀区域，使过渡更加自然，如图4-150所示。

图 4-149　　　　　　　图 4-150

04 按快捷键Ctrl+N，打开"新建文档"对话框，在对话框中设置"宽度"为40像素，"高度"为40像素，"分辨率"为300像素/英寸，"背景内容"为"透明"，再单击"确定"按钮。选择工具箱中的"铅笔工具"，设置前景色为白色，利用"柔边圆"笔尖在文档中绘制如图4-151所示的线条。

05 执行"编辑"|"定义图案"命令，将上述绘制的线条定义为图案。切换至"丽人解码"文档，新建图层，重命名为"网格"，执行"编辑"|"填充"命令，在弹出的对话框中设置"内容"为"图案"，选择之前设置的自定图案，如图4-152所示。

图 4-151　　　　　　　图 4-152

06 单击"确定"按钮，此时应用填充图案后的图像效果如图4-153所示。

07 选择工具箱中的"矩形选框工具"，在人物脸部创建选区，按快捷键Ctrl+Shift+I反选选区，按Delete键删除选区内的图像，注意要把矩形的四个白色边都保留，如图4-154所示。

图 4-153　　　　　　　图 4-154

08 按快捷键Ctrl+T显示定界框，在定界框内右击，在弹出的快捷菜单中选择"变形"选项，拖动变形定界框的控制点，将网格进行变形，如图4-155所示。

09 按Enter键确认变形。设置其不透明度为20%，执行"图层"|"图层样式"|"外发光"命令，在弹出的对话框中设置"外发光"的参数，如图4-156所示。

图 4-155　　　　　　　图 4-156

10 单击"图层"面板中的按钮，为网格图层添加蒙版，选择"画笔工具"，用黑色的柔边缘笔刷在网格边缘及人物嘴唇上涂抹，擦除多余的网格线。新建图层，重命名为"黑方块"，选择"钢笔工具"，设置"工具模式"为"路径"，在人物脸部绘制路径，如图4-157所示。

11 按快捷键Ctrl+Enter将路径转换为选区，填充黑色。双击该图层，打开"图层样式"话框，设置"斜面与浮雕"参数，如图4-158所示。

图4-157　　　　　　　图4-158

12 单击"确定"按钮，关闭对话框。按住
Ctrl键的同时单击"黑方块"图层的缩览图，
将图像载入选区，在"图层"面板中选择"人
物"图层，按快捷键Ctrl+J复制图层，按快捷键
Ctrl+Shift+]将复制得到的图层置顶，选择"移动
工具" ✛ ，移动复制的内容，如图4-159所示。

13 按快捷键Ctrl+T显示定界框，对其进行
变形。按快捷键Ctrl+J复制变形的图层，选择
"图层2"图层，在"图层样式"对话框中设
置"渐变叠加"参数，如图4-160所示。

图4-159　　　　　　　图4-160

14 选中"图层2"图层并复制，再移动图像，设
置图层样式"外发光"的参数，如图4-161所示。

15 单击"确定"按钮，关闭对话框，此时图

像效果如图4-162所示。

图4-161　　　　　　　图4-162

16 用上述同样的方法，制作其余飞块，如图
4-163所示。

图4-163

17 按快捷键Ctrl+O打开"丝带.psd"文件，利
用"移动工具" ▶✛ 将素材逐一添加到文档中，最
终效果图如图4-164所示。

图4-164

第 5 章　绘画与图像修饰

本章简介

Photoshop CC 2019提供了丰富的绘图工具，具有强大的绘图和修饰功能。使用这些绘图工具，再配合"画笔"面板、混合模式、图层等功能，可以创作出使用传统绘画方法难以企及的作品。

本章重点

前景色与背景色的设置
绘画工具的使用
"画笔"面板的参数设置
渐变工具的使用
图形对象的填充与描边
擦除工具的使用

5.1 设置颜色

颜色设置是进行图像修饰与编辑前应掌握的基本技能。在Photoshop中，可以通过多种方法来设置颜色，例如，可以用"吸管工具"拾取图像的颜色，也可使用"颜色"面板或"色板"面板设置颜色等。

5.1.1 前景色与背景色

前景色与背景色是用户当前使用的颜色。工具箱中包含前景色和背景色的设置选项，它由设置前景色、设置背景色、切换前景色和背景色以及默认前景色和背景色等部分组成，如图5-1所示。

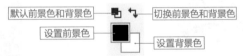

图 5-1

"设置前景色"色块：该色块中显示的是当前使用的前景颜色，通常默认为黑色。单击工具箱中的"设置前景色"色块，在打开的"拾色器（前景色）"对话框中可以选择所需的颜色。

"默认前景色和背景色" ▪ 按钮：单击该按钮，或按D键，可恢复前景色和背景色为默认的黑白颜色。

"切换前景色和背景色" ↰ 按钮：单击该按钮，或按X键，可切换当前前景色和背景色。

"设置背景色"色块：该色块中显示的是当前使用的背景颜色，通常默认为白色。单击该色块，即可打开"拾色器（背景色）"对话框，在其中可对背景色进行设置。

5.1.2 拾色器

单击工具箱中的"设置前景色"或"设置背景色"色块，都可以打开"拾色器"对话框，如图5-2所示。在"拾色器"对话框中可以基于HSB、RGB、Lab、CMYK等颜色模式指定颜色。还可以将拾色器设置为只能从Web安全或几个自定颜色系统中选取颜色。

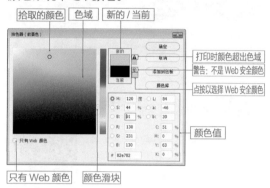

图5-2

"拾色器"对话框中部分属性说明如下。

拾取的颜色：显示当前拾取的颜色，在拖动鼠标时可显示光标的位置。

色域：在色域中可通过单击或拖动鼠标来改变当前拾取的颜色。

只有Web颜色：勾选该复选框，在色域中只显示Web安全色，如图5-3所示。此时拾取的任何颜色都是Web安全颜色。

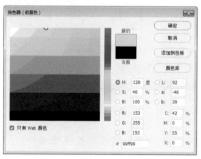

图5-3

添加到色板：单击该按钮，可以将当前设置的颜色添加到"色板"面板。

颜色滑块：拖动颜色滑块可以调整颜色范围。

新的/当前："新的"颜色块中显示的是当前设置的颜色；"当前"颜色块中显示的是上一次设置的颜色；单击该图标，可将当前颜色设置为上一次使用的颜色。

"警告：打印时颜色超出色域"图标 ▲：由于RGB、HSB和Lab颜色模型中的一些颜色在CMYK模型中没有等同的颜色，因此无法打印出来。如果当前设置的颜色是不可打印的颜色，便会出现该警告标志。CMYK中与这些颜色最接近的颜色显示在警告标志的下面，单击色块可以将当前颜色替换为色块中的颜色。

"警告：不是Web安全颜色"图标 ●：如果出现该标志，表示当前设置的颜色不能在网上正确显示。单击警告标志下面的色块，可将颜色替换为最接近的Web颜色。

颜色库：单击该按钮，可以切换到"颜色库"对话框。

颜色值：输入颜色值，可精确设置颜色。在CMYK颜色模式下，以青色、洋红、黄色和黑色的百分比来指定每个分量的值；在RGB颜色模式下，指定0~255的分量值；在HSB颜色模式下，以百分比指定饱和度和亮度，以及0度~360度的角度指定色相；在Lab颜色模式下，输入0~100的亮度值以及−128~+127的A值和B值，在非文本框中，可输入一个十六进制值，例如，000000是黑色，ffffff是白色。

5.1.3 吸管工具选项栏

在工具箱中选择"吸管工具" ✐ 后，可打开"吸管工具"的选项栏，如图5-4所示。

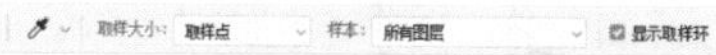

图5-4

"吸管工具"选项栏中各选项说明如下。

取样大小：用来设置"吸管工具"拾取颜色的范围大小，其下拉列表如图5-5所示。选择"取样点"选项，可拾取光标所在位置像素的精确颜色；选择"3×3平均"选项，可拾取光标所在位置3个像素区域内的平均颜色，选择"5×5平均"选项，可拾取光标所在位置5个像素区域内的平均颜色，其他选项依此类推。

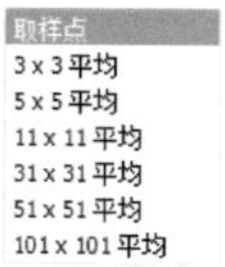

图5-5

样本：用来设置"吸管工具"拾取颜色的图层，下拉列表中包括"当前图层""当前和下方图层""所有图层""所有无调整图层"和"当前和下一个无调整图层"5个选项。

5.1.4 实战——吸管工具

使用"吸管工具" ✐ 可以快速从图像中直接选取颜色，下面将讲解"吸管工具" ✐ 的具体操作与使用方法。

01 启动Photoshop CC 2019软件，按快捷键Ctrl+O，打开相关素材中的"伞.jpg"文件，效果如图5-6所示。

图5-6

02 在工具箱中选择"吸管工具" ✐ 后，将光标移至图像上方，单击鼠标，可拾取单击处的颜色，并将其作为前景色，如图5-7所示。

图5-7

03 按住Alt键的同时，单击鼠标左键，可拾取单击处的颜色，并将其作为背景色，如图5-8所示。

图5-8

04 如果将光标放在图像上方，然后按住鼠标左键在屏幕上拖动，则可以拾取窗口、菜单栏和面板的颜色，如图5-9所示。

图5-9

5.1.5 实战——颜色面板

除了可以在工具箱中设置前/背景色，也可以在"颜色"面板中设置所需要的颜色。

01 执行"窗口"|"颜色"命令，打开"颜色"面板，"颜色"面板采用类似于美术调色的方式来混合颜色。单击面板右上角的 ≡ 按钮，在弹出的菜单中执行"RGB滑块"命令。如果要编辑前景色，可单击前景色色块，如图5-10所示。如果要编辑背景色，则单击背景色色块，如图5-11所示。

图5-10

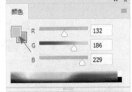

图5-11

02 在RGB文本框中输入数值或者拖动滑块，可调整颜色，如图5-12和图5-13所示。

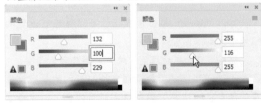

图5-12　　　　　　图5-13

03 将光标放在面板下面的四色曲线图上，光

标会变为 ✐ 状，此时，单击鼠标左键即可采集色样，如图5-14所示。

图5-14

04 单击面板右上角的 ≡ 按钮，打开面板菜单，执行不同的命令可以修改四色曲线图的模式，如图5-15所示。

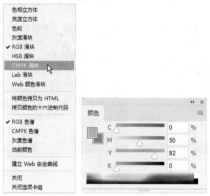

图5-15

5.1.6 实战——色板面板

"色板"面板包含系统预设的颜色，单击相应的颜色即可将其设置为前景色。

01 执行"窗口"|"色板"命令，打开"色板"面板。"色板"中的颜色都是预先设置好的，单击一个颜色样本，即可将它设置为前景

色，如图5-16所示。按Ctrl键的同时单击，则可将它设置为背景色，如图5-17所示。

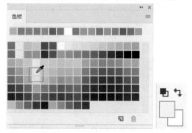

图5-16

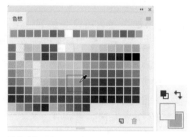

图5-17

02 单击"色板"面板右上角的 ≡ 按钮，在打开的面板菜单中提供了色板库，选择任意一个色板库，将弹出如图5-18所示的提示框。单击"确定"按钮，载入的色板库会替换面板中原有的颜色；单击"追加"按钮，则可在原有的颜色后面追加载入的颜色，如图5-19所示；如果要让面板恢复为默认的颜色，可执行面板菜单中的"复位色板"命令。

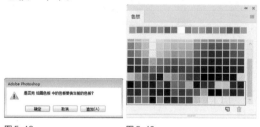

图5-18　　　　　　图5-19

5.2 绘画工具

在Photoshop中，绘图与绘画是两个截然不同的概念。绘图是基于Photoshop的矢量功能创建的适量图形，而绘画则是基于像素创建的位图图像。

5.2.1 画笔工具选项栏与下拉面板

在工具箱中选择"画笔工具" ✓ 后，可打开"画笔工具"选项栏，如图5-20所示。在开始绘画之前，应选择所需的画笔笔尖形状和大小，并设置不透明度、流量等画笔属性。

图5-20

"画笔工具"选项栏中各选项说明如下。

"工具预设"选取器：单击画笔图标可以打开工具预设选取器，选择Photoshop提供的样本画笔预设。或者单击面板右上方的快捷箭头，在弹出的快捷菜单中进行新建工具预设等相关命令的操作，或对现有画笔进行修改以产生新的效果，如图5-21所示。

"画笔预设"选取器：单击画笔选项栏右侧的 ⌄ 按钮，可以打开画笔下拉面板，如图5-22所示。在面板中可以选择画笔样本，设置画笔的大小和硬度。

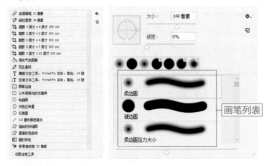

图5-21　　　　图5-22

切换画笔面板 ✓：单击该按钮，可打开如图5-23所示的画笔面板，该面板用于设置画笔的动态控制。

图5-23

模式：该下拉列表用于设置画笔绘画颜色与底图的混合方式。画笔混合模式与图层混合模式的含义、原理完全相同。

不透明度："不透明度"选项用于设置绘制图形的不透明度，该数值越小，越能透出背景图像，如图5-24所示。

"不透明度"为10%

"不透明度"为50%　　　　"不透明度"为100%

图5-24

流量："流量"选项用于设置画笔墨水的流量大小，以模拟真实的画笔。该数值越大，墨水的流量越大。当"流量"小于100%时，如果在画布上快速地绘画，就会发现绘制图形的透明度明显降低。

喷枪 ✓：单击"喷枪"按钮，可转换画笔为喷枪工作状态，在此状态下创建的线条更柔和。使用喷枪工具时按住鼠标左键不放，前景色将在单击处淤积，直至释放鼠标。

绘图板压力按钮 ✓：单击该按钮后，用数位板绘画时，光笔压力可覆盖"画笔"面板中的不透明度和大小设置。

如图5-22所示下拉面板中属性说明如下。

大小：拖动滑块或者在文本框中输入数值，可以调整画笔的大小。

硬度：用来设置画笔笔尖的硬度。

画笔列表：在列表中可以选择画笔样本。

创建新的预设：单击面板右上角的 ◻ 按钮，可以打开"新建画笔"对话框，如图5-25所示。设置画笔的名称后，单击"确定"按钮，可以将当前画笔保存为新的画笔预设样本。

面板菜单：单击面板右上角的 ✿. 按钮，将弹出如图5-26所示的面板菜单。

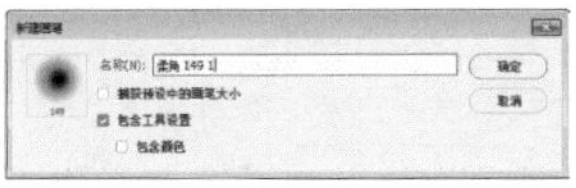

图 5-25　　　　　　　　图 5-26

面板菜单中部分选项说明如下。

重命名画笔：执行此命令，可重新命名当前所选画笔。

删除画笔：执行此命令，可删除当前选定的画笔。在需要删除的画笔上右击，在弹出的快捷菜单中也可以执行此命令。

恢复默认画笔：当改变面板画笔设置后，执行此命令，可复位面板画笔至系统预设状态。

导入画笔：使用该命令可将保存在文件中的画笔导入至当前画笔列表中。执行此命令时，将打开"载入"对话框，供用户选择画笔文件，该类文件的扩展名为.abr，默认保存位置为安装文件夹下的Adobe \ Photoshop CC 2019\ Presets \ Brushes目录。如图5-27所示为使用载入的水花画笔绘制的图形效果。

原图　　　　　　　　使用水花画笔绘制的效果

图 5-27

5.2.2 铅笔工具选项栏

在工具箱中选择"铅笔工具" ✐ 后，可打开"铅笔工具"的选项栏，如图5-28所示。"铅笔工具" ✐ 的使用方法与"画笔工具" ✐ 类似，但"铅笔工具"只能绘制硬边线条或图形，和生活中的铅笔非常相似。

图 5-28

"自动涂抹"选项是铅笔工具特有的选项。当在选项栏中勾选该复选框时，可将"铅笔工具"

当作橡皮擦来使用。一般情况下，"铅笔工具"以前景色绘画，勾选该复选框后，在与前景色颜色相同的图像区域绘画时，会自动擦除前景色而填入背景色。

5.2.3 颜色替换工具选项栏

在工具箱中选择"颜色替换工具" ✐ 后，可打开"颜色替换工具"选项栏，如图5-29所示。

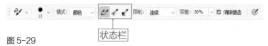

图 5-29

"颜色替换工具"选项栏中各选项说明如下。

模式：用来设置可以替换的颜色属性，包括"色相""饱和度""颜色"和"明度"。默认为"颜色"，它表示可以同时替换色相、饱和度和明度。

取样：用来设置颜色的取样方式。单击"取样：连续" ✐ 按钮后，在拖动鼠标时可连续对颜色取样；单击"取样：一次" ✐ 按钮后，只替换包含第一次单击的颜色区域中的目标颜色；单击"取样：背景色板" ✐ 按钮后，只替换包含当前背景色的区域。

限制：选择"不连续"选项，只替换出现在光标处（即圆形画笔中心的十字线）的样本颜色；选择"连续"选项，可替换光标，且与光标处的样本颜色相近的其他颜色；选择"查找边缘"选项，可替换包含样本颜色的连接区域，同时保留形状边缘的锐化程度。

容差：用来设置工具的容差。"颜色替换工具"只替换鼠标单击处颜色容差范围内的颜色。该值越高，对颜色相似性的要求程度就越低，也就是说，可替换的颜色范围更广。

消除锯齿：勾选该复选框后，可以为校正的区域定义平滑的边缘，从而消除锯齿。

5.2.4 实战——颜色替换工具

"颜色替换工具"可以用前景色替换图像中的颜色，但该工具不能用于位图、索引或多通道颜色模式的图像。下面将讲解"颜色替换工具" ✐ 的具体使用方法。

01 启动Photoshop CC 2019软件，按快捷键Ctrl+O，打开相关素材中的"花.jpg"文件，效果如图5-30所示。

图5-30

02 设置前景色为红色（#fa2b16），在工具箱中选择"颜色替换工具"，在工具选项栏中选择一个柔角笔尖并单击"取样：连续"按钮，将"限制"设置为"连续"，将"容差"设置为30，如图5-31所示。

图5-31

03 完成上述属性的设置后，在花朵上方涂抹，可进行颜色替换，如图5-32所示。在操作时需要注意，光标中心的十字线尽量不要碰到花朵以外的其他地方。

04 适当将图像放大，右击，在弹出的面板中将笔尖调小，在花朵边缘涂抹，使颜色更加细腻，最终效果如图5-33所示。

图5-32　　　　　图5-33

5.2.5 混合器画笔工具

使用"混合器画笔工具"可以混合像素，能

模拟真实的绘画技术，如混合画布上的颜色、组合画笔上的颜色以及在描边过程中使用不同的绘画湿度。混合器画笔有两个绘画色管（一个储槽和一个拾取器）。储槽存储最终应用于画布的颜色，并且具有较多的油彩容量。拾取色管接收来自画布的油彩，其内容与画布颜色是连续混合的。

在工具箱中选择"混合器画笔工具"后，可打开"混合器画笔工具"的选项栏，如图5-34所示。

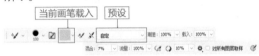

图5-34

"混合器画笔工具"选项栏中各选项说明如下。

当前画笔载入：单击选项旁的∨按钮，弹出一个下拉列表，如图5-35所示。使用"混合器画笔工具"时，按住Alt键单击图像，可以将光标处的颜色（油彩）载入储槽。如果选择"载入画笔"选项，可以拾取光标处的图像，此时画笔笔尖可以反映出取样区域中的任何颜色变化；如果选择"只载入纯色"选项，则可拾取单色，此时画笔笔尖的颜色比较均匀。如果要清除画笔中的油彩，可以选择"清理画笔"选项。

预设：提供了"干燥""潮湿"等预设的画笔组合，如图5-36所示。

图5-35　　　　　图5-36

每次描边后载入画笔/每次描边后清理画笔：单击按钮，可以使光标处的颜色与前景色混合；单击按钮，可以清理油彩。如果要在每次描边后执行这些任务，可以单击这两个按钮。

潮湿：可以控制画笔从画布拾取的油彩量。较高的百分比会产生较长的绘画条痕。

载入：用来指定储槽中载入的油彩量。载入速率较低时，绘画描边干燥的速度会更快。

混合：用来控制画布油彩量同储槽油彩量的比例。比例为100%时，所有油彩将从画布中拾取；比例为0%时，所有油彩都来自储槽。

流量：用来设置当将光标移动到某个区域上方时应用颜色的速率。

对所有图层取样：拾取所有可见图层中的画布颜色。

5.2.6 实战——打造复古油画效果

"混合器画笔工具" ✔ 的效果类似于绘制传统水彩或油画时通过改变颜料颜色、浓度和湿度等将颜料混合在一起绘制到画板上。利用"混合器画笔工具" ✔ 可以绘制出逼真的手绘效果。

01 启动Photoshop CC 2019软件，按快捷键Ctrl+O，打开相关素材中的"唯美.jpg"文件，效果如图5-37所示。

图5-37

02 按快捷键Ctrl+J复制得到一个图层，选择工具箱中的"混合器画笔工具" ✔ ，在工具选项栏中设置笔尖为100像素、柔边圆，"当前画笔载入"选择"清理画笔"选项，单击"每次描边后载入画笔"按钮 ✔ ，选择有用的混合画笔组合为"非常潮湿，深混合"，如图5-38所示。

图5-38

03 在女孩头发上涂抹后，画面出现颜色混合效果，如图5-39所示。

图5-39

04 更改画笔的大小、混合画笔组合等一系列的设置，感觉每种设置下画笔的不同效果，最终效果如图5-40所示。

图5-40

5.3 画笔设置面板和画笔面板

"画笔"面板可以用来设置各种绘画工具、图像修复工具、图像润饰工具和擦除工具的工具属性及描边效果。

5.3.1 认识画笔设置面板和画笔面板

执行"窗口"|"画笔"命令（快捷键

F5），或单击"画笔工具"选项栏中的 ☑ 按钮，可以打开"画笔设置"面板，如图5-41所示。

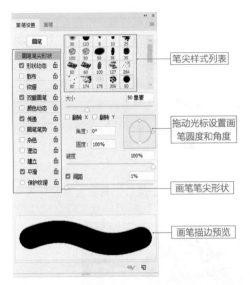

笔尖样式列表

拖动光标设置画
笔圆度和角度

画笔笔尖形状

画笔描边预览

图 5-41

"画笔设置"面板中各选项说明如下。

画笔：单击该按钮，可以打开如图5-42所示的"画笔"面板，可以浏览、选择Photoshop提供的预设画笔。画笔的可控参数众多，包括笔尖的形状、大小、硬度、纹理等特性。如果每次绘画前都重复设置这些参数，将是一件非常烦琐的工作。为了提高工作效率，Photoshop提供了预设画笔功能，预设画笔是一种存储的画笔笔尖，并带有大小、形状和硬度等定义的特性。Photoshop提供了许多常用的预设画笔，用户也可以将自己常用的画笔存储为画笔预设。

图 5-42

画笔笔尖形状：单击这些选项，面板中会显示该选项的详细设置，它们用来改变画笔的角度、圆度，而且可以为其添加纹理、颜色动态等变量。选项后显示锁定图标🔒时，表示当前画笔的笔尖形状属性为锁定状态。

笔尖样式列表：在此列表中有各种画笔笔触样式可供选择，用户可以选择默认的笔触样式，也可以载入自己需要的画笔进行绘制。默认的笔触样式一般有尖角画笔、柔角画笔、喷枪硬边圆形画笔、

喷枪柔边圆形画笔和滴溅画笔等。

大小：用来设置笔触的大小。可以通过拖曳下方的滑块进行设置，也可以在右侧的文本框中直接输入数值来设置。同一笔触设置不同大小后的显示效果如图5-43所示。

大小为 30 像素　　　　　　　大小为 60 像素

图 5-43

翻转X/翻转Y：启用水平和垂直方向的画笔翻转，如图5-44所示。

默认画笔效果

翻转 X 效果　　　　　　　翻转 Y 效果

图 5-44

角度：通过在此文本框中输入数值可以调整画笔在水平方向上的旋转角度，取值范围为−180°~180°，也可以通过在右侧的预览框中拖曳水平轴进行设置。不同角度的应用效果如图5-45和图5-46所示。

图 5-45

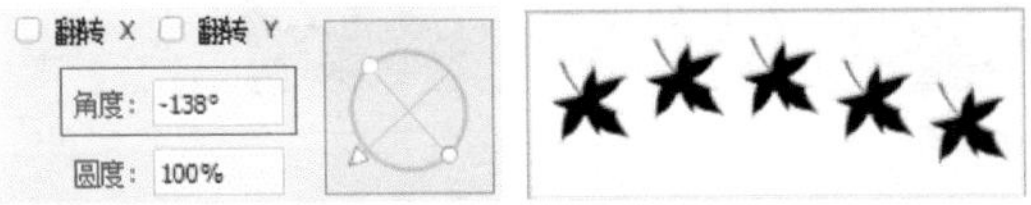

图 5-46

圆度：用于控制画笔长轴和短轴的比例，可在"圆度"文本框中输入0%~100%的数值，或直接拖动右侧画笔控制框中的圆点来调整。不同圆度的画笔效果如图5-47和图5-48所示。

图 5-47

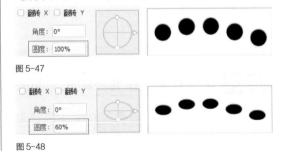

图 5-48

硬度：设置画笔笔触的柔和程度，变化范围为0%～100%。如图5-49所示是硬度为0%和100%的对比效果。

"硬度"为0%　　　　　"硬度"为100%

图5-49

间距：用于设置在绘制线条时，两个绘制点之间的距离，使用该项设置可以得到点画线效果。如图5-50所示是间距为0%和100%的对比效果。

"间距"为0%　　　　　"间距"为100%

图5-50

画笔描边预览：通过预览框可以查看画笔描边的动态。单击"创建新画笔"按钮□，打开"画笔名称"对话框，为画笔设置一个新的名称，单击"确定"按钮，可将当前设置的画笔创建为一个新的画笔样本。单击"删除画笔"按钮，可将选择的画笔样式删除。

5.3.2 笔尖的种类

Photoshop CC 2019中的笔尖大致可分为圆形笔尖、非圆形笔尖的图像样本笔尖和毛刷笔尖这三种类型。

圆形笔尖包含尖角、柔角、实边和柔边几种

样式。使用尖角和实边笔尖绘制的线条具有清晰的边缘；所谓的柔角和柔边，就是线条的边缘柔和，呈现逐渐淡出的效果，如图5-51所示。

尖角　　　　　　柔角

实边　　　　　　柔边

图5-51

5.3.3 形状动态

"形状动态"选项用于设置绘画过程中画笔笔迹的变化，包括大小抖动、最小直径、角度抖动、圆度抖动和最小圆度等，如图5-52所示。

图5-52

"形状动态"选项中各参数说明如下。

大小抖动：拖动滑块或输入数值，可以控制绘制过程中画笔笔迹大小的波动幅度。数值越大，变化幅度就越大，如图5-53所示。

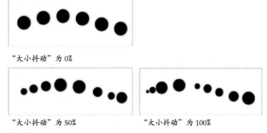

"大小抖动"为0%

"大小抖动"为50%　　　"大小抖动"为100%

图5-53

控制：用于选择大小抖动变化产生的方式。选择"关"，在绘图过程中画笔笔迹大小始终波动，不予另外控制；选择"渐隐"，然后在其右侧文本框中输入数值，可控制抖动变化的渐隐步长。数值越大，画笔消失的距离越长，变化越慢，反之则距离越短，变化越快。如图5-54所示是"最小直径"为0%时，设置不同"渐隐"数值后的效果。如果安装了压力敏感的数值化板，还可以指定笔压力、笔倾斜和光笔旋转控制项。

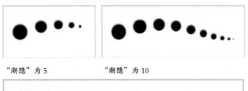

"渐隐"为5　　　　"渐隐"为10

"渐隐"为15

图5-54

最小直径：在画笔尺寸发生波动时控制画笔的最小尺寸，数值越大，直径能够变化的范围也就越小，如图5-55所示是"渐稳"为5时，设置不同"最小直径"数值后的效果。

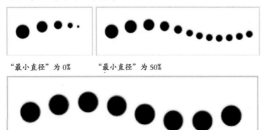

"最小直径"为0%　　　"最小直径"为50%

"最小直径"为100%

图5-55

角度抖动：控制画笔角度波动的幅度，数值越大，抖动的范围也就越大，如图5-56所示。

"角度抖动"为0%

"角度抖动"为50%　　　"角度抖动"为100%

图5-56

圆度抖动：控制画笔圆度的波动幅度，数值越

大，圆度变化的幅度也就越大，如图5-57所示。

"圆度抖动"为0%

"圆度抖动"为50%　　　"圆度抖动"为100%

图5-57

最小圆度：在圆度发生波动时控制画笔的最小圆度尺寸值。该值越大，发生波动的范围越小，波动的幅度也会相应变小。

5.3.4 散布

"散布"选项决定描边中笔迹的数目和位置，使笔迹沿绘制的线条扩散，如图5-58所示。

图5-58

"散布"选项中各参数说明如下。

散布：控制画笔偏离绘画路线的程度，数值越大，偏离的距离越大，如图5-59所示。若勾选"两轴"复选框，则画笔将在X、Y两个方向分散，否则仅在一个方向上发生分散。

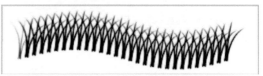

"散布"为0%

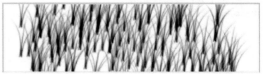

"散布"为200%

图5-59

数量：用来控制画笔点的数量，数值越大，画笔点越多，变化范围为1~16，如图5-60所示。

"数量"为1

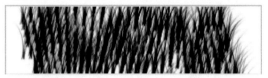

"数量"为16

图5-60

数量抖动：用来控制每个空间间隔中画笔点的数量变化。

5.3.5 纹理

"纹理"选项用于在画笔上添加纹理效果，可控制纹理的叠加模式、缩放比例和深度，如图5-61所示。

图5-61

"纹理"选项中各参数说明如下。

选择纹理：单击 ∨ 按钮，从纹理列表中可选择所需的纹理。勾选"反相"复选框，相当于对纹理执行了"反相"命令。

缩放：用于设置纹理的缩放比例。

亮度：用于设置纹理的明暗度。

对比度：用于设置纹理的对比强度，此值越大，对比度越明显。

为每个笔尖设置纹理：用于确定是否对每个笔触都分别进行渲染。若不勾选该复选框，则"深度""最小深度"及"深度抖动"参数无效。

模式：用于选择画笔和图案之间的混合模式。

深度：用于设置图案的混合程度，数值越大，纹理越明显。

最小深度：用于控制图案的最小混合程度。

深度抖动：用于控制纹理显示浓淡的抖动程度。

5.3.6 双重画笔

"双重画笔"是指让描绘的线条中呈现出两种画笔效果。要使用双重画笔，首先要在"画笔笔尖形状"选项设置主笔尖，如图5-62所示。然后从"双重画笔"选项中选择另一个笔尖，如图5-63所示。

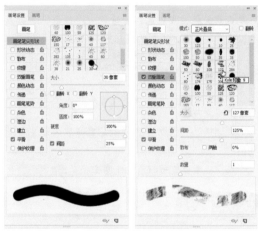

图5-62   图5-63

"双重画笔"选项中各参数说明如下。

模式：在该选项的下拉列表中可以选择两种笔尖在组合时使用的混合模式。

大小：用来设置笔尖的大小。

间距：用来控制描边中双笔笔尖画笔笔迹的分布方式。如果勾选"两轴"复选框，双笔笔尖画笔笔迹按径向分布；取消勾选，则双笔笔尖画笔笔迹垂直于描边路径分布。

数量：用来指定在每个间距间隔应用的双笔笔尖笔迹数量。

5.3.7 颜色动态

"颜色动态"选项用于控制绘画过程中画笔颜色的变化情况，参数如图5-64所示。需要注意的是，设置动态颜色属性时，下方的预览框并不会显示相应的效果，动态颜色效果只有在图像窗口绘画时才会看到。

图5-64

"颜色动态"选项中各参数说明如下。

前景/背景抖动：设置画笔颜色在前景色和背景色之间变化。例如，在使用草形画笔绘制草地时，可设置前景色为浅绿色，背景色为深绿色，这样就可以得到颜色深浅不一的草丛效果。

色相抖动：指定绘制过程中画笔颜色色相的动态变化范围。

饱和度抖动：指定绘制过程中画笔颜色饱和度的动态变化范围。

亮度抖动：指定绘制过程画笔亮度的动态变化范围

纯度：设置绘画颜色的纯度变化范围。

5.3.8 传递

"传递"选项用于确定油彩在描边路线中的改变方式，参数如图5-65所示。

图5-65

"传递"选项中各参数说明如下。

不透明度抖动：用来设置画笔笔触中油彩不透明度的变化程度。如果要指定画笔笔触的不透明度变化的控制方式，可在"控制"下拉列表中选择相应的选项。

流量抖动：用来设置画笔笔触中油彩流量的变化程度。如果要指定画笔笔触的流量变化的控制方

式，可在"控制"下拉列表中选择相应的选项。

5.3.9 画笔笔势

"画笔笔势"选项用来调整毛刷画笔笔尖、侵蚀画笔笔尖的角度，参数如图5-66所示。

图5-66

如图5-67所示为默认的毛刷笔尖与启用"画笔笔势"控制后的笔尖效果。

图5-67

"画笔笔势"选项中各参数说明如下。

倾斜X/倾斜Y：可以让笔尖沿X轴或Y轴倾斜。

旋转：用来旋转笔尖。

压力：用来调整笔尖压力，值越高，绘制速度越快，线条越粗犷。

5.3.10 附加选项设置

附加选项没有参数，只需勾选复选框即可。

杂色：在画笔的边缘添加杂点效果。

湿边：沿画笔描边的边缘增大油彩量，从而创建水彩效果。

建立：将渐变色调应用于图像，同时模拟传统的喷枪技术。

平滑：可以使绘制的线条产生更顺畅的曲线。

保护纹理：对所有的画笔使用相同的纹理图案和缩放比例。勾选该复选框后，使用多个画笔时，可模拟一致的画布纹理效果。

5.4 渐变工具

渐变工具用于在整个文档或选区内填充渐变颜色。渐变填充在Photoshop中的应用非常广泛，不仅可以填充图像，还可以填充图层蒙版、快速蒙版和通道。此外，调整图层和填充图层也会使用渐变。

5.4.1 渐变工具选项栏

在工具箱中选择"渐变工具"██后，需要先在工具选项栏中选择一种渐变类型，并设置渐变颜色和混合模式等选项，如图5-68所示，然后创建渐变。

图5-68

"渐变工具"选项栏中各选项说明如下。

渐变颜色条：渐变颜色条████∨中显示了当前的渐变颜色，单击它右侧的∨按钮，可以在打开的下拉面板中选择一个预设的渐变，如图5-69所示。如果直接单击渐变颜色条，则会弹出"渐变编辑器"，在"渐变编辑器"中可以编辑渐变颜色，或者保存渐变。

图5-69

渐变类型：单击"线性渐变"按钮██，可创建以直线方式从起点到终点的渐变；单击"径向渐变"按钮██，可创建以圆形方式从起点到终点的渐变；单击"角度渐变"按钮██，可创建围绕起点以逆时针方式扫描的渐变；单击"对称渐变"按钮██，可创建使用均衡的线性渐变在起点的任意一侧渐变；单击"菱形渐变"按钮██，则会以菱形方式从起点向外渐变，终点定义菱形的一个角。如图5-70所示为应用不同渐变类型后的图像效果。

线性渐变

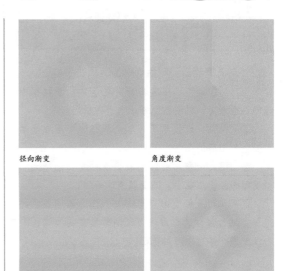

径向渐变　　　　　　　角度渐变

对称渐变　　　　　　　菱形渐变

图5-70

模式：用来设置应用渐变时的混合模式。

不透明度：用来设置渐变效果的不透明度。

反向：勾选该复选框，可转换渐变中的颜色顺序，得到反方向的渐变结果。

仿色：勾选该复选框，可以使渐变效果更加平滑。主要用于防止打印时出现条带化现象，在屏幕上不能明显地体现其作用。

透明区域：勾选该复选框，可以创建包含透明像素的渐变。取消勾选，则创建实色渐变。

5.4.2 渐变编辑器

Photoshop提供了丰富的预设渐变，但在实际工作中，仍然需要创建自定义渐变，以制作个性的图像效果。单击选项栏中的渐变颜色条，将打开如图5-71所示的"渐变编辑器"对话框，在此对话框中可以创建新渐变并修改当前渐变的颜色设置。

图 5-71

"渐变编辑器"对话框中各选项说明如下。

选择预设渐变：在编辑渐变之前可从预置框中选择一个渐变，以便在此基础上进行编辑修改。

渐变类型：设置显示为单色形态的实底或显示为多色带形态的杂色。

平滑度：调整渐变颜色的平滑程度。值越大，渐变越柔和；值越小，渐变颜色越分明。

色标：定义渐变中应用的颜色或者调整颜色的范围。通过拖动色标滑块可以调整颜色的位置；单击渐变颜色条可以增加色标。

---- 延伸讲解 ✐

在选项区域中双击对应的文本框或缩览图，可以设置色标的不透明度、位置和颜色等。

载入/存储/新建：通过单击按钮可以实现相应的操作，包括将渐变文件载入渐变预设、保存当前渐变预设和创建新的渐变预设。

不透明度色标：调整渐变颜色的不透明度值，值越大越不透明。编辑方法和编辑色标的方法相同。

颜色中点：拖动滑块调整颜色或者透明度过渡范围。

5.4.3 实战——渐变工具

使用"渐变工具" 可以创建多种颜色间的渐变混合，不仅可以填充选区、图层和背景，也能用来填充图层蒙版和通道等。

01 启动 Photoshop CC 2019 软件，按快捷键 Ctrl+O，打开相关素材中的"美味.jpg"文件，效果如图 5-72 所示。

02 选择工具箱中的"渐变工具" ，然后在

工具选项栏中单击"线性渐变"按钮 □，单击渐变色条 █████ ，弹出"渐变编辑器"对话框，这里给左下色标定义颜色为灰色（#8c8989），右下色标定义颜色为白色，如图 5-73 所示，完成设置后单击"确定"按钮。

图 5-72　　　　　　图 5-73

---- 延伸讲解 ✐

渐变条中最左侧色标指渐变起点颜色，最右侧色标代表渐变终点颜色。

---

03 单击"图层"面板中的"创建新图层"按钮 ⬚，创建新图层。选择工具箱中的"椭圆选框工具" ○，在新图层上创建一个正圆形选框，如图 5-74 所示。

04 在工具箱中选择"渐变工具" █，在画面中单击鼠标并按住左键朝右上方拖动，释放鼠标后，选区内填充定义的渐变效果，再按快捷键 Ctrl+D 取消选择，如图 5-75 所示。

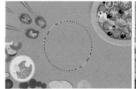 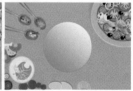

图 5-74　　　　　　图 5-75

---- 延伸讲解 ✐

光标的起点和终点决定渐变的方向和渐变的范围。渐变角度随着鼠标拖动的角度变化而变化，渐变的范围为渐变条起点处到终点处。按住 Shift 键的同时拖动鼠标，可创建水平、垂直和 45° 倍数的渐变。

---

05 在工具选项栏中单击"径向渐变" █ 按钮，再单击渐变色条 █████ ，弹出"渐变编辑器"对话框。在该对话框中将右下色标定义颜色为黑色，然后单击色条下方，添加一个灰色

（#8c8989）的新色标。移动两个渐变色标中间的颜色中点◇，可调整该点两侧颜色的混合位置，如图5-76所示。

06 单击"图层"面板中的"创建新图层"按钮 🔲，创建新图层。选择工具箱中的"椭圆选框工具"◯，在新图层上创建稍小的圆形选区，在圆心处单击并按住鼠标拖到边缘处后释放鼠标，给选区填充编辑后的渐变，按快捷键Ctrl+D取消选择，效果如图5-77所示。

07 用上述同样的方法，结合"矩形选框工具"▢和"椭圆选框工具"◯创建选区并填充合适的渐变，完成锅的制作，如图5-78所示。

08 选择工具箱中的"自定形状工具"✿，在工具选项栏的"形状"拾色器中选择心形♥，绘

制一个爱心形状，并填充径向渐变。最后设置合适的径向渐变完成蛋黄、蛋黄处的光影渐变，最终效果如图5-79所示。

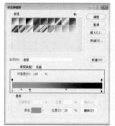
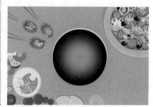

图5-76 　　　　　　　　图5-77

图5-78 　　　　　　　　图5-79

5.5 填充与描边

填充是指在图像或选区内填充颜色，描边是指为选区描绘可见的边缘。进行填充和描边操作时，可以使用"填充"与"描边"命令，以及工具箱中的"油漆桶工具"🪣。

5.5.1 填充命令

"填充"命令可以说是填充工具的扩展，它的一项重要功能是有效地保护图像中的透明区域，可以有针对性地填充图像。执行"编辑"|"填充"命令，或按快捷键Shift+F5，打开"填充"对话框，如图5-80所示。

图5-80

"填充"对话框中部分选项说明如下。

内容：定义应用何种内容对图像进行填充。

混合：指定填充混合的模式和不透明度。

保留透明区域：勾选该复选框，填充具有像素的区域，保留图像中的透明区域不被填充，与"图层"面板中的"锁定透明像素"按钮的作用相同。

5.5.2 描边命令

执行"编辑"|"描边"命令，将弹出如图5-81所示的"描边"对话框，在该对话框中可以设置描边的宽度、位置和混合方式。

图5-81

"描边"对话框中部分选项说明如下。

描边：定义描边的"宽度"，即硬边边框的宽

度，通过单击颜色缩览图和拾色器可以定义描边的颜色。

位置：定义描边的位置，可以在选区或图层边界的内部、外部或者沿选区或图层边界居中描边。

混合：指定描边的混合模式和不透明度，可以只对具有像素的区域描边，保留图像中的透明区域不被描边。

5.5.3 油漆桶工具选项栏

"油漆桶工具" ◇用于在图像或选区中填充颜色或图案，但"油漆桶工具" ◇在填充前会对单击位置的颜色进行取样，从而只填充颜色相同或相似的图像区域，"油漆桶工具"的选项栏如图5-82所示。

◇ · | 图案 ∨ ▫ · | 模式: 正常 ∨ 不透明度: 100% ∨ 容差: 69 ☑消除锯齿 ☑连续的 □ 所有图层

图5-82

"油漆桶工具"选项栏中各选项说明如下。

"填充"列表框：可选择填充的内容。当选择"图案"作为填充内容时，"图案"列表框被激活，单击其右侧的∨按钮，可打开图案下拉面板，从中选择所需的填充图案。

"图案"列表框：通过图案列表定义填充的图案，并可进行图案的载入、复位、替换等操作。

模式：设置实色或图案填充的模式。

不透明度：用来设置填充内容的不透明度。

容差：用来定义必须填充的像素的颜色相似程度。低容差会填充颜色值范围内与样本颜色非常相似的像素，高容差则填充更大范围内的像素。

消除锯齿：勾选该复选框，可以平滑填充选区的边缘。

连续的：勾选该复选框，只填充与鼠标单击处相邻的像素；取消勾选时，可填充图像中的所有相似像素。

所有图层：勾选该复选框，表示基于所有可见图层中的合并颜色数据填充像素；取消勾选，仅填充当前图层。

5.5.4 实战——填充选区图形

"填充"命令和"油漆桶工具" ◇的功能类似，二者都能为当前图层或选区填充前景色或图案。不同的是，"填充"命令可以利用内容识别进行填充。

01 启动Photoshop CC 2019软件，按快捷键Ctrl+O，打开相关素材中的"房子.jpg"文件，效果如图5-83所示。

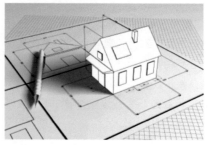

图5-83

02 按快捷键Ctrl+J复制得到新的图层，选择工具箱中的"魔棒工具" ⚡，在屋顶处单击，将屋顶载入选区，如图5-84所示。

图5-84

03 设置前景色为红色（#e60012），执行"编辑"|"填充"命令或按快捷键Shift+F5，弹出"填充"对话框，在"内容"下拉列表中选择"前景色"，如图5-85所示。

图5-85

04 单击"确定"按钮，屋顶便填充了颜色，按快捷键Ctrl+D取消选择，如图5-86所示。

图5-86

05 继续使用"魔棒工具" ✎ 将墙体部分载入
选区，按住Shift键可加选多面墙体，如图5-87
所示。

图5-87

06 执行"编辑"｜"填充"命令或按快捷键
Shift+F5，弹出"填充"对话框，在"内容"下
拉列表中选择"图案"。打开图案下拉面板 ▦ ，
单击 ✿ 图标，在下拉列表中选择"彩色纸"，
将"彩色纸"追加到自定图案中，如图5-88
所示。

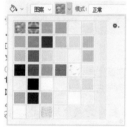
图5-88

07 在自定图案中选择"树叶图案纸"图案 ，
单击"确定"按钮，选区便填充了图案，如图
5-89所示，按快捷键Ctrl+D取消选择。

图5-89

08 用同样的方法，对房子的其他部分进行填
充，最终效果如图5-90所示。

图5-90

--- 延伸讲解 ✎

　　若在"内容"下拉列表中选择"内容识别"选项，
则会融合选区附近图像的明度、色调后进行填充。

5.6 擦除工具

　　在Photoshop CC 2019中包含了"橡皮擦工具" ✎ 、"背景橡皮擦工具" ✎ 和"魔术橡皮擦工具" ✎
这3种擦除工具，擦除工具主要用于擦除背景或图像。

　　其中"背景橡皮擦工具" ✎ 和"魔术橡皮擦工具" ✎ 主要用于抠图（去除图像背景），而"橡皮擦
工具" ✎ 因设置的选项不同，具有不同的用途。

5.6.1 橡皮擦工具选项栏

　　"橡皮擦工具" ✎ 用于擦除图像像素。如果
在"背景"图层上使用橡皮擦，Photoshop会在擦
除的位置用背景色填充；如果当前图层为非"背

景"图层，那么擦除的位置就会变为透明。在工
具箱中选择"橡皮擦工具" ✎ 后，可打开"橡皮
擦工具"选项栏，如图5-91所示。

图5-91

"橡皮擦工具"选项栏中各选项说明如下。

模式：设置橡皮擦的笔触特性，可选择画笔、铅笔和块3种方式来擦除图像，所得到的效果与使用这些方式绘图的效果相同。

抹到历史记录：勾选此复选框，"橡皮擦工具"就具有了"历史记录画笔工具"的功能，能够有选择性地恢复图像至某一历史记录状态，其操作方法与"历史记录画笔工具"相同。

5.6.2 实战——使用背景橡皮擦

"背景橡皮擦工具" 和 "魔术橡皮擦工具" 主要用来抠取适合边缘清晰的图像。"背景橡皮擦工具"能智能地采集画笔中心的颜色，并删除画笔内出现的该颜色的像素。

01 启动Photoshop CC 2019软件，按快捷键Ctrl+O，打开相关素材中的"长发.jpg"文件，效果如图5-92所示。

图5-92

02 选择工具箱中的"背景橡皮擦工具" ，在工具选项栏中将"笔尖大小"设置为300像素，单击"取样：连续"按钮 ，并将"容差"设置为15%，如图5-93所示。

图5-93

--- 延伸讲解

容差值越低，擦除的颜色越相近；容差值越高，擦除的颜色范围越广。

03 在人物边缘和背景处涂抹，将背景擦除，如图5-94所示。

图5-94

04 选择"移动工具" ，打开相关素材中的"背景.jpg"文件，将抠好的人物拖入背景中，完成图像制作，如图5-95所示。

图5-95

答疑解惑 "背景橡皮擦工具"选项栏中包含的3种取样方式有何不同？

连续取样 ：在拖动过程中对颜色进行连续取样，凡在光标中心的颜色像素都将被擦除。

一次取样 ：擦除第一次单击取样的颜色，适合擦除纯色背景。

背景色板取样 ：擦除包含背景色的图像。

5.6.3 实战——使用魔术橡皮擦

"魔术橡皮擦工具" 的效果相当于用"魔棒工具"创建选区后删除选区内像素。锁定图层透明区域后，该图层被擦除的区域将用背景色填充。

01 启动Photoshop CC 2019软件，执行"文件" | "新建"命令，新建一个"高度"为3000像素，"宽度"为2000像素，"分辨率"为300像素/英寸的RGB图像，并为其填充渐变色，如图5-96所示。

02 将相关素材中的"橙子.jpg"文件拖入背景中，调整到合适的大小及位置后，按Enter键确认。右击该图层，在弹出的快捷菜单中执行"栅格化图层"命令，效果如图5-97所示。

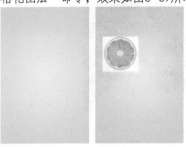

图 5-96　　　　　图 5-97

03 选择"魔术橡皮擦工具" ，在工具选项栏中将"容差"设置为20，将"不透明度"设置为100%，如图5-98所示。

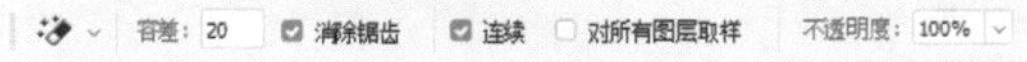

图 5-98

04 在白色背景处单击，即可删除多余背景，如图5-99所示。

05 按快捷键Ctrl+J复制橙子所在的图层，选择工具箱中的"移动工具" ，按住Shift键，将复制得到的橙子水平拖动到合适的位置，如图5-100所示。

06 用同样的方法，将相关素材中的"香蕉.jpg"文件的背景删除，并调整到合适的大小及位置，最终效果如图5-101所示。

图 5-99　　　　图 5-100　　　　图 5-101

5.7 综合实战——人物线描插画

本例使用"钢笔工具" 在图像上创建路径，并转换为选区，再为选区描边，制作线描插画。

01 启动Photoshop CC 2019软件，按快捷键Ctrl+O，打开相关素材中的"背景.jpg"文件，效果如图5-102所示。

图 5-102

02 将相关素材中的"人像.jpg"文件拖入文档，调整到合适的位置及大小，如图5-103所示。

图 5-103

03 单击"图层"面板下方的"创建新图层"按钮 ，新建空白图层。选择工具箱中的"钢笔工具" ，沿着人物边缘创建路径锚点，如图5-104所示。

图 5-104

04 按快捷键Ctrl+Enter将路径转换为选区，如图5-105所示。执行"编辑"|"描边"命令，弹出"描边"对话框，在其中设置描边"宽度"为3像素，设置"颜色"为黑色，设置"位置"为"居中"，如图5-106所示。

图 5-105   图 5-106

05 完成后单击"确定"按钮，即可为选区描边。按快捷键Ctrl+D取消选择，隐藏"人像"图层可查看描边效果，如图5-107所示。

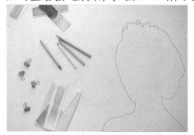

图 5-107

06 用上述同样的方法，继续使用"钢笔工具" 沿着嘴唇部分绘制路径，并转换为选区，如图5-108所示。

07 将前景色设置为红色（#d5212e），使用"油漆桶工具" ，为嘴唇填充颜色，如图5-109所示。

图 5-108

图 5-109

08 用上述同样的方法，使用"钢笔工具" 为人像的其他细节部分进行描边，完成效果如图5-110所示。

图 5-110

09 将相关素材中的"水彩.png"和"墨水.png"文件分别拖入文档，并摆放在合适的位置。在"图层"面板中调整"水彩"图层的"不透明度"为58%，调整"墨水"图层的"不透明度"为78%，如图5-111所示。最终完成效果如图5-112所示。

图 5-111   图 5-112

第 6 章 颜色与色调调整

6.1 图像的颜色模式

颜色模式是将颜色翻译成数据的一种方法，使颜色能在多种媒体中一致地描述。Photoshop支持的颜色模式主要包括CMYK、RGB、灰度、双色调、Lab、多通道和索引颜色模式，较常用的是CMYK、RGB、Lab颜色模式等，不同的颜色模式有不同的作用和优势。

颜色模式不仅影响可显示颜色的数量，还影响图像的通道数和图像的文件大小。本节将对图像的颜色模式进行详细介绍。

6.1.1 查看图像的颜色模式

查看图像的颜色模式，了解图像的属性，可以方便对图像进行各种操作。执行"图像"|"模式"命令，在打开的级联菜单中被勾选的选项，即为当前图像的颜色模式，如图6-1所示。另外，在图像的标题栏中可直接查看图像的颜色模式，如图6-2所示。

图6-1   图6-2

■ 位图模式

位图模式使用两种颜色（黑色或白色）来表示图像的色彩，又称为1位图像或黑白图像。位图模式图像要求的存储空间很少，但无法表现色彩、色调丰富的图像，仅适用于一些黑白对比强烈的图像。

打开一张RGB模式的彩色图像，如图6-3所示。执行"图像"|"模式"|"灰度"命令，先将其转换为灰度模式，如图6-4所示。再执行"图像"|"模式"|"位图"命令，弹出"位图"对话框，如图6-5所示。

图6-3   图6-4

图6-5

在"位置"对话框中的"输出"文本框中输入图像的输出分辨率，然后在"使用"下拉列表中选择一种转换方法，单击"确定"按钮，将得到对应的位图模式。5种不同转换方法的应用效果如图6-6所示。

50%阈值

图案仿色   扩散仿色

半调网屏   自定图案

图6-6

灰度模式

灰度模式的图像由256级灰度组成，不包含颜色。彩色图像转换为该模式后，Photoshop将删除原图像中所有颜色信息，留下像素的亮度信息。

灰度模式图像的每一个像素能够用0～255的亮度值来表现，因而其色调表现力较强。0代表黑色，255代表白色，其他值代表了黑、白中间过渡的灰色。在8位图像中，最多有256级灰度，在16位和32位图像中，图像中的级数比8位图像要大得多。如图6-7所示为将RGB模式图像转换为灰度模式图像的效果对比。

图6-7

■ 双色调模式

在Photoshop中可以分别创建单色调、双色调、三色调和四色调的图像。其中，双色调是由两种油墨构成的灰度图像。在这些图像中，使用彩色油墨来重现图像中的灰色，而不是重现不同的颜色。彩色图像转换为双色调模式时，必须首先转换为灰度模式。

■ 索引模式

索引模式的图像最多可使用2～56种颜色的8位图像文件。当图像转换为索引模式时，Photoshop将构建一个颜色查找表（CLUT），以存放图像中的颜色。如果原图像中的某种颜色没有出现在该表中，则程序会选取最接近的一种，或使用仿色以现有颜色来模拟该颜色。在索引颜色模式下，只能进行有限的图像编辑。若要进一步编辑，需临时转换为RGB模式。

■ RGB 模式

RGB模式为彩色图像中每个像素的RGB分量指定一个介于0（黑色）～255（白色）的强度值。例如，亮红色的R值可能为246，G值为20，而B值为50。当这3个分量的值相等时，颜色是中性灰色。当所有分量的值均为255时，颜色是纯白色；当所有分量的值为0时，颜色是纯黑色。

RGB图像通过3种颜色或通道，可以在屏幕上重新生成多达1670（256×256×256）万种颜色；这3个通道可转换为每像素24（8×3）位的颜色信息。新建的Photoshop图像一般默认为RGB模式。

■ CMYK 模式

CMYK模式以打印在纸上的油墨的光线吸收特性为基础。当白光照射到半透明油墨上时，一部分光线被吸收，而另一部分光线被反射回眼睛。理论上，纯青色（C）、洋红（M）和黄色（Y）合成的颜色吸收所有光线并呈现黑色，这些颜色也称为减色。但由于所有打印油墨都包含一些杂质，因此这3种油墨混合实际生成的是土灰色。为了得到真正的黑色，必须在油墨中加入黑色（K）油墨（为避免与蓝色混淆，黑色用K而非B表示）。将这些油墨混合重现颜色的过程称为四色印刷。减色（CMY）和加色（RGB）是互补色。每对减色产生一种加色，反之亦然。

CMYK模式为每个像素的每种印刷油墨指定一个百分比值。为最亮（高光）颜色指定的印刷油墨颜色百分比较低，而为较暗（阴影）颜色指定的百分比较高。例如，亮红色可能包含2%青色、93%洋红、90%黄色和0%黑色。在CMYK图像中，当4种分量的值均为0%时，就会产生纯白色。

用印刷色打印的图像时，应使用CMYK模式。将RGB模式转换为CMYK模式即产生分色。如果创作由RGB模式开始，最好先编辑，然后转换为CMYK模式，如图6-8和图6-9所示分别为RGB模式和CMYK模式的示意图。

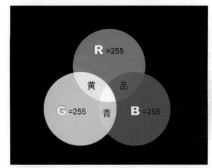

图6-8

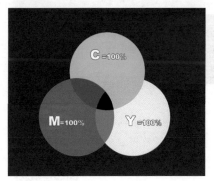

图6-9

■ Lab 模式

Lab模式是目前包括颜色数量最广的模式，也是Photoshop在不同颜色模式之间转换时使用的中间模式。

Lab颜色由亮度（光亮度）分量和两个色度分量组成。L代表光亮度分量，范围为0～100，a分量表示从绿色到红色，再到黄色的光谱变化，b分量表示从蓝色到黄色的光谱变化，两者范围都是＋120～－120。如果只需要改变图像的亮度而不影响其他颜色值，可以将图像转换为Lab颜色模式，然后在L通道中进行操作。

Lab颜色模式最大的优点是颜色与设备无关，无论使用什么设备（如显示器、打印机、计算机或扫描仪）创建或输出图像，这种颜色模式产生的颜色都可以保持一致。

■ 多通道模式

多通道模式是一种减色模式，将RGB模式转换为多通道模式后，可以得到青色、洋红和黄色通道，此外，如果删除RGB、CMYK、Lab模式的某个颜色通道，图像会自动转换为多通道模式。在多通道模式下，每个通道都使用256级灰度。如图6-10和图6-11所示为RGB模式转换为多通道模式的效果对比。

图6-10

图6-11

6.1.2 实战——添加复古文艺色调

本例通过将RGB颜色模式的图像转换为Lab颜色模式的图像，来制作复古色调的效果。

01 启动Photoshop CC 2019软件，按快捷键Ctrl+O，打开相关素材中的"人物.jpg"文件，效果如图6-12所示。

02 执行"图像"|"模式"|"Lab颜色"命令，将图像转换为Lab颜色模式。

03 执行"窗口"|"通道"命令，打开"通道"面板，在该面板中选择"a通道"（即图6-13中显示的a通道），然后按快捷键Ctrl+A全选

通道内容，如图6-13所示。

图6-12

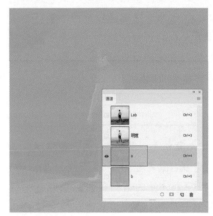
图6-13

04 按快捷键Ctrl+C复制选区内容，选择"b通道"，按快捷键Ctrl+V粘贴选区内容。

05 按快捷键Ctrl+D取消选择，按快捷键Ctrl+2，切换到复合通道，得到如图6-14所示的图像效果。

图6-14

6.2 调整命令

在"图像"菜单中包含了调整图像色彩和色调的一系列命令。在最基本的调整命令中，"自动色调""自动对比度"和"自动颜色"命令可以自动调整图像的色调或者色彩，而"亮度/对比度"和"色彩平衡"命令则可通过对话框进行调整。

6.2.1 调整命令的分类

在Photoshop CC 2019的"图像"菜单中包含用于调整图像色调和颜色的各种命令，如图6-15所示。其中，部分常用命令集成在"调整"面板中，如图6-16所示。

图6-15

图6-16

调整命令主要分为以下几种类型。

调整颜色和色调的命令："色阶"和"曲线"命令用于调整颜色和色调，它们是最重要的调整命令；"色相/饱和度"和"自然饱和度"命令用于调整色彩；"阴影/高光"和"曝光度"命令只能调整色调。

匹配、替换和混合颜色的命令："匹配颜色""替换颜色""通道混合器"和"可选颜色"命令用于匹配多个图像之间的颜色，替换指定的颜色或者对颜色通道做出调整。

快速调整命令："自动色调""自动对比度"和"自动颜色"命令用于自动调整图片的颜色和色调，可以进行简单的调整，适合初学者使用；"照片滤镜""色彩平衡"和"变化"命令用于调整色彩，使用方法简单且直观；"亮度/对比度"和"色调均化"命令用于调整色调。

应用特殊颜色调整命令："反相""阈值""色调分离"和"渐变映射"是特殊的颜色调整命令，用于将图片转换为负片效果、简化为黑白图像、分离色彩或者用渐变颜色转换图片中原有的颜色。

6.2.2 亮度 / 对比度

"亮度/对比度"命令用来调整图像的亮度和对比度，它只适用于粗略地调整图像。在调整时有可能丢失图像细节，对于高端输出，最好使用"色阶"或"曲线"命令来调整。

打开一张图像，如图6-17所示，执行"图像"|"调整"|"亮度/对比度"命令，在弹出的"亮度/对比度"对话框中，向左拖曳滑块可降低亮度和对比度，向右拖曳滑块可增加亮度和对比度，如图6-18所示。

图6-17

图6-18

勾选"使用旧版"复选框,可以得到与Photoshop CS3以前的版本相同的调整结果,即进行线性调整。需要注意的是,旧版的对比度更强,但图像细节也丢失得更多。

6.2.3 色阶

使用"色阶"命令可以调整图像的阴影、中间调的强度级别,从而校正图像的色调范围和色彩平衡。"色阶"命令常用于修正曝光不足或曝光过度的图像,同时可对图像的对比度进行调节。执行"图像"|"调整"|"色阶"命令,打开"色阶"对话框,如图6-19所示。

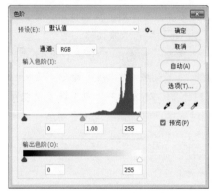

图6-19

"色阶"对话框中各选项说明如下。

通道:选择需要调整的颜色通道,系统默认为复合颜色通道。在调整复合通道时,各颜色通道中的相应像素会按比例自动调整以避免改变图像色彩平衡。

输入色阶:拖动输入色阶下方的三个滑块,或直接在输入色阶框中输入数值,分别设置阴影、中间色调和高光色阶值以调整图像的色阶。其中的直方图用来显示图像的色调范围和各色阶的像素数量。

输出色阶:拖动输出色阶的两个滑块,或直接输入数值,以设置图像最高色阶和最低色阶。向右拖动黑色滑块,可以减少图像中的阴影色调,从而使图像变亮;向左侧拖动白色滑块,可以减少图像的高光,从而使图像变暗。

自动:单击该按钮,可自动调整图像的对比度与明暗度。

选项:单击该按钮,可弹出"自动颜色校正选项"对话框,如图6-20所示,用于快速调整图像的色调。

图6-20

取样吸管:从左到右,3个吸管依次为黑色吸管🖋、灰色吸管🖋和白色吸管🖋,单击其中任一个吸管,然后将光标移动到图像窗口中,光标会变成相应的吸管形状,此时单击鼠标即可完成色调调整。

答疑解惑 如何同时调整多个通道?

如果要同时编辑多个颜色通道,可在执行"色阶"命令之前,先按住Shift键在"通道"面板中选择这些通道,这样"色阶"的"通道"菜单会显示目标通道的缩写,例如,RG表示红色和绿色通道。

6.2.4 曲线

与"色阶"命令类似,使用"曲线"命令也可以调整图像的整个色调范围。不同的是,"曲线"命令不是使用3个变量(高光、阴影、中间色调)进行调整,而是使用调节曲线,它可以最多添加14个控制点,因而使用"曲线"命令调整更为精确、更为细致。

执行"图像"|"调整"|"曲线"命令,或按快捷键Ctrl+M,打开"曲线"对话框,如图6-21所示。

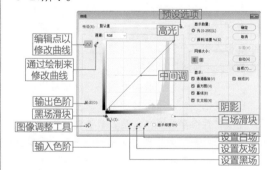

图6-21

"曲线"对话框中各选项说明如下。

通道:在下拉列表中可以选择要调整的颜色通

道，调整通道可以改变图像颜色。

预设：包含Photoshop提供的各种预设调整文件，可用于调整图像。

编辑点以修改曲线～：该按钮默认为激活状态，此时在曲线上单击可添加新的控制点。拖动控制点可调节曲线，将控制点拖动到对话框以外可删除控制点。按住Ctrl键的同时在图像的某个位置单击，曲线上会出现一个控制点，调整该点可以调整指定位置的图像。

通过绘制来修改曲线✎：激活该按钮后，可绘制手绘效果的自由曲线。绘制完成后，单击～按钮，曲线上会显示控制点。

平滑：使用✎工具绘制曲线后，单击该按钮，可以对曲线进行平滑处理。

曲线调整工具⟲：选择该工具后，将光标放在图像上，曲线上会出现一个空的圆形，它代表了光标处的色调在曲线上的位置，此时在画面中单击并拖动鼠标，可添加控制点并调整相应的色调。

输入色阶/输出色阶："输入色阶"显示了调整前的像素值，"输出色阶"显示了调整后的像素值。

设置黑场✐/设置灰场✐/设置白场✐：这几个工具与"色阶"对话框中的相应工具完全一样。

自动：单击该按钮，可对图像应用"自动颜色""自动对比度"或"自动色调"校正。具体的校正效果取决于"自动颜色校正"对话框中的设置。

选项：单击该按钮，可以打开"自动颜色校正选项"对话框。该对话框用来控制由"色阶"和"曲线"中的"自动颜色""自动色调""自动对比度"和"自动"选项应用的色调和颜色校正。它允许指定阴影和高光剪切百分比，并为阴影、中间调和高光指定颜色值。

显示数量：可反转强度值和百分比的显示。

简单网格⊞/详细网格⊞：单击"简单网格"按钮，会以25%的增量显示网格；单击"详细网格"按钮，则以10%的增量显示网格。在详细网格状态下，可以更加准确地将控制点对齐到直方图上。按住Alt键单击网格，也可以在这两种网格间切换。

通道叠加：可在复合曲线上方叠加各个颜色通道的曲线。

直方图：可在曲线上叠加直方图。

基线：网格上显示以45°角绘制的基线。

交叉线：调整曲线时，显示水平线和垂直线，在相对于直方图或网格进行拖曳时可将点对齐。

答疑解惑 调整图像时如何避免出现新的色偏？

使用"曲线"和"色阶"命令增加彩色图像的对比度时，通常会增加色彩的饱和度，导致图像出现色偏。要避免出现色偏，可以通过"曲线"和"色阶"调整图层来应用调整，再将调整图层的混合模式设置为"明度"就可以了。

6.2.5 实战——曲线调整命令

本例将通过调整"曲线"命令中的各个颜色通道，提高画面的亮度，改变画面的色相。

01 启动Photoshop CC 2019软件，按快捷键Ctrl+O，打开相关素材中的"蜜蜂.jpg"文件，效果如图6-22所示。

图6-22

02 执行"图像"|"调整"|"曲线"命令，或按快捷键Ctrl+M，打开"曲线"对话框，如图6-23所示。

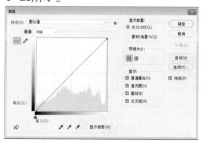

图6-23

03 在"通道"下拉列表中选择RGB通道，在中间基准线上单击添加一个控制点，并往左上角拖动，整体提亮图像，如图6-24所示。

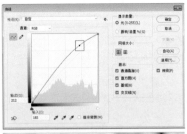

图 6-24

--- 延伸讲解 ✐ ------------------------------

    RGB 模式的图像通过调整红、绿、蓝 3 种颜色的强弱得到不同的图像效果；CMYK 模式的图像通过调整青色、洋红、黄色和黑色 4 种颜色的油墨含量得到不同的图像效果。

04 选择"红"通道，往左上角拖动曲线，增加画面中的红色，如图 6-25 所示。

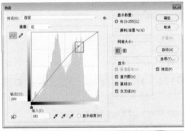

图 6-25

05 用同样的方法，继续调整"绿"和"蓝"通道，纠正图像偏色，如图 6-26 所示。调整完成后单击"确定"按钮，图像效果如图 6-27 所示。

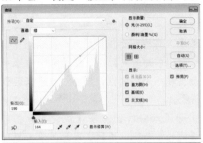

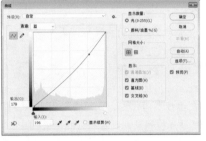

图 6-26

图 6-27

--- 延伸讲解 ✐ ------------------------------

    "曲线"命令在 Photoshop 图像处理中的应用非常广泛，调整图像明度、抠图、制作质感等都要使用"曲线"命令。另外，使用通道的时候不免用到曲线。

◖ 答疑解惑 ◗ 怎样轻微地移动控制点？ ——————

    选择控制点后，按键盘中的方向键（←、→、↑、↓）可轻移控制点。如果要选择多个控制点，可以按住 Shift 键单击它们（选中的控制点为实心黑色）。通常情况下，在编辑图像时，只需对曲线进行小幅度的调整即可实现目的，曲线的变形幅度越大，越容易破坏图像。

6.2.6 曝光度

"曝光度"命令用于模拟数码相机内部的曝光处理，常用于调整曝光不足或曝光过度的数码照片。执行"图像"|"调整"|"曝光度"命令，打开"曝光度"对话框，如图6-28所示。

图6-28

"曝光度"对话框中各选项说明如下。

曝光度：向右拖动滑块或输入正值，可以增加数码照片的曝光度；向左拖动滑块或输入负值，可以降低数码照片的曝光度。

位移：该选项使阴影和中间调变暗，对高光的影响很轻微。

灰度系数校正：使用简单的乘方函数调整图像灰度系数。

吸管工具：用于调整图像的亮度值（与影响所有颜色通道的"色阶"吸管工具不同）。"设置黑场" 吸管工具将设置"位移"，同时将吸管选取的像素颜色设置为黑色；"设置白场" 吸管工具将设置"曝光度"，同时将吸管选取的像素设置为白色（对于HDR图像为1.0）；"设置灰场" 吸管工具将设置"曝光度"，同时将吸管选取的像素设置为中度灰色。

--- 延伸讲解 ⟍

"曝光度"对话框中的吸管工具分别用于在图像中取样以设置黑场、灰场和白场。由于曝光度的工作原理是基于线性颜色空间，而不是通过当前颜色空间运用计算来调整，因此只能调整图像的曝光度，而无法调整色调。

6.2.7 自然饱和度

"自然饱和度"命令用于对画面进行选择性的饱和度调整，它会对已经接近完全饱和的色彩降低调整程度，而对不饱和度的色彩进行较大幅度的调整。另外，它还用于对皮肤肤色进行一定

的保护，确保不会在调整过程中变得过度饱和。

执行"图像"|"调整"|"自然饱和度"命令，弹出"自然饱和度"对话框，如图6-29所示。

图6-29

"自然饱和度"对话框中各选项说明如下。

自然饱和度：如果要提高不饱和的颜色的饱和度，并且保护那些已经很饱和的颜色或者肤色，不让它们受较大的影响，那就向右拖动滑块。

饱和度：同时提高所有颜色的饱和度，不管当前画面中各个颜色的饱和度程度如何，全部都进行同样的调整。这个功能与"色相/饱和度"命令类似，但是比后者的调整效果更加准确自然，不会出现明显的色彩错误。

● 答疑解惑 什么是"溢色"？

显示器的色域（RGB模式）要比打印机（CMYK模式）的色域广，显示器上看到的颜色有可能打印不出来，那些不能被打印机准确输出的颜色为"溢色"。

6.2.8 色相/饱和度

"色相/饱和度"命令用于调整图像中特定颜色分量的色相、饱和度和亮度，或者同时调整图像中的所有颜色。该命令适用于微调CMYK图像中的颜色，以便它们处在输出设备的色域内。执行"图像"|"调整"|"色相/饱和度"命令，打开"色相/饱和度"对话框，如图6-30所示。

图6-30

"色相/饱和度"对话框中各选项说明如下。

预设：选择Photoshop提供的色相/饱和度预设或自定义预设。

编辑：在该下拉列表中可以选择要调整的颜色。选择"全图"，可调整图像中的所有颜色；选择其他选项，则可以单独调整红色、黄色、绿色和青色等颜色。

色相：拖动该滑块，可以改变图像的色相。

饱和度：向右侧拖动滑块，可以增加饱和度；向左侧拖动滑块，可以减少饱和度。

明度：向右侧拖动滑块，可以增加亮度；向左侧拖动滑块，可以降低亮度。

--- 延伸讲解 ✎

在图像中单击并拖动鼠标，可以修改取样颜色的饱和度；按住 Ctrl 键的同时拖动鼠标，可以修改取样颜色的色相。

着色：勾选该复选框后，可以将图像转换为只有一种颜色的单色图像。变为单色图像后，拖动"色相"滑块可以调整图像的颜色。

吸管工具：如果在"编辑"选项中选择了一种颜色，便可以用吸管工具拾取颜色。使用"吸管工具" ✎ 在图像中单击可选择颜色范围；使用"添加到取样" ✎ 工具在图像中单击可以增加颜色范围；使用"从取样中减去" ✎ 工具在图像中单击可减少颜色范围。设置了颜色范围后，可以拖动滑块以调整颜色的色相、饱和度或明度。

颜色条：在对话框底部有两个颜色条，它们以各自的顺序表示色轮中的颜色。

6.2.9 色彩平衡

"色彩平衡"命令用于更改图像的总体颜色混合。在"色彩平衡"对话框中，相互对应的两个色互为补色（如青色和红色）。提高某种颜色的比重时，位于另一侧的补色的颜色就会减少。执行"图像"|"调整"|"色彩平衡"命令，打开"色彩平衡"对话框，如图6-31所示。

"色彩平衡"对话框中各选项说明如下。

色阶：设置色彩通道的色阶值，范围为 −100~+100。

色调平衡：可选择一个色调范围来进行调整，包括"阴影""中间调"和"高光"。

保持明度：勾选"保持明度"复选框，可防止图像的亮度值随着颜色的更改而改变，从而保持图像的色调平衡。

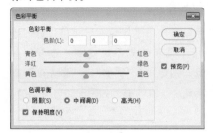

图 6-31

6.2.10 实战——色彩平衡调整命令

调节图像的"色彩平衡"属性时，拖动"色彩平衡"对话框中的滑块，可在图像中增加或减少颜色，从而使图像展现不同的颜色风格。

01 启动Photoshop CC 2019软件，按快捷键 Ctrl+O，打开相关素材中的"人像.jpg"文件，效果如图6-32所示。

02 执行"图像"|"调整"|"色彩平衡"命令，或按快捷键Ctrl+B，弹出"色彩平衡"对话框，如图6-33所示。

图 6-32

图 6-33

03 在"色彩平衡"选项中分别设置不同的数值，得到不同的图像效果如图6-34所示。

增加青色 / 减少红色

增加红色 / 减少青色

增加洋红色 / 减少绿色

增加绿色 / 减少洋红

增加黄色 / 减少蓝色

增加蓝色 / 减少黄色

图6-34

6.2.11 实战——照片滤镜调整命令

"照片滤镜"命令的功能相当于摄影中滤光镜的功能，即模拟在相机镜头前加上彩色滤光镜，以便调整到达镜头光线的色温与色彩的平衡，从而使胶片产生特定的曝光效果。

01 启动Photoshop CC 2019软件，按快捷键Ctrl+O，打开相关素材中的"植物.jpg"文件，效果如图6-35所示。

02 执行"图像"|"调整"|"照片滤镜"命令，打开"照片滤镜"对话框，如图6-36所示。

图6-35　　　　　　　　图6-36

03 在"滤镜"下拉列表中选择"加温滤镜（85）"选项，调整"浓度"为68%，勾选"保留明度"复选框，如图6-37所示。

04 单击"确定"按钮，关闭对话框，图像效果如图6-38所示。

图6-37　　　　　　　　图6-38

--- 延伸讲解 ✐

定义照片滤镜的颜色时，可以自定义滤镜，也可以选择预设。对于自定义滤镜，选择"颜色"选项，然后单击色块，并使用Adobe拾色器指定滤镜颜色；对于预设滤镜，选择"滤镜"单选按钮并从下拉列表中选取预设。

6.2.12 实战——通道混合器调整命令

"通道混合器"命令利用存储颜色信息的通道混合通道颜色，从而改变图像的颜色。下面讲解"通道混合器"调整命令的使用。

01 启动Photoshop CC 2019软件，按快捷键Ctrl+O，打开相关素材中的"荷花.jpg"文件，效果如图6-39所示。

02 执行"图像"|"调整"|"通道混合器"命令，打开"通道混合器"对话框，如图6-40所示。

图6-39　　　　　　　　图6-40

03 在"输出通道"下拉列表中选择"红"通道，向右拖动红色滑块，或直接输入数值+144，如图6-41所示。单击"确定"按钮，此时得到的图像效果如图6-42所示。

图6-41　　　　　　　　图6-42

04 在"通道"面板中可以看到"红"通道的变化，如图6-43所示。

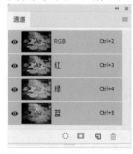
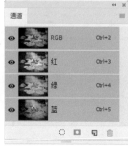

图6-43

延伸讲解

应用"通道混合器"命令可以将彩色图像转换为单色图像，或者将单色图像转换为彩色图像。

6.2.13 实战——阴影/高光调整命令

"阴影/高光"命令适合校正因强逆光而形成剪影的照片，也可以校正因太接近闪光灯而有些发白的焦点。下面将使用"阴影/高光"命令调整逆光剪影照片，重现阴影区域的细节。

01 启动Photoshop CC 2019软件，按快捷键Ctrl+O，打开相关素材中的"人像.jpg"文件，效果如图6-44所示。

02 执行"图像"|"调整"|"阴影/高光"命令，弹出"阴影/高光"对话框，如图6-45所示。

图6-44　　　　　　　　图6-45

03 勾选"显示更多选项"复选框，可显示更多调整参数。拖动"阴影"和"高光"两个滑块，可以分别调整图像高光区域和阴影区域的亮度，将"阴影"滑块向右拖动增加亮度，并调整"颜色"以及"中间调"的数值，如图6-46所示。

04 单击"确定"按钮，关闭对话框，调整"阴影"与"高光"后的图像效果如图6-47所示。

图 6-46

图 6-47

--- 延伸讲解 ✐ -------------------

在调整图像使其中的黑色主体变亮时，如果中间调或较亮的区域更改得太多，可以尝试减小阴影的"数量"，使图像中只有最暗的区域变亮，但是如果需要既加亮阴影又加亮中间调，则需将阴影的"数量"增大到 100%。

6.3 特殊调整命令

"去色""反相""色调均化""阈值""渐变映射"和"色调分离"等命令更改图像中的颜色或亮度值，主要用于创建特殊颜色和色调效果，一般不用于颜色校正。本节将以案例的形式，详细讲解几种常用特殊调整命令的应用。

6.3.1 实战——黑白调整命令

"黑白"调整命令专用于将彩色图像转换为黑白图像，其控制选项可以分别调整6种颜色（红、黄、绿、青、蓝、洋红）的亮度值，从而制作出高质量的黑白照片。

01 启动Photoshop CC 2019软件，按快捷键Ctrl+O，打开相关素材中的"雪.jpg"文件，效果如图6-48所示。

02 执行"图像"|"调整"|"黑白"命令，打开"黑白"对话框，如图6-49所示。

图 6-48

图 6-49

03 在"预设"下拉列表中选择不同的模式，分别为图像应用不同的模式，效果如图6-50所示。

蓝色滤镜

较暗

红外线

图 6-50

04 在"黑白"对话框中勾选"色调"复选框，对图像中的灰度应用颜色，图像效果如图6-51所示。

05 设置"色相"为184，设置"饱和度"为15，调整颜色，图像效果如图6-52所示。

图6-51　　　　　　图6-52

---- 延伸讲解 ----

"黑白"对话框可看作是"通道混合器"和"色相饱和度"对话框的综合，构成原理和操作方法类似。按住 Alt 键单击某个色卡，可将单个滑块复位到初始设置。另外，按住 Alt 键时，对话框中的"取消"按钮将变为"复位"按钮，单击"复位"按钮可复位所有的颜色滑块。

6.3.2 实战——渐变映射调整命令

"渐变映射"命令用于将彩色图像转换为灰度图像，再用设定的渐变色替换图像中的各级灰度。如果指定的是双色渐变，图像中的阴影就会映射到渐变填充的一个端点颜色，高光则映射到另一个端点颜色，中间调映射为两个端点颜色之间的渐变。

01 启动Photoshop CC 2019软件，按快捷键Ctrl+O，打开相关素材中的"女孩.jpg"文件，效果如图6-53所示。

02 按快捷键Ctrl+J复制"背景"图层，得到"图层1"图层，为该图层执行"图像"|"调整"|"渐变映射"命令，打开"渐变映射"对话框，在"灰度映射所用的渐变"下拉列表中选择"紫，橙渐变"，如图6-54所示。

03 完成上述操作后，得到的图像效果如图6-55所示。

04 勾选"反向"复选框，翻转渐变映射的颜

色，得到的效果如图6-56所示。

05 单击"确定"按钮，关闭对话框，在"图层"面板中设置"图层1"图层的混合模式为"划分"，设置图层"不透明度"为30%，最终效果如图6-57所示。

图6-53　　　　　　图6-54

图6-55　　　图6-56　　　图6-57

6.3.3 实战——去色调整命令

使用"去色"命令可以删除图像的颜色，将彩色图像变成黑白图像，但不改变图像的颜色模式。

01 启动Photoshop CC 2019软件，按快捷键Ctrl+O，打开相关素材中的"静物.jpg"文件，效果如图6-58所示。

02 执行"图像"|"调整"|"去色"命令，或按快捷键Ctrl+Shift+U，可对图像进行去色处理，效果如图6-59所示。

图6-58　　　　　　图6-59

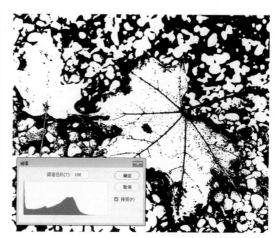

图6-61

延伸讲解

"去色"命令只对当前图层或图像中的选区进行转换，不改变图像的颜色模式。如果正在处理多层图像，则"去色"命令仅作用于所选图层。"去色"命令经常用于将彩色图像转换为黑白图像。如果对图像执行"图像"|"模式"|"灰度"命令，可直接将图像转换为灰度效果。当源图像的深浅对比度不大而颜色差异较大时，其转换效果不佳；如果将图像先去色，然后转换为灰度模式，则能够保留较多的图像细节。

6.3.4 实战——阈值调整命令

"阈值"命令用于将灰度或彩色图像转换为高对比度的黑白图像，可以指定某个色阶作为阈值，所有比阈值色阶亮的像素转换为白色，而所有比阈值暗的像素转换为黑色，从而得到纯黑白图像。使用"阈值"命令，可以调整得到具有特殊艺术效果的黑白图像效果。

01 启动Photoshop CC 2019软件，按快捷键Ctrl+O，打开相关素材中的"枫叶.jpg"文件，效果如图6-60所示。

图6-60

02 执行"图像"|"调整"|"阈值"命令，打开"阈值"对话框，在该对话框中显示了当前图像像素亮度的直方图，效果如图6-61所示。

03 设置"阈值色阶"为100，单击"确定"按钮，得到的图像效果如图6-62所示。

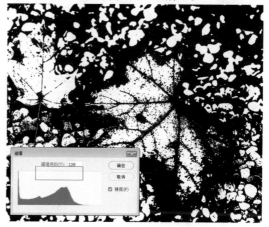

图6-62

6.3.5 实战——色调分离调整命令

"色调分离"命令用于指定图像的色调级数，并按此级数将图像的像素映射为最接近的颜色。

01 启动Photoshop CC 2019软件，按快捷键Ctrl+O，打开相关素材中的"水果.jpg"文件，效果如图6-63所示。

02 执行"图像"|"调整"|"色调分离"命令，打开"色调分离"对话框，如图6-64所示。可以选择拖动"色阶"选项的滑块，或输入数值来调整图像色阶。

图 6-63

图 6-64

03 设置"色阶"为2，得到的图像效果如图 6-65所示。

04 设置"色阶"为10，得到的图像效果如图 6-66所示。

图 6-65

图 6-66

6.4 信息面板

在没有进行任何操作时，"信息"面板中会显示光标所在的位置的颜色值、文档的状态、当前工具的使用提示等信息。执行更换、创建选区或调整颜色等操作后，面板中就会显示与当前操作有关的各种信息。

6.4.1 使用信息面板

执行"窗口"｜"信息"命令，将弹出"信息"面板，如图6-67所示。

图 6-67

"信息"面板中各选项说明如下。

显示颜色信息：将光标放置在图像上方，面板中会显示光标的精确坐标和其所在位置的颜色值，如图6-68所示。如果颜色超出了CMYK色域，则CMYK值旁边会出现一个感叹号。

图 6-68

显示选区大小：使用选框工具（矩形选框、椭圆选框）创建选区时，面板中会随着鼠标的拖动而实时显示选框的宽度（W）和高度（H），如图6-69所示。

图 6-69

显示定界框大小：使用"裁剪工具" 🔲 和"缩放工具" 🔍 时，会显示定界框的宽度（W）和高度（H）。如果旋转裁剪框，还会显示旋转角度值。

显示开始位置、变化角和距离：当移动选区或使用"直线工具" ✏️、"钢笔工具" ✒️、"渐变工具" 🔲 时，会随着鼠标的移动显示开始位置的x和y坐标，X、Y的变化，以及角度和距离。

显示变换参数：执行二维变换命令（如"缩放"和"旋转"）时，会显示宽度（W）和高度（H）的百分比变化、旋转角度以及水平切线或垂直切线的角度。

显示状态信息：显示文档大小、文档配置文件、文档尺寸、暂存盘大小、效率、计时以及当前工具等信息。具体显示内容可以在"面板选项"对话框中进行设置。

显示工具提示：如果启用了"显示工具提示"，可以显示与当前使用工具有关的提示信息。

6.4.2 设置信息面板选项

单击"信息"面板右上角的 ≡ 按钮，在菜单中执行"面板选项"命令，打开"信息面板选项"对话框，如图6-70所示。

图 6-70

"信息面板选项"对话框中各选项说明如下。

第一颜色信息：在该选项的下拉列表中可以选择面板中第一个吸管显示的颜色信息。选择"实际颜色"模式，可显示当前颜色模式下的值；选择"校正颜色"模式，可显示图像的输出颜色空间的值；选择"灰度""RGB""CMYK"等颜色模式，可显示相应颜色模式下的颜色值；选择"油墨总量"模式，可显示光标当前位置所有CMYK油墨的总百分比；选择"不透明度"模式，可显示当前图层的不透明度，该选项不适用于背景。

第二颜色信息：设置面板中第二个吸管显示的颜色信息。

鼠标坐标：设置鼠标光标位置的测量单位。

状态信息：设置面板中"状态信息"处的显示内容。

显示工具提示：勾选该复选框，可以在面板底部显示当前使用工具的各种提示信息。

6.5 综合实战——秋日暖阳人像调整

本实例将使用多个调整图层来打造一幅暖色逆光人像。

01 启动Photoshop CC 2019软件，按快捷键Ctrl+O，打开相关素材中的"人物.jpg"文件，效果如图6-71所示。

02 按快捷键Ctrl+J复制"背景"图层，得到"图层1"图层。执行"窗口"|"调整"命令，在"调整"面板中单击"可选颜色"按钮■，创建"可选颜色"调整图层，同时在"图层"面板中新建"选取颜色1"图层，调整"黄"色的数值，如图6-72所示。

03 再次创建"可选颜色"调整图层，同时在图层面板中新建"选取颜色2"图层。

图 6-71

图 6-72

04 打开"选取颜色2"图层的"属性"面板，调整黄色数值，将背景调整成暖黄色，如图6-73所示。

图6-73

08 单击"图层"面板底部"创建新图层"按钮 ，新建图层并置于顶层，命名为"逆光"。设置前景色为浅黄色（#ffcca3），接着选择"渐变工具" ，在工具选项栏中将渐变色条设置为"前景色到透明渐变" ，单击"线性渐变"按钮 ，从图像左上角往右下角方向拖动添加线性渐变，如图6-78所示。

05 选择"图层1"图层，在"调整"面板中单击"亮度/对比度"按钮 ，创建"亮度/对比度"调整图层，在弹出的对话框中调整参数，增加画面的对比，如图6-74所示。

图6-74

06 在"选取颜色2"图层上方创建"色彩平衡" 调整图层，在弹出的对话框中调整"阴影""中间调"和"高光"的参数，如图6-75所示。

09 在"图层"面板中设置"逆光"图层的混合模式为"滤色"，设置"不透明度"为75%。单击"添加图层蒙版"按钮 ，创建图层蒙版。选择"画笔工具" ，用"不透明度"为40%的黑色柔边缘笔刷涂抹人物脸部，还原脸部肌肤色彩，如图6-79所示。

图6-78　　　　　　　　图6-79

10 创建"曲线" 调整图层并置于顶层，调整RGB通道、"红"通道、"蓝"通道的参数，让图像偏暖黄色调，如图6-80所示。

图6-75

07 完成上述操作后得到的图像效果如图6-76所示。选中"色彩平衡"调整图层的蒙版，再选择工具箱中的"画笔工具" ，设置"不透明度"为40%，用黑色的柔边缘笔刷涂抹人物脸部，还原脸部肤色，如图6-77所示。

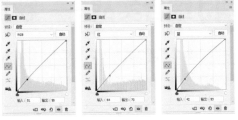

图6-80

11 调整完成后，按快捷键Ctrl+Alt+Shift+E盖印图层，并设置图层的混合模式为"叠加"，"不透明度"为20%，图像前后对比效果如图6-81所示。

图6-76　　　　　　图6-77

图6-81

第 7 章 修饰图像工具的应用

本章简介

本章将继续介绍Photoshop CC 2019在美化、修复图像方面的强大功能。通过简单、直观的操作，可以将各种有缺陷的数码照片加工为美轮美奂的图片，也可以基于设计需要为普通的图像添加特定的艺术效果。

本章重点

掌握裁剪工具的使用
掌握修饰工具的使用
掌握颜色调整工具的使用
掌握修复工具的使用

7.1 裁剪图像

处理数码照片或扫描的图像时，经常需要裁剪图像，以便删除多余的内容，使画面的构图更加完美。使用"裁剪工具"📐、"裁剪"命令和"裁切"命令都可以裁剪图像。

7.1.1 裁剪工具选项栏

用"裁剪工具"📐可以对图像进行裁剪，重新定义画布的大小。在工具箱中选择"裁剪工具"📐后，在画面中单击并拖出一个矩形定界框，按Enter键，即可将定界框之外的图像裁掉，如图7-1所示。

图7-1

选择"裁剪工具"📐后，可以看到如图7-2所示的"裁剪工具"选项栏。

| 📐 | 宽×高×分... ∨ | 5厘米 | ⇄ | 5厘米 | 300 | 像素/英寸 ∨ | 清除 | 拉直 | ⊞ | ✿ | ☑ 删除裁剪的像素 | 内容识别 | ↻ |

图7-2

"裁剪工具"选项栏中各选项说明如下。

比例：在"选择预设长宽比或裁剪尺寸"下拉列表中选择该选项后，选项栏中会出现两个文本框，在文本框中输入裁剪框的长宽比即可。

宽×高×分辨率：选择该项后会出现三个文本框，可输入裁剪框的宽度、高度和分辨率，并选择分辨率单位（如像素/厘米），Photoshop会按照设定的尺寸裁剪图像。

原始比例：选择该项后，拖曳裁剪框时会始终保持图像原始的长宽比例。

预设的长宽比/预设的裁剪尺寸："1:1（方形）""16:9"等选项是预设的长宽比；4×5英寸300ppi、1024×768像素92ppi等选项是预设的裁剪尺寸。如果要自定义长宽比和裁剪尺寸，可在该选项右侧的文本框中输入数值。

--- 延伸讲解 ✒

如果要更换两个文本框中的数值，可以单击 ⇄ 按钮。如果要清除文本框中的数值，可以单击"清除"按钮。

前面的图像：可基于一个图像的尺寸和分辨率裁剪另一个图像。操作方法是，打开两个图像，使参考图像处于当前编辑状态，选择"裁剪工具"，在选项栏中选择"前面的图像"选项，然后使需要裁剪的图像处于当前编辑状即可（可以按快捷键Ctrl+Tab切换文档）。

新建裁剪预设/删除裁剪预设：拖出裁剪框后，选择"新建裁剪预设"选项，可以将当前创建的长宽比保存为一个预设文件。如果要删除自定义的预设文件，可将其选择，再选择"删除裁剪预设"选项。

单击工具选项栏中的 ⊞ 按钮，可以打开一个级联菜单，如图7-3所示。Photoshop提供了一系列参考线选项，可以帮助用户进行合理构图，使画面更加艺术、美观。

图7-3

级联菜单中各选项说明如下。

自动显示叠加：自动显示裁剪参考线。

总是显示叠加：始终显示裁剪参考线。

从不显示叠加：从不显示裁剪参考线。

循环切换叠加：选择该项或按Q键，可以循环切换各种裁剪参考线。

循环切换取向：显示三角形和金色螺线时，选

择该项或按快捷键Shift+O，可以旋转参考线。

单击工具选项栏中的 ⚙ 按钮，可以打开一个下拉面板，如图7-4所示。

图7-4

下拉面板中各选项说明如下。

使用经典模式：勾选该复选框后，可以使用Photoshop早期版本中的工具来操作。

显示裁剪区域：勾选该复选框后，可以显示裁剪的区域；取消勾选，则仅显示裁剪后的图像。

自动居中预览：勾选该复选框后，裁剪框内的图像会自动位于画面中心。

启用裁剪屏蔽：勾选该复选框后，裁剪框外的区域会被颜色屏蔽。默认的屏蔽颜色为画布外暂存区的颜色，如果要修改颜色，可以在"颜色"下拉列表中选择"自定"选项，然后在弹出的"拾色器"对话框中进行调整。

7.1.2 实战——裁剪工具

下面将以实例的形式，详细讲解"裁剪工具" 🔲 的使用方法。

01 启动Photoshop CC 2019软件，按快捷键Ctrl+O，打开相关素材中的"小恐龙.jpg"文件，效果如图7-5所示。

02 在工具箱中选择"裁剪工具" 🔲 后，在画面中单击并拖动鼠标，创建一个矩形裁剪框，如图7-6所示。此外，在画面上单击，也可以显示裁剪框。

图7-5

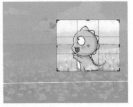

图7-6

03 将光标放在裁剪框的边界上，单击并拖动鼠标可以调整裁剪框的大小，如图7-7所示。拖曳裁剪框上的控制点，可以缩放裁剪框，按住Shift键拖曳，可进行等比缩放。

04 将光标放在裁剪框外，单击并拖动鼠标，可以旋转图像，如图7-8所示。

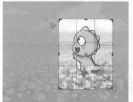

图7-7

图7-8

05 将光标放在裁剪框内，单击并拖动鼠标，可以移动图像，如图7-9所示。

06 按Enter键确认，即可裁剪图像，如图7-10所示。

图7-9

图7-10

第7章 修饰图像工具的应用

7.2 修饰工具

修饰工具包括"模糊工具" ○、"锐化工具" △ 和"涂抹工具" ∅，使用这些工具，可以对图像的对比度、清晰度进行控制，以创建真实、完美的图像。

7.2.1 实战——模糊工具

"模糊工具" ○主要用来对照片进行修饰，通过柔化图像减少图像的细节达到突出主体的效果。

01 启动Photoshop CC 2019软件，按快捷键Ctrl+O，打开相关素材中的"静物.jpg"文件，效果如图7-11所示。

图7-11

02 在工具箱中选择"模糊工具" ○后，在工具选项栏设置合适的笔触大小，并设置"模式"为"正常"，设置"强度"为100%，如图7-12所示。

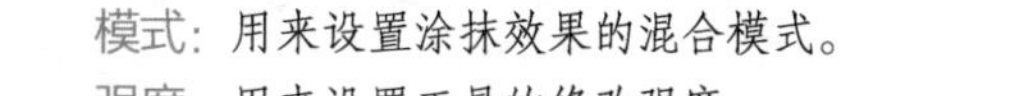

图7-12

"模糊工具"选项栏中各选项说明如下。

画笔：可以选择一个笔尖，模糊或锐化区域的大小取决于画笔的大小。单击 ⌄ 按钮，可以打开"画笔"面板。

模式：用来设置涂抹效果的混合模式。

强度：用来设置工具的修改强度。

对所有图层取样：如果文档中包含多个图层，勾选该复选框，表示对所有可见图层中的数据进行处理；取消勾选，则只处理当前图层中的数据。

03 将光标移至画面左侧，单击并长按进行反复涂抹，可以看到涂抹处产生模糊效果，如图7-13所示。

图7-13

　　在工具选项栏设置参数时需要注意的是，强度值越大，图像模糊效果越明显。

7.2.2 实战——锐化工具

　　"锐化工具" △通过增大图像相邻像素之间的反差锐化图像，从而使图像看起来更为清晰。

01 启动Photoshop CC 2019软件，按快捷键Ctrl+O，打开相关素材中的"花.jpg"文件，效果如图7-14所示，可以看到主体的花卉是比较模糊的。

图7-14

02 在工具箱中选择"锐化工具" △后，在工具选项栏设置合适的笔触大小，并设置"模式"为"正常"，设置"强度"为50%，然后对花朵模糊部位进行反复涂抹，将其逐步锐化，效果如图7-15所示。

图7-15

　　"锐化工具" △的选项栏与"模糊工具" △的选项栏基本相同。在处理图像时，如果想要更夸张的锐化效果，可取消勾选"保护细节"复选框。

7.2.3 实战——涂抹工具

　　使用"涂抹工具" ✋绘制出来的效果，类似于在未干的油画上涂抹，会出现色彩混合扩展的现象。

01 启动Photoshop CC 2019软件，按快捷键Ctrl+O，打开相关素材中的"背景.jpg"文件，效果如图7-16所示。

02 继续选择相关素材中的"小熊.png"文件，将其拖入文档，摆放到合适的位置，按Enter键确认，如图7-17所示。

图7-16

图7-17

03 在"图层"面板中，选择"小熊"图层，右击，在弹出的快捷菜单中执行"栅格化图层"命令，将该图层栅格化，如图7-18所示。

图7-18

04 在工具箱中选择"涂抹工具" 后，在工具选项栏中选择一个柔边笔刷，并设置"笔触大小"为6像素，设置"强度"为50%，取消勾选"对所有图层进行取样"复选框，然后在小熊的边缘处进行涂抹，如图7-19所示。

05 耐心地涂抹完全部连续边缘，使小熊产生毛茸茸的效果，如图7-20所示。

图7-19

图7-20

---- 延伸讲解 ----

"涂抹工具" 适用于扭曲小范围的区域，主要针对细节进行调整，处理的速度较慢。若需要处理大面积的图像，结合使用的滤镜效果更明显。

7.3 颜色调整工具

颜色调整工具包括"减淡工具" 、"加深工具" 和"海绵工具" ，可以对图像的局部色调和颜色进行调整。

7.3.1 减淡工具与加深工具

在传统摄影技术中，调节图像特定区域曝光度时，摄影师通过遮挡光线以使照片中的某个区域变亮（减淡），或增加曝光度使照片中的某个区域变暗（加深）。Photoshop中的"减淡工具" 和"加深工具" 正是基于这种技术处理照片的曝光。这两个工具的选项栏基本相同，如图7-21所示。

图7-21

工具选项栏中各选项说明如下。

范围：可以选择要修改的色调。选择"阴影"选项，可以处理图像中的暗色调；选择"中间调"选项，可以处理图像的中间调（灰色的中间范围色调）；选择"高光"选项，可以处理图像的亮部色调。

曝光度：可以为"减淡工具" 或"加深工具" 指定曝光。该值越高，效果越明显。

喷枪 ：单击该按钮，可以为画笔开启喷枪功能。

保护色调：勾选该复选框后，可以减少对图像色调的影响，还能防止色偏。

7.3.2 实战——减淡工具

"减淡工具" 主要用来增加图像的曝光度，通过减淡涂抹，可以提亮照片中部分区域，增加质感。

01 启动Photoshop CC 2019软件，按快捷键Ctrl+O，打开相关素材中的"眼睛.jpg"文件，效果如图7-22所示。

图7-22

02 按快捷键Ctrl+J复制得到新的图层，并重命名为"阴影"图层。选择"减淡工具" 🖌，在工具选项栏中设置合适的笔触大小，将"范围"设置为"阴影"，并将"曝光度"设置为30%，在画面中反复涂抹。涂抹后，阴影处的曝光增加了，如图7-23所示。

图7-23

03 将"背景"图层再次复制，并将复制得到的图层重命名为"中间调"图层，置于顶层。在"减淡工具"选项栏中设置合适的笔触大小，设置"范围"为"中间调"，然后在画面中反复涂抹。涂抹后，中间调减淡，效果如图7-24所示。

图7-24

04 将"背景"图层再次复制，并将复制得到的图层重命名为"高光"图层，置于顶层。在"减淡工具"选项栏中设置合适的笔触大小，设置"范围"为"高光"，然后在画面中反复涂抹。涂抹后，高光减淡，图像变亮，效果如图7-25所示。

图7-25

7.3.3 实战——加深工具

"加深工具" 🖐主要用来降低图像的曝光度，使图像中的局部亮度变得更暗。

01 启动Photoshop CC 2019软件，按快捷键Ctrl+O，打开相关素材中的"门.jpg"文件，效果如图7-26所示。

02 按快捷键Ctrl+J复制得到新的图层，并重命名为"阴影"图层。选择"加深工具" 🖐，在选项栏中设置合适的笔触大小，将"范围"设置为"阴影"，并将"曝光度"设置为50%，在画面中反复涂抹。涂抹后，阴影加深，如图7-27所示。

图7-26　　　　　　　　图7-27

03 将"背景"图层再次复制，并将复制得到的新图层重命名为"中间调"图层，置于顶层。在工具选项栏中设置合适的笔触大小，设置"范围"为"中间调"，然后在画面中反复涂抹。涂抹后，中间调曝光度降低，如图7-28所示。

04 将"背景"图层再次复制，并将复制得到的图层重命名为"高光"图层，置于顶层。在工具选项栏中设置合适的笔触大小，设置"范围"

为高光，然后在画面中反复涂抹。涂抹后，高光曝光度降低，效果如图7-29所示。

图7-28

图7-29

7.3.4 实战——海绵工具

"海绵工具" 👈主要用来改变局部图像的色彩饱和度，但无法为灰度模式的图像上色。

01 启动Photoshop CC 2019软件，按快捷键Ctrl+O，打开相关素材中的"山.jpg"文件，效果如图7-30所示。

图7-30

02 按快捷键Ctrl+J复制得到新的图层，并重命名为"去色"图层。选择"海绵工具" 👈，在选项栏中设置合适的笔触大小，将"模式"设置为"去色"，并将"流量"设置为50%，如图7-31所示。

所示。

图7-31

"海绵工具"选项栏中各选项说明如下。

模式：选择"去色"模式，涂抹图像后将降低图像饱和度；选择"加色"模式，涂抹图像后将增加图像饱和度。

流量：数值越高，修改的强度越大。

喷枪 ：激活该按钮后，启用画笔喷枪功能。

自然饱和度：勾选该复选框后，可避免因饱和度过高而出现溢色。

03 完成上述设置后，按住鼠标左键在画面中反复涂抹，即可降低图像饱和度，如图7-32所示。

图7-32

04 将"背景"图层进行复制，并将复制得到的图层重命名为"加色"图层，置于顶层。在工具选项栏中设置合适的笔触大小，将"模式"设置为"加色"，然后在画面中反复涂抹，即可增加图像饱和度，如图7-33所示。

图7-33

7.4 修复工具

Photoshop CC 2019提供了大量专业的图像修复工具，包括"仿制图章工具" 👤、"污点修复画笔工具" 、"修复画笔工具" 、"修补工具" 和"红眼工具" 👁等，使用这些工具可以快速修复图像中的污点和瑕疵。

7.4.1 仿制源面板

"仿制源"面板主要用于放置"图章工具"或"修复画笔工具"，使这些工具的使用更加便捷。在对图像进行修饰时，如果需要确定多个仿制源，使用该面板进行设置，即可在多个仿制源中进行切换，并可对克隆源区域的大小、缩放比例、方向进行动态调整，从而提高"仿制工具"的工作效率。

执行"窗口"｜"仿制源"命令，即可在视图中显示"仿制源"面板，如图7-34所示。

图7-34

"仿制源"面板中各选项说明如下。

仿制源：单击按钮，然后设置取样点，最多可以设置5个不同的取样源。通过设置不同的取样点，可以更改仿制源按钮的取样源。仿制源面板将存储本源，直到关闭文件。

位移：输入W（宽度）或H（高度），可缩放所仿制的源，默认情况下将约束比例。如果要单独调整尺寸或恢复约束选项，可单击"保持长宽比"按钮。指定X和Y像素位移时，可在相对于取样点的精确位置进行绘制；输入旋转角度时，可旋转仿制的源。

显示叠加：要显示仿制源的叠加，可选择显示重叠并指定叠加选项。

不透明度：在使用"仿制图章工具"和"修复画笔"进行绘制时，调整样本源叠加选项能够更好地查看叠加效果，在"不透明度"选项中可以设置叠加的不透明度。

自动隐藏：勾选"自动隐藏"复选框，可在应用绘画描边时隐藏叠加。

设置叠加的混合模式：如果要设置叠加的外观，可以在该下拉列表中选择"正常""变暗""变亮"或"差值"混合模式。

反相：勾选"反相"复选框，可反相叠加中的颜色。

7.4.2 实战——仿制图章工具

"仿制图章工具"从源图像复制取样，通过涂抹的方式将仿制的源复制出新的区域，以达到修补、仿制的目的。

01 启动Photoshop CC 2019软件，按快捷键Ctrl+O，打开相关素材中的"风景.jpg"文件，效果如图7-35所示。

图7-35

02 按快捷键Ctrl+J复制得到新的图层，选择工具箱中的"仿制图章工具"后，在工具选项栏中设置一个柔边圆笔触，如图7-36所示。

图7-36

03 将光标移动至取样处，按住Alt键并单击鼠标左键即可进行取样，如图7-37所示。

04 释放Alt键，此时涂抹笔触内将出现取样图案，如图7-38所示。

图7-37

图7-38

取样后涂抹时，会出现"十"字光标和一个圆圈。操作时，"十"字光标和圆圈的距离保持不变。圆圈内的区域表示正在涂抹的区域，"十"字光标表示正从"十"字光标所在处进行取样。

05 单击并进行拖动，在需要仿制的地方涂抹，即可去除图像，如图7-39所示。

图7-39

06 仔细观察图像以寻找合适的取样点，用同样的方法将整个人物覆盖，注意随时调节画笔大小以适合取样范围，最终效果如图7-40所示。

图7-40

7.4.3 实战——图案图章工具

"图案图章工具"✄的功能和图案填充效果类似，都可以使用Photoshop软件自带的图案或自定义图案对选区或者图层进行图案填充。

01 启动Photoshop CC 2019软件，执行"文件"|"新建"命令，新建一个"高度"为3000

像素，"宽度"为2000像素，"分辨率"为300像素/英寸的RGB图像。

02 按快捷键Ctrl+O，打开相关素材中的"花纹1.jpg"文件，效果如图7-41所示。

03 执行"编辑"|"定义图案"命令，弹出"图案名称"对话框，如图7-42所示，单击"确定"按钮，便自定义好了一个图案。用同样的方法，分别给素材"花纹2""花纹3""花纹4"和"花纹5"定义图案。

图7-41　　　　　　　　图7-42

04 选择工具箱中的"图案图章工具"✄后，在工具选项栏中设置一个柔边圆笔触，然后在█的下拉列表中找到定义的"花纹1"▨，并勾选"对齐"复选框。调整笔尖至合适大小后，在画面中涂满图案，如图7-43所示。

05 选择相关素材中的"卡通.png"文件，拖入到文档中，按Enter键确认，然后右击该图层，在弹出的快捷菜单中执行"栅格化图层"命令，将置入的素材栅格化，如图7-44所示。

图7-43　　　　　　　　图7-44

06 选择工具箱中的"魔棒工具"✎，单击画面中的滑板部分，创建选区，如图7-45所示。

图7-45

--- 延伸讲解

> 在"图案图章工具"选项栏中，除"对齐"与"印象派效果"复选框外，其他选项与"画笔工具"选项栏基本相同。

对齐：勾选该复选框后，涂抹区域图像保持连续，多次单击也能实现图案间的无缝涂抹填充；若取消勾选，则每次单击时都会重新应用定义的图案，两次单击之间涂抹的图案保持独立。

印象派效果：勾选该复选框后，可模拟印象派效果的图案。

07 选择工具箱中的"图案图章工具" 后，在工具选项栏中设置一个柔边圆笔触，然后在 的下拉列表中找到定义的"花纹2" 。调整笔尖至合适大小后，在选区内涂满图案，如图7-46所示。

08 用同样的方法，为麋鹿的身体、耳朵、围巾等部位创建选区并选择合适的自定义图案进行涂抹，最终效果如图7-47所示。

图7-46

图7-47

7.4.4 实战——污点修复画笔工具

"污点修复画笔工具" 用于快速除去图片中的污点与其他不理想部分，并自动对修复区域与周围图像进行匹配与融合。

01 启动Photoshop CC 2019软件，按快捷键Ctrl+O，打开相关素材中的"斑点狗.jpg"文件，效果如图7-48所示。

图7-48

02 按快捷键Ctrl+J复制得到新的图层，选择工具箱中的"污点修复画笔工具" 后，在工具选项栏中设置一个柔边圆笔触，如图7-49所示。

图7-49

"污点修复画笔工具"选项栏中部分选项说明如下。

内容识别：根据取样处周围综合性的细节信息，创建一个填充区域来修复瑕疵。

创建纹理：根据取样处内部的像素以及颜色，生成一种纹理效果来修复瑕疵。

近似匹配：根据取样处边缘的像素以及颜色来修复瑕疵。

03 将光标移动至斑点位置，按住鼠标左键进行涂抹，如图7-50所示。

04 释放鼠标左键，即可看到斑点被清除，如图7-51所示。

图7-50

图7-51

05 用上述同样的方法，清除图像中的其他斑点，最终效果如图7-52所示。

图7-52

7.4.5 实战——修复画笔工具

"修复画笔工具" 📎 和 "仿制图章工具" 🔧 类似，都是通过取样将取样区域复制到目标区域。不同的是，前者不是完全的复制，而是经过自动计算使修复处的光影和周边图像保持一致，源的亮度等信息可能会被改变。

01 启动Photoshop CC 2019软件，按快捷键Ctrl+O，打开相关素材中的"西瓜.jpg"文件，效果如图7-53所示。

02 按快捷键Ctrl+J复制得到新的图层，选择工具箱中的"修复画笔工具"📎后，在工具选项栏中设置一个笔触，并将"源"设置为取样，如图

7-54所示。

图7-53

图7-54

--- **延伸讲解** ✎ -------

"正常"模式下，取样点内像素与替换涂抹处的像素混合识别后进行修复；而"替换"模式下，取样点内像素将直接替换涂抹处的像素。此外，"源"选项可选择"取样"或"图案"。"取样"指直接从图像上进行取样，"图案"指选择 ▦ 下拉列表中的图案来进行取样。

03 设置完成后，将光标放在没有西瓜籽的区域，按住Alt键并单击鼠标左键进行取样，如图7-55所示。

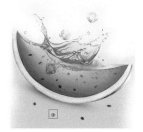

图7-55

04 释放Alt键，在西瓜籽处涂抹，即可将西瓜籽去除，如图7-56所示。

05 用上述同样的方法，继续使用"修复画笔工具"📎完成其余部分的修复，如图7-57所示。

图 7-56　　　　图 7-57

7.4.6 实战——修补工具

"修补工具" ◉ 通过仿制源图像中的某一区域，去修补另一个地方并自动融入周围环境中，这与"修复画笔工具" ✎ 的原理类似。不同的是，"修补工具" ◉ 主要是通过创建选区对图像进行修补。

01 启动Photoshop CC 2019软件，按快捷键Ctrl+O，打开相关素材中的"纹身.jpg"文件，效果如图7-58所示。

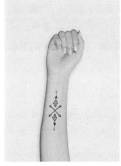

图 7-58

02 按快捷键Ctrl+J复制得到新的图层，选择工具箱中的"修补工具" ◉ 后，在工具选项栏中选择"源"选项，如图7-59所示。

图 7-59

03 单击并拖动鼠标，在纹身图案处创建选区，如图7-60所示。

04 将光标放在选区内，拖动选区到光洁的皮肤处，如图7-61所示。按快捷键Ctrl+D取消选择，即可去除纹身，如图7-62所示。

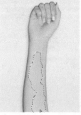
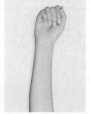

图 7-60　　　　图 7-61　　　　图 7-62

--- 延伸讲解 ✎

"修补工具"选项栏中的"修补"模式包括"正常"模式和"内容识别"模式。在"正常"模式下，选择"源"时，是用后选择的区域覆盖先选择的区域；选择"目标"时与"源"相反，是用先选择的区域覆盖后来的区域。勾选"透明"复选框后，修复后的图像将与原选区的图像进行叠加。在"内容识别"模式下，会自动对修补选区周围像素和颜色进行识别融合，并能选择适应强度，从非常严格到非常松散来对选区进行修补。

7.4.7 实战——内容感知移动工具

"内容感知移动工具" ✕ 用来移动和扩展对象，并将对象自然地融入原来的环境中。

01 启动Photoshop CC 2019软件，按快捷键Ctrl+O，打开相关素材中的"小孩.jpg"文件，效果如图7-63所示。

图 7-63

02 按快捷键Ctrl+J复制得到新的图层，选择工具箱中的"内容感知移动工具" ✕ 后，在工具选项栏中设置"模式"为移动，如图7-64所示。

图 7-64

03 在画面上单击并拖动鼠标，将小孩和影子载入选区，如图7-65所示。

图7-65

04 将光标放在选区内，单击并往右拖动，按Enter键，即可将选区移动到新的位置，并自动对原位置的图像进行融合补充，如图7-66所示。

图7-66

05 在工具选项栏中，将"模式"设置为"扩展"，然后将光标放在选区内，单击并往左拖动，即可复制并移动到新位置，并自动对原位置的图像进行融合补充，如图7-67所示，再次按快捷键Ctrl+D取消选择。

图7-67

06 使用"仿制图章工具"对复制后的图像进行处理，效果将更加完美，如图7-68所示。

图7-68

延伸讲解

"移动"模式下，剪切并粘贴选区后融合图像；"扩展"模式下，复制并粘贴选区后融合图像。

相关链接

"仿制图章工具"的具体使用方法请参照本章7.4.2小节。

7.4.8 实战——红眼工具

用"红眼工具"能很方便地去除红眼，弥补相机使用闪光灯或者其他原因导致的红眼问题。

01 启动Photoshop CC 2019软件，按快捷键Ctrl+O，打开相关素材中的"模特.jpg"文件，效果如图7-69所示。

图7-69

02 选择工具箱中的"红眼工具"后，在工具选项栏中设置"瞳孔大小"为50%，设置"变暗量"为50%，如图7-70所示。

+👁 ⌄	瞳孔大小: 50% ⌄	变暗量: 50% ⌄

图7-70

延伸讲解

"瞳孔大小"和"变暗量"可根据图像实际情况来设置。"瞳孔大小"用来设置瞳孔的大小，百分比越大，瞳孔越大；"变暗量"用来设置瞳孔的暗度，百分比越大，变暗效果越明显。

---

03 设置完成后，在眼球处单击，即可去除红眼，如图7-71所示。

图 7-71

在红眼处拖出一个虚线框，同样可以去除框内红眼，如图7-72所示。

图 7-72

04 除了上述方法，选择"红眼工具" ⊙ 后，

7.5 综合实战——精致人像修饰

本例将结合本章所学内容，对人像进行美化处理，并为人像添加妆容，让人物精神更加饱满。

01 启动Photoshop CC 2019软件，按快捷键 Ctrl+O，打开相关素材中的"人像.jpg"文件，效果如图7-73所示。

图 7-73

02 按快捷键Ctrl+J复制得到新的图层，选择工具箱中的"污点修复画笔工具" ✎ ，在人物脸上较明显的瑕疵区域单击，去除瑕疵，如图7-74所示。

图 7-74

03 选择工具箱中的"模糊工具" ⬤ ，在工具选项栏中设置"强度"为70%，单击并在人物皮肤上涂抹，令皮肤柔化光滑，如图7-75所示。

图 7-75

04 选择工具上中的"锐化工具" △ ，在工具选项栏中设置"强度"为30%，单击并在人物五官上涂抹，令画面更加清晰，如图7-76所示。

图7-76

05 按快捷键Ctrl+J复制得到新的图层，选择工具箱中的"减淡工具" ，在工具选项栏中的"范围"下拉列表中选择"中间值"，设置"曝光度"为30%，保护色调，单击并在人物高光区域涂抹，提亮肤色，如图7-77所示。

图7-77

06 选择工具箱中的"加深工具" ，在工具选项栏中的"范围"下拉列表中选择"中间值"，设置"曝光度"为30%，保护色调，单击并在人物阴影区域涂抹，加深轮廓，如图7-78所示。

图7-78

07 单击工具栏中的前景色块，打开"拾色器（前景色）"对话框，对人物嘴唇的颜色进行取样，选择工具箱中的"混合器画笔工具" ，然后在工具选项栏中设置参数，具体如图7-79所示。

图7-79

08 单击"图层"面板中的"创建新图层"按钮 ，新建空白图层，长按鼠标左键在人物脸部与眼尾涂抹，为人物添加腮红与眼影，如图7-80所示。

图7-80

09 单击工具选项栏中的"当前画笔载入"选项，打开"拾色器（混合器画笔颜色）"对话框，设置颜色为黄色，单击"确定"按钮，单击并在眼角区域涂抹，添加眼影，双击图层重命名为"腮红"图层，如图7-81所示。

图7-81

10 选择工具箱中的"画笔工具" ，在画布中右击，打开画笔下拉面板，选择一个柔边画笔，如图7-82所示。

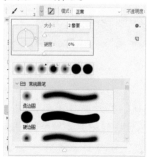

图7-82

11 单击"图层"面板中的"创建新图层"按钮，新建图层，选择工具箱中的"钢笔工具"，在图像中创建锚点，绘制眼线形状路径，如图7-83所示。

图7-83

12 右击，在弹出的快捷菜单中执行"描边路径"命令，打开"描边路径"对话框，勾选"模拟压力"复选框，用画笔描边路径，如图7-84所示。

图7-84

13 单击"确定"按钮，以相同方式绘制另一条眼线，双击图层重命名为"眼线"图层，效果如图7-85所示。

图7-85

14 选择"画笔工具"，打开画笔下拉面板，单击面板右侧的按钮，打开面板菜单，执行"导入画笔"命令，然后找到相关素材中的"睫毛.abr"文件，将其载入画笔库，选择一款睫毛，如图7-86所示。

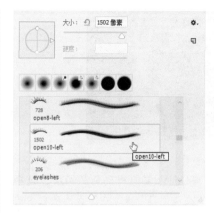

图7-86

15 单击"图层"面板中的"创建新图层"按钮，新建图层，将画笔调整到合适大小，将睫毛状光标对齐眼线，单击鼠标左键，绘制睫毛，如图7-87所示。

图7-87

16 按快捷键Ctrl+T进行自由变换。在画布中右击，在弹出的快捷菜单中执行相关命令，调整网格中的控制点，令睫毛贴合眼睛，如图7-88所示，双击图层重命名为"睫毛1"图层。

图7-88

17 新建图层，以相同方式分别绘制上睫毛与下睫毛，如图7-89所示，并重命名为"睫毛2""睫毛3"和"睫毛4"。

18 按快捷键Shift+Ctrl+Alt+E盖印可见图层，选择工具箱中的"颜色替换工具"，设置前

景色为黄色，在工具选项栏中设置"容差"为
25%，涂抹耳环与项链，为饰品替换颜色，如图
7-90所示。

图7-89

图7-90

19 选择工具箱中的"海绵工具" ，在工具选
项栏中的"模式"下拉列表中选择"加色"，并
设置"流量"为40%，涂抹耳环与项链，令颜色
更加饱满，如图7-91所示。

图7-91

20 按快捷键Ctrl+J复制得到新的图层，选择工
具箱中的"画笔工具" ，打开画笔下拉面板并
选择柔边画笔。在工具选项栏中的"模式"下拉
列表中选择"叠加"模式，分别设置前景色为红
色、黄色、绿色，再对头发进行涂抹，如图7-92
所示。

21 选择工具箱中的"橡皮擦工具" ，长按
鼠标左键，涂抹到头发以外的颜色，将其擦除，
如图7-93所示。

图7-92

图7-93

22 单击"图层"面板中的 按钮，创建"色
阶"调整图层，色阶属性设置如图7-94所示。

23 单击"图层"面板中的 按钮，创建"曲
线"调整图层，曲线属性设置如图7-95所示。

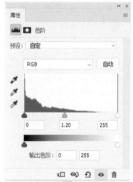

图7-94

图7-95

24 新建空白图层，选择"画笔工具" ，在工
具选项栏中的"模式"下拉列表中选择"正常"
模式。按F5键打开"画笔"面板，分别设置画笔
笔尖形状、形状动态、散布、颜色动态以及传递
参数，再分别设置前景色与背景色为深浅不同的
橙色，如图7-96所示。

图 7-96

图 7-97

25 长按鼠标左键并在图像中多次绘制光圈效果，如图7-97所示。

26 选择工具箱中的"涂抹工具" ，长按鼠标左键，在部分光圈上进行涂抹，将其变形柔化，令画面更有层次感，完成效果如图7-98所示。

图 7-98

第 8 章 蒙版的应用

本章简介

利用图层蒙版可轻松控制图层区域的显示或隐藏，是进行图像合成最常用的方法。使用图层蒙版混合图像时，可以在不破坏图像的情况下反复试验、修改混合方案，直至得到所需要的效果。

本章重点

了解蒙版的种类及用途
认识蒙版属性面板
创建不同种类的蒙版

8.1 认识蒙版

在Photoshop中，蒙版就是遮罩，控制着图层或图层组中的不同区域如何隐藏和显示。通过更改蒙版，可以对图层应用各种特殊效果，而不会影响该图层上的实际像素。

8.1.1 蒙版的种类和用途

Photoshop CC 2019提供了3种蒙版，分别为图层蒙版、矢量蒙版和剪贴蒙版。

图层蒙版通过灰度图像控制图层的显示与隐藏，可以用绘画工具或选择工具创建和修改；矢量蒙版也用于控制图层的显示与隐藏，但它与分辨率无关，可以用钢笔工具或自定形状工具创建；剪贴蒙版是一种比较特殊的蒙版，它依靠底层图层的形状来定义图像的显示区域。虽然蒙版的分类不同，但是蒙版的工作方式大体相似。

8.1.2 属性面板

"属性"面板用于调整所选图层中的图层蒙版和矢量蒙版的不透明度和羽化范围，如图8-1所示。此外，使用"光照效果"滤镜、创建调整图层时，也会用到"属性"面板。

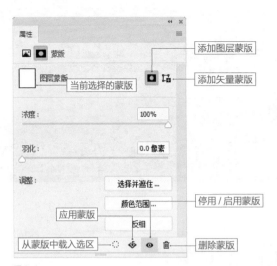

图 8-1

图 8-2

图 8-3

"属性"面板中各选项说明如下。

当前选择的蒙版：显示了在"图层"面板中选择的蒙版类型。

添加图层蒙版/添加矢量蒙版：单击 ▣ 按钮，可以为当前图层添加图层蒙版；单击 ▣ 按钮，则添加矢量蒙版。

浓度：拖曳滑块，可以控制蒙版的不透明度，即蒙版的遮罩强度。

羽化：拖曳滑块，可以柔化蒙版的边缘。

选择并遮住：单击该按钮，可以打开"属性"面板，对蒙版边缘进行修改，并针对不同的背景查看蒙版，如图8-2所示。

颜色范围：单击该按钮，可以打开"色彩范围"对话框，此时可在图像中取样并调整颜色容差来修改蒙版范围，如图8-3所示。

反相：可以反转蒙版的遮罩区域。

从蒙版中载入选区 ⊙：单击该按钮，可以载入蒙版中包含的选区。

应用蒙版 ⬥：单击该按钮，可以将蒙版应用到图像中，同时删除被蒙版遮罩的图像。

停用/启用蒙版 ◉：单击该按钮，或按住Shift键单击蒙版的缩览图，可以停用（或重新启用）蒙版。停用蒙版时，蒙版缩览图上会出现一个红色的"×"，如图8-4所示。

图 8-4

删除蒙版 🗑：单击该按钮，可删除当前蒙版。将蒙版缩览图拖曳到"图层"面板底部的 🗑 按钮上，也可以将其删除。

8.2 图层蒙版

图层蒙版主要用于合成图像，是一个256级色阶的灰度图像。它蒙在图层上面，起到遮罩图层的作用，然而其本身并不可见。此外，创建调整图层、填充图层或者应用智能滤镜时，Photoshop也会自动为图层添加图层蒙版，因此，图层蒙版还可以控制颜色调整和滤镜范围。

8.2.1 图层蒙版的原理

在图层蒙版中，纯白色对应的图像是可见的，纯黑色会遮盖图像，灰色区域会使图像呈现出一定程度的透明效果（灰色越深，图像越透明），如图8-5所示。基于以上原理，当我们想要隐藏图像的某些区域时，为其添加一个蒙版，再将相应的区域涂黑即可；想让图像呈现出半透明效果，可以将蒙版涂灰。

图8-5

　　图层蒙版是位图图像，几乎所有的绘画工具都可以用来编辑它。例如，用柔角画笔在蒙版边缘涂抹时，可以使图像边缘产生逐渐淡出的过渡效果，如图8-6所示；为蒙版添加渐变时，可以将当前图像逐渐融入到另一个图像中，图像之间的融合效果自然且平滑，如图8-7所示。

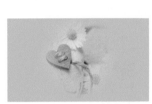
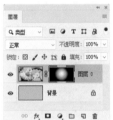

图8-6

图8-7

8.2.2 实战——创建图层蒙版

　　图层蒙版是与分辨率相关的位图图像，可对图像进行非破坏性编辑，是图像合成中应用最为广泛的蒙版。下面将详细讲解如何创建和编辑图层蒙版。

01 启动Photoshop CC 2019软件，按快捷键Ctrl+O，先后打开相关素材中的"大海.jpg"和"帆船.jpg"文件，效果如图8-8和图8-9所示。

图8-8　　　　　　　　　图8-9

02 在"图层"面板中，单击"添加图层蒙版"按钮 ◉ 或执行"图层"｜"图层蒙版"｜"显示全部"命令，为图层添加蒙版。此时蒙版颜色默认为白色，如图8-10所示。

图8-10

--- 延伸讲解 🖋

　　按住 Alt 键的同时单击"添加图层蒙版"按钮 ◉ 或执行"图层"｜"图层蒙版"｜"隐藏全部"命令，添加的蒙版将为黑色

03 将前景色设置为黑色，选择蒙版，按快捷键Alt+Delete将蒙版填充为黑色。此时"大海"图层的图像被完全覆盖，图像窗口显示背景图像，如图8-11所示。

图8-11

--- 延伸讲解 🖋

　　图层蒙版只能用黑色、白色及其中间的过渡色灰色来填充。在蒙版中，填充黑色即蒙住当前图像，显示当前图层以下的可见图层；填充白色则是显示当前层；填充灰色则当前图层呈半透明，且灰度越高，图层越透明。

04 选择工具箱中的"渐变工具"▢，在工具选项栏中编辑渐变为黑白渐变，将渐变模式调整为"线性渐变"▢，将"不透明度"调整为100%，如图8-12所示。

图8-12

05 选择蒙版，沿垂直方向由下往上创建黑白渐变，海中的帆船便出现了，如图8-13所示。

图8-13

--- 延伸讲解 ✐

　　如果有多个图层需要添加统一的蒙版效果，可以将这些图层置于一个图层组中，然后选择该图层组，单击"图层"面板中的"添加图层蒙版"按钮▢，即可为图层组添加蒙版，以简化操作，提升工作效率。

8.2.3　实战——从选区生成图层蒙版

　　如果在当前图层中存在选区，则可以将选区转换为蒙版。下面将详细讲解从选区生成图层蒙版的方法。

01 启动Photoshop CC 2019软件，按快捷键Ctrl+O，打开相关素材中的"背景.jpg"文件，效果如图8-14所示。

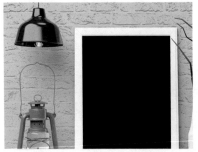

图8-14

02 在"图层"面板中双击"背景"图层，将其转换为普通图层，然后选择"魔棒工具"✐，在画框黑色部分单击，创建选区，如图8-15所示。

图8-15

03 单击"图层"面板中的"添加图层蒙版"按钮▢，可以从选区自动生成蒙版，选区内的图像可以显示，而选区外的图像则被蒙版隐藏，按快捷键Ctrl+I反相，如图8-16所示。

图8-16

04 将相关素材中的"森林.jpg"文件拖入文档，并放置在"图层0"图层的下方，调整到合适的大小及位置，效果如图8-17所示。

图8-17

--- 延伸讲解 ✐

　　执行"图层"|"图层蒙版"|"显示选区"命令，可得到选区外图像被隐藏的效果；若执行"图层"|"图层蒙版"|"隐藏选区"命令，则会得到相反的结果，选区内的图像会被隐藏，与按住Alt键再单击▢按钮的效果相同。

8.3 矢量蒙版

图层蒙版和剪贴蒙版都是基于像素区域的蒙版，而矢量蒙版则是用钢笔工具、自定形状工具等矢量工具创建的蒙版。矢量蒙版与分辨率无关，因此，无论图层是缩小还是放大，均能保持蒙版边缘处光滑且无锯齿。

8.3.1 实战——创建矢量蒙版

矢量蒙版将矢量图形引入蒙版之中，为用户提供了一种可以在矢量状态下编辑蒙版的特殊方式。下面详细讲解创建矢量蒙版的方法。

01 启动Photoshop CC 2019软件，按快捷键Ctrl+O，先后打开相关素材中的"背景.jpg"和"猫咪.jpg"文件，效果如图8-18和图8-19所示。

图8-18

图8-19

02 在工具箱中选择"圆角矩形工具" □后，在工具选项栏中设置"工作模式"为"路径"，然后在图像上创建一个圆角矩形，如图8-20所示。这里可以调出标尺，方便对齐圆角矩形。

图8-20

03 在工具箱中选择"路径选择工具" ▶，按住快捷键Alt+Shift的同时，沿水平和垂直方向拖动复制得到多个圆角矩形路径，可根据需求任意排列，效果如图8-21所示。

图8-21

04 执行"图层"|"矢量蒙版"|"当前路径"命令，或按住Ctrl键单击"图层"面板中的"添加图层蒙版"按钮，即可基于当前路径创建矢量蒙版，路径区域以外的图像会被蒙版遮盖，如图8-22所示。

图8-22

05 双击矢量蒙版图层，打开"图层样式"对话框。在左侧列表中选择"描边"效果，参照图8-23所示设置"描边"参数。

06 在左侧列表中选择"内阴影"效果，参照图8-24所示设置"内阴影"参数。

图8-23　　　　　　图8-24

07 设置完成后，单击"确定"按钮，保存样式。后期还可以使用"路径选择工具" ▶ 将圆角矩形方框调节得更加紧凑一些，效果如图8-25所示。

图8-25

--- 延伸讲解

矢量蒙版只能用锚点编辑工具和钢笔工具来编辑。如果要用绘画工具或滤镜修改蒙版，可选择蒙版，执行"图层"|"栅格化"|"矢量蒙版"命令，将矢量蒙版栅格化，使它转换为图层蒙版。

8.3.2 实战——为矢量蒙版添加图形

在建立矢量蒙版后，可以在矢量蒙版中添加多个不同类型的图形，下面将详细讲解如何在矢量蒙版中添加图形。

01 启动Photoshop CC 2019软件，按快捷键Ctrl+O，打开相关素材中的"添加图形.psd"文件，如图8-26所示。

图8-26

02 单击矢量蒙版缩览图，进入蒙版编辑状态，此时缩览图会出现一个外框，如图8-27所示。

图8-27

03 在工具箱中选择"自定形状工具" ，在工具选项栏中设置"工具模式"为"路径"，打开"自定形状"拾色器，在下拉面板中选择"爪印（猫）"图形 ，在对象上绘制该图形，将它添加到矢量蒙版中，如图8-28所示。

04 按快捷键Ctrl+T显示定界框，拖动控制点将图形旋转并适当缩小，如图8-29所示，按Enter键确认。

图8-28

图8-29

05 使用"路径选择工具"可拖动矢量图形，蒙版覆盖区域也随之改变；按住Alt键的同时单击并拖动鼠标复制图形，如图8-30所示；如果要删除图形，可在选择之后按Delete键。

图8-30

06 用同样的方法，在形状下拉面板中继续选择其他形状，并在对象上方进行绘制，丰富画面效果，如图8-31所示。

图8-31

8.4 剪贴蒙版

　　剪贴蒙版是Photoshop中的特殊图层，它利用下方图层的图像形状对上方图层图像进行剪切，从而控制上方图层的显示区域和范围，最终得到特殊的效果。它的最大优点是可以通过一个图层来控制多个图层的可见内容，而图层蒙版和矢量蒙版都只能控制一个图层。

8.4.1 实战——创建剪贴蒙版

　　下面详细讲解如何为图层快速创建剪贴蒙版。

01 启动Photoshop CC 2019软件，按快捷键Ctrl+O，打开相关素材中的"江南.jpg"文件，如图8-32所示。

02 将相关素材中的"白色.png"文件拖入文档中，摆放到合适的位置后，按Enter键确认，如图

8-33所示。

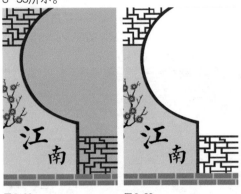

图8-32　　　　　　　图8-33

03 将相关素材中的"风景.jpg"文件拖入文档中，并将其调整到合适的位置及大小，按Enter键确认，如图8-34所示。

图8-34

04 选择"风景"图层，执行"图层"|"创建剪贴蒙版"命令（快捷键Ctrl+Alt+G）；或按住Alt键，将光标移到"风景"和"白色"两图层之间，待图标变成 ↓□状态时，单击鼠标左键，即可为"风景"图层创建剪贴蒙版。此时该图层缩览图前有剪贴蒙版标识↓，如图8-35所示。

图8-35

--- 延伸讲解

在剪贴蒙版中，带有下画线的图层称为"基底图层"，用来控制其上方图层的显示区域，如图8-35中的"白色"图层。位于该图层上方的图层称为"内容图层"，如图8-35中的"风景"图层。基底图层的透明区域可将内容图层中同一区域隐藏，移动基底图层即可改变内容图层的显示区域。

选择剪贴蒙版中的基底图层正上方的内容图层，执行"图层"|"释放剪贴蒙版"命令，或按快捷键Alt + Ctrl + G，即可释放全部剪贴蒙版。

8.4.2 实战——设置不透明度

剪贴蒙版组使用基底图层的不透明度属性，所以在调整基底图层的不透明度时，可以控制整个剪贴蒙版组的不透明度。

01 启动Photoshop CC 2019软件，按快捷键Ctrl+O，打开相关素材中的"广告.jpg"文件，效果如图8-36所示。

02 在工具箱中选择"横排文字工具"**T**，设置字体样式为"华文行楷"，设置字体大小为200点，颜色为黑色，然后在图像中分别输入文字"美"和"味"，并分别将文字图层栅格化，如图8-37所示。

图8-36　　　　　　　图8-37

03 将相关素材中的"食物.png"文件拖入文档中，放置在"美"图层上方，并按快捷键Ctrl+Alt+G创建剪贴蒙版，如图8-38所示。

图8-38

04 更改"美"图层的"不透明度"为50%，因"美"图层为基底图层，更改其"不透明度"，内容图层同样会变透明，如图8-39所示。

图8-39

05 将"美"图层（基底图层）的"不透明度"恢复到100%，接下来调整剪贴蒙版的"不透明度"为50%，只会更改剪贴蒙版的不透明度而不会影响基底图层，如图8-40所示。

图8-40

8.4.3 实战——设置混合模式

剪贴蒙版使用基底图层的混合模式，当基底图层为"正常"模式时，所有图层会按照各自的混合模式与下面的图层混合。下面讲解设置剪贴蒙版混合模式的具体操作方法。

01 启动Photoshop CC 2019软件，按快捷键Ctrl+O，打开相关素材中的"广告.psd"文件，效果如图8-41所示。

图8-41

02 在"图层"面板中选择"美"图层，设置该图层的混合模式为"颜色加深"。调整基底图层的混合模式时，整个剪贴蒙版中的图层都会使用该模式与下面的图层混合，如图8-42所示。

图8-42

03 将"美"图层的混合模式恢复为"正常"，然后设置剪贴蒙版图层的混合模式为"强光"，可以发现仅对其自身产生作用，不会影响其他图层，如图8-43所示。

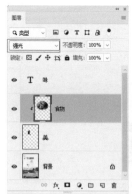

图 8-43

8.5 综合实战——梦幻海底

本例通过详细讲解如何制作创意合成图像，巩固本章所学的图层蒙版功能。

01 启动Photoshop CC 2019软件，执行"文件"|"新建"命令，新建一个"高度"为10.51厘米，"宽度"为14.11厘米，"分辨率"为180像素/英寸的空白文档。将相关素材中的"海底.jpg"和"草.jpg"文件拖入文档，并调整到合适的大小及位置，如图8-44所示。

图 8-44

02 选择"草"图层，设置混合模式为"正片叠底"。单击"添加图层蒙版"按钮 ▢ ，为"草"图层添加图层蒙版。选择"渐变工具" ▢ ，在"渐变编辑器"中选择黑色到白色的渐变 ▢ ，激活"线性渐变" ▢ 按钮，从上往下拖动填充渐变，如图8-45所示。

图 8-45

03 在"图层"面板中单击 ▢ 按钮，创建"色彩平衡"调整图层，调整"中间调"参数，使草素材与海底色调融为一体，如图8-46所示。

图 8-46

04 继续添加相关素材中的"天空.jpg"文件至文档，并单击"添加图层蒙版"按钮⬜，为其添加图层蒙版，如图8-47所示。

图 8-47

05 选择蒙版，用黑色画笔在蒙版上涂抹，使整体画面只留下海平面上方的云朵，注意调整蒙版的羽化值，使过渡更加自然，如图8-48所示。

图 8-48

06 选择"天空"图层，为其添加"可选颜色"调整图层，分别调整黑、白、中性色颜色，并按快捷键Ctrl+Alt+G创建剪贴蒙版，如图8-49所示。

图 8-49

07 将相关素材中的"船.png"文件拖入文档，调整到合适的大小及位置。为其创建图层蒙版，并用黑色的画笔涂抹海面上的船，使其产生插入水中的视觉效果，如图8-50所示。

图 8-50

08 在船的下方新建图层，用黑色的画笔涂抹，绘制出船的阴影，画笔涂抹的过程中可以适当降低其不透明度，如图8-51所示。

图 8-51

09 在"船"图层上方添加"可选颜色"调整图层，分别调整黑、白、中性色颜色，并按快捷键Ctrl+Alt+G创建剪贴蒙版，然后选择蒙版，使用黑色画笔在海平面以上的船头部分涂抹，使其与水底的船身颜色有所差别，如图8-52所示。继续绘制其他阴影，使船只融入环境。

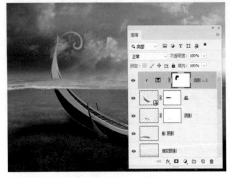

图8-52

10 添加相关素材中的"小女孩.jpg"文件至文档，按快捷键Ctrl+T显示定界框，水平翻转图像，利用"钢笔工具" 将人物抠取出来，并创建图层蒙版，然后用灰色画笔虚化裙边，如图8-53所示。

图8-53

11 在"小女孩"图层上方添加"可选颜色"调整图层，分别调整黑、白、中性色颜色，并按快捷键Ctrl+Alt+G创建剪贴蒙版，调整小女孩的肤色，如图8-54所示。

图8-54

12 创建"曲线"调整图层，调整RGB通道、红通道、蓝通道、绿通道参数，并创建剪贴蒙版，调整小女孩的色调，使其与海底颜色融为一体，如图8-55所示。

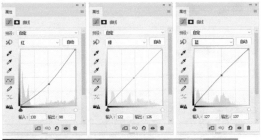

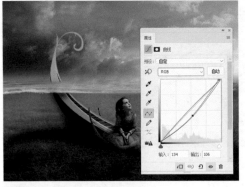

图8-55

13 新建图层，选择"画笔工具" ，用黑色画笔涂抹人物的阴影区域，用白色画笔涂抹人物高光区域，如图8-56所示。

图8-56

14 继续将相关素材中的"鱼.png"及"梯子.png"文件拖入文档，并调整色调，添加阴影，如图8-57所示。

图8-57

15 设置前景色为淡黄色（#e6d6a0），将画载入选区，选择"画笔工具" ✍，利用柔边缘笔刷在鱼上涂抹，并设置其混合模式为"叠加"，为鱼添加高光，如图8-58所示。

图8-58

16 添加"水波.png"文件至文档，调整到合适的位置及大小并设置其混合模式为"滤色"，并

在其上方创建"曲线"调整图层，调整RGB通道参数，调整对比度，如图8-59所示。

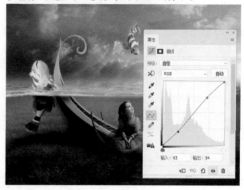

图8-59

17 在草地上创建选区，再创建"色彩平衡"调整图层，调整"中间调"参数，以调整草地颜色，如图8-60所示。

图8-60

18 按快捷键Ctrl+Alt+Shift+E盖印所有图层，利用"加深工具" ✍与"减淡工具" ✍制作出高光。添加气泡文件，设置混合模式为"滤色"，最终效果如图8-61所示。

图8-61

第9章 通道的应用

9.1 认识通道

　　通道是Photoshop中的高级功能，它与图像内容、色彩和选区有关。Photoshop提供了3种类型的通道，分别是颜色通道、Alpha通道和专色通道。下面将详细介绍这几种通道的特征和主要用途。

9.1.1 通道面板

　　"通道"面板是创建和编辑通道的主要场所。打开一个图像文件，执行"窗口"|"通道"命令，将弹出如图9-1所示的面板。

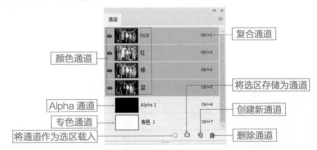

图9-1

　　"通道"面板中各选项说明如下。

　　复合通道：复合通道不包含任何信息，实际上它只是同时预览并编辑所有颜色通道的一个快捷方式。它通常用于在单独编辑完一个或多个颜色通道后，使"通道"面板返回到它的默认状态。对于不同模式的图像，其通道的数量是不一样的。

　　颜色通道：用来记录图像颜色信息的通道。

　　专色通道：用来保存专色油墨的通道。

　　Alpha通道：用来保存选区的通道。

将通道作为选区载入 ○：单击该按钮，可以将所选通道内的图像载入选区。

将选区存储为通道 ▢：单击该按钮，可以将图像中的选区保存在通道内。

创建新通道 ◫：单击该按钮，可创建Alpha通道。

删除当前通道 🗑：单击该按钮，可删除当前选择的通道，但复合通道不能删除。

9.1.2 颜色通道

颜色通道也称为原色通道，主要用于保存图像的颜色信息。图像的颜色模式不同，颜色通道的数量也不相同。RGB图像包含红、绿、蓝和一个用于编辑图像内容的复合通道，如图9-2所示；CMYK图像包含青色、洋红、黄色、黑色和一个复合通道，如图9-3所示；Lab图像包含明度、a、b和一个复合通道，如图9-4所示；位图、灰度、双色调和索引颜色的图像都只有一个通道。

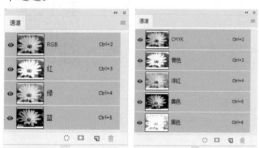

图9-2　　　　　　　　　图9-3

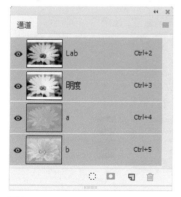

图9-4

延伸讲解

要转换不同的颜色模式，执行"图像"|"模式"命令，在级联菜单中选择相应的模式即可。

9.1.3 Alpha 通道

Alpha通道的使用频率非常高，而且非常灵活，其最为重要的功能就是保存并编辑选区。

Alpha通道用于创建和存储选区。一个选区保存后就成为一个灰度图像保存在Alpha通道中，在需要时也可载入图像继续使用。通过添加Alpha通道可以创建和存储蒙版，这些蒙版用于处理或保护图像的某些部分。Alpha通道与颜色通道不同，它不会直接影响图像的颜色。

在Alpha通道中，白色代表被选择的区域，黑色代表未被选择的区域，而灰色则代表被部分选择的区域，即羽化的区域。如图9-5所示为一个图像的Alpha通道，如图9-6所示为将该通道载入选区后，填充黑色的效果。

图9-5

图9-6

延伸讲解

Alpha 通道是一个 8 位的灰度图像，可以使用绘图工具和修图工具进行编辑，也可使用滤镜进行处理，从而得到各种复杂的效果。

9.1.4 专色通道

专色通道应用于印刷领域。当需要在印刷物上添加特殊的颜色（如银色、金色）时，就可以创建专色通道，以存放专色油墨的浓度、印刷范围等信息。

需要创建专色通道时，可以执行面板菜单中的"新建专色通道"命令，打开"新建专色通道"对话框，如图9-7所示。

图9-7

"新建专色通道"对话框中各选项说明如下。

名称：用来设置专色通道的名称。如果选取自定义颜色，通道将自动采用该颜色的名称，这有利于其他应用程序识别它们。如果修改了通道的名称，可能无法打印该文件。

颜色：单击该选项右侧的颜色图标，可打开"拾色器（专色）"对话框，单击"颜色库"按钮，可以打开"颜色库"对话框，如图9-8所示。

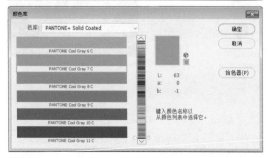

图9-8

密度：设置在屏幕上模拟的印刷时专色的密度，范围为0%~100%。当该值为100%时模拟完全覆盖下层油墨；当该值为0%时可模拟完全显示下层油墨的透明油墨。

答疑解惑 为什么需要通道？

通道在图像处理中的功能，大致可归纳为以下几个方面。

用通道来存储、制作精确的选区和对选区进行各种处理。

把通道看作由原色组成的图像，利用"图像"菜单中的调整命令对单种原色通道中的图像的色阶、曲线、色相／饱和度进行调整。

利用滤镜对单种原色通道（包括 Alpha 通道）中的图像进行处理，以改善图像的品质或创建复杂的艺术效果。

9.1.5 实战——创建 Alpha 通道

下面将讲解新建Alpha通道的不同方法。

01 启动Photoshop CC 2019软件，按快捷键Ctrl+O，打开相关素材中的"花.jpg"文件，效果如图9-9所示。

02 在"通道"面板中，单击"创建新通道"按钮 ，即可新建Alpha通道，如图9-10所示。

图9-9

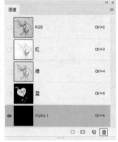

图9-10

03 如果在当前文档中创建了选区，如图9-11所示，单击"通道"面板中的"将选区存储为通道"按钮 ，可以将选区保存为Alpha通道，如图9-12所示。

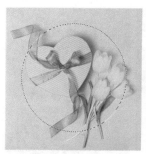
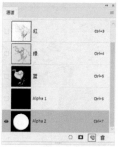

图 9-11 　　　　　图 9-12

图 9-13 　　　　　图 9-14

04 单击"通道"面板中右上角的 ≣ 按钮，从弹出的面板菜单中执行"新建通道"命令，打开"新建通道"对话框，如图9-13所示。

05 输入新通道的名称，单击"确定"按钮，也可创建Alpha通道，如图9-14所示，Photoshop默认以Alpha 1，Alpha 2，⋯为Alpha通道命名。

---- **延伸讲解**

　　如果当前图像中包含选区，可以结合快捷键单击"通道"面板、"路径"面板、"图层"面板中的缩览图的操作进行选区运算。例如，按住 Ctrl 键单击缩览图可以新建选区；按住快捷键 Ctrl+Shift 单击可将它添加到现有选区中；按住快捷键 Ctrl+Alt 单击可以从当前的选区中减去载入的选区；按住快捷键 Ctrl+Shift+Alt 单击可进行与当前选区相交的操作。

9.2 编辑通道

　　本节讲解如何使用"通道"面板和面板菜单中的命令，创建通道以及对通道进行复制、删除、分离与合并等操作。

9.2.1 实战——选择通道

　　编辑通道的前提是该通道处于选择状态，下面讲解选择通道的具体操作方法。

01 启动Photoshop CC 2019软件，按快捷键Ctrl+O，打开相关素材中的"花.jpg"文件，并打开"通道"面板，如图9-15所示。

02 在"通道"面板中单击"绿"通道，选择通道后，画面中会显示该通道的灰度图像，如图9-16所示。

图 9-15

03 单击"红"通道前面的眼睛，显示该通道，选择两个通道后，画面中会显示这两个通道的复合图像，如图9-17所示。

图 9-16

图 9-17

答疑解惑 可以快速选择通道吗？

　　按快捷键 Ctrl+ 数字键，可以快速选择通道。例如，如果图像为 RGB 模式，按快捷键 Ctrl+3 可以选择"红"通道；按快捷键 Ctrl+4 可以选择"绿"通道；按快捷键 Ctrl+5 可以选择"蓝"通道；按快捷键 Ctrl+6 可以选择 Alpha 通道；如果要回到 RGB 复合通道，可以按快捷键 Ctrl+2。

9.2.2 实战——载入通道选区

　　编辑通道时，可以将 Alpha 通道载入选区，下面将讲解具体操作方法。

01 启动 Photoshop CC 2019 软件，按快捷键 Ctrl+O，打开相关素材中的"鸟.psd"文件，并打开"通道"面板，如图 9-18 所示。

02 按 Ctrl 键并单击 Alpha 1 通道，将其载入选区，如图 9-19 所示。

图 9-18　　　　　　　图 9-19

03 按快捷键 Ctrl+Shift+I 反选选区。按快捷键 Ctrl+J，复制选区中的图像得到"图层 1"图层。在"图层 1"图层中执行"滤镜"|"滤镜库"命令，弹出"滤镜库"对话框，在"画笔描边"组中选择"强化的边缘"，在右侧设置参数，如图 9-20 所示。可栅格化矢量蒙版，并将其转换为图层蒙版。

04 设置完毕后，单击"确定"按钮，设置"图层 1"图层的混合模式为"颜色减淡（添加）"，得到的最终效果如图 9-21 所示。

图 9-20　　　　　　　图 9-21

--- 延伸讲解

　　如果在画面中已经创建了选区，单击"通道"面板中的 ▢ 按钮，可将选区保存到 Alpha 通道中。

9.2.3 实战——复制通道

　　复制通道与复制图层类似。下面介绍复制通道的具体操作步骤。

01 启动Photoshop CC 2019软件，按快捷键Ctrl+O，打开相关素材中的"模特.jpg"文件，并打开"通道"面板，如图9-22所示。

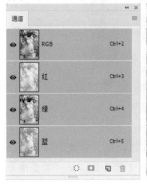

图9-22

02 选择"红"通道，拖动该通道至面板底端的"创建新通道"按钮 上，即可得到复制的通道，如图9-23所示。

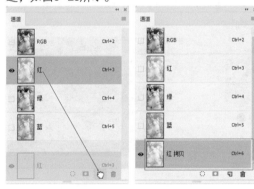

图9-23

03 显示所有的通道，此时得到的图像效果如图9-24所示。

图9-24

--- 延伸讲解

使用面板菜单中的命令也可以复制通道。选中通道之后，从面板菜单中执行"复制通道"命令，在弹出的对话框中设置新通道的名称和目标文档。

9.2.4 编辑与修改专色

创建专色通道后，可以使用绘图工具或编辑工具在图像中进行绘画。用黑色绘画可添加更多不透明度为100%的专色；用灰色绘画可添加不透明度较低的专色。绘画工具或编辑工具的选项栏中的"不透明度"选项决定了打印输出的实际油墨浓度。

如果要修改专色，可以双击专色通道的缩览图，在打开的"专色通道选项"对话框中进行设置。

9.2.5 用原色显示通道

在默认情况下，"通道"面板中的原色通道均以灰度显示，但如果需要，通道也可用原色进行显示，即"红"通道用红色显示，"绿"通道用绿色显示。

执行"编辑"|"首选项"|"界面"命令，打开"首选项"对话框，勾选"用彩色显示通道"复选框，如图9-25所示。单击"确定"按钮退出对话框，即可在"通道"面板中看到用原色显示的通道，如图9-26所示为原"通道"面板和用彩色显示"通道"面板的对比效果。

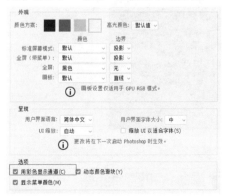

图9-25

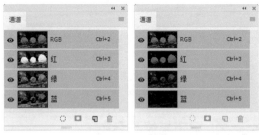

图 9-26

9.2.6 同时显示 Alpha 通道和图像

只选择Alpha通道时，图像窗口会显示该通道的灰度图像，如图9-27所示。如果想要同时查看图像和通道内容，可以在显示Alpha通道后，单击复合通道前的 👁 图标，Photoshop会显示图像并以一种颜色替代Alpha通道的灰度图像，类似于在快速蒙版模式下的选区，如图9-28所示。

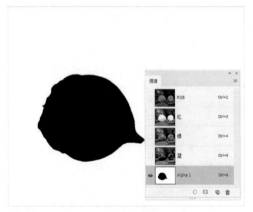

图 9-27

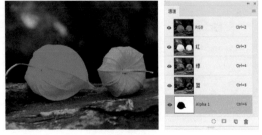

图 9-28

9.2.7 重命名和删除通道

双击"通道"面板中一个通道的名称，在显示的文本输入框中可输入新的名称，如图9-29所示。

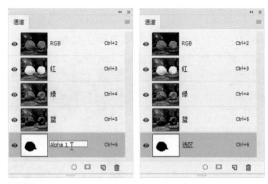

图 9-29

删除通道的方法也很简单，将要删除的通道拖动至 🗑 按钮，或者选中通道后，执行面板菜单中的"删除通道"命令即可。

要注意的是，如果删除的不是Alpha通道而是颜色通道，则图像将转为多通道颜色模式，图像颜色也将发生变化。如图9-30所示为删除了"蓝"通道后，图像变为了只有3个通道的多通道模式。

图 9-30

9.2.8 分离通道

"分离通道"命令用于将当前文档中的通道分离成多个单独的灰度图像。打开素材图像，如图9-31所示，切换到"通道"面板，单击面板右上角的 ☰ 按钮，在打开的面板菜单中执行"分离通道"命令，如图9-32所示。

图 9-31　　　　　图 9-32

此时，图像编辑窗口中的原图像消失，取而代之的是单个通道出现在单独的灰度图像窗口中，如图9-33所示。新窗口中的标题栏会显示原文件保存的路径以及通道，此时可以存储和编辑新图像。

图9-33

9.2.9 合并通道

"合并通道"命令用于将多个灰度图像作为原色通道合并成一个图像。进行合并的图像必须是灰度模式，具有相同的像素尺寸，并且处于打开状态。继续9.2.8小节的操作，可以将分离出来的三个原色通道文档合并成为一个图像。

确定三个灰度图像文件呈打开状态，并使其中一个图像文件处于当前激活状态，从通道面板菜单中执行"合并通道"命令，如图9-34所示。

图9-34

弹出"合并通道"对话框，在模式下拉列表

中可以设置合并图像的颜色模式，如图9-35所示。颜色模式不同，进行合并的图像数量也不同，这里将模式设置为"RGB颜色"，单击"确定"按钮，开始合并操作。

图9-35

这时会弹出"合并RGB通道"对话框，分别指定合并文件所处的通道位置，如图9-36所示。

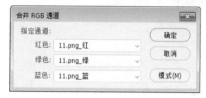

图9-36

单击"确定"按钮，选中的通道合并为指定类型的新图像，原图像则在不做任何更改的情况下关闭。新图像会以未标题的形式出现在新窗口中，如图9-37所示。

图9-37

9.3 综合实战——使用通道抠取图像

通道保存了图像最原始的颜色信息，合理使用通道可以创建用其他方法无法创建的图像选区。接下来将讲解使用通道抠图的方法及技巧。

01 启动Photoshop CC 2019软件，按快捷键Ctrl+O，打开相关素材中的"人物.jpg"文件。按快捷键Ctrl+J复制"背景"图层。选择"钢笔工具" ，设置"工具模式"为"路径"，如图9-38所示，在人物对象上绘制路径。

图9-38

02 右击，在弹出的快捷键菜单中执行"建立选区"命令，弹出"建立选区"对话框，设置"羽化半径"为5像素，如图9-39所示。

03 单击"确定"按钮，关闭对话框，建立选区，按快捷键Ctrl+J复制选区中的图像至新的图层中，如图9-40所示。

图9-39　　　　　　　　　图9-40

04 选择"图层1"图层，切换至"通道"面板，将"红"通道拖至"创建新通道"按钮 上，复制"红"通道中的图像，如图9-41所示。

图9-41

05 执行"图像"|"调整"|"色阶"命令，拖动最左边与最右边的滑块，调整参数，如图9-42所示。

06 单击"确定"按钮，此时得到的图像效果如图9-43所示。

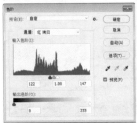

图9-42　　　　　　　　　图9-43

07 选择"画笔工具" ，设置前景色为黑色，将除了头发高光区域外的其余部分涂抹成黑色，如图9-44所示。

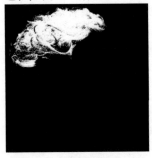

图9-44

08 按住Ctrl键单击"红 复制"通道的缩览图，将通道载入选区（白色部分），然后选择复合通道，按快捷键Ctrl+J复制选区中的图像至新的图层中，并将所得图层移至"图层2"图层下方，如图9-45所示。对应得到的图像效果如图9-46所示。

图9-45　　　　　　　　　图9-46

09 再次选择"图层1"图层，将"蓝"通道进行复制，按快捷键Ctrl+L打开"色阶"对话框，调整参数，如图9-47所示。参照图9-48所示，使用白色画笔将图像进行涂抹。

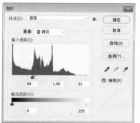

图9-47   图9-48

10 用上述同样的方法，载入选区（黑色部分），按快捷键Ctrl+2切换至复合通道，按快捷键Ctrl+J复制选区中的图像至新的图层中，如图9-49所示。

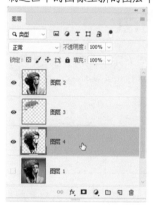

图9-49

11 将相关素材中的"背景.jpg"文件拖入文档，摆放在人物所在图层的下方，并调整至合适大小，如图9-50所示。

12 放大图像，发现头发细节处理得不够仔细。选中"图层4"图层，使用"吸管工具" 吸取头发的色调，选择"背景橡皮擦工具" ，在发丝的灰色部分单击，擦除多余的图像，如图9-51所示。

图9-50   图9-51

13 继续使用相关素材中的文件，为人物添加"纹理"及"火焰"效果，如图9-52所示。

图9-52

第 10 章 矢量工具与路径

本章简介

形状和路径是可以在Photoshop中创建的两种矢量图形。由于是矢量对象，因此可以自由地缩小或放大，而不影响其分辨率，还可以输出到Illustrator矢量图形软件中进行编辑。

路径在Photoshop中有着广泛的应用，它可为其描边和填充颜色，可作为剪切路径应用到矢量蒙版中。此外，路径可以转换为选区，常用于抠取复杂而光滑的对象。

本章重点

"钢笔工具"的使用方法
路径的编辑与运算
锚点的基本编辑方法
形状工具的使用方法

10.1 路径和锚点

要想掌握Photoshop各类矢量工具的使用，必须先要了解路径与锚点。本节将介绍路径与锚点的特征，以及它们之间的关系。

10.1.1 认识路径

"路径"是可以转换为选区的轮廓，可以为其填充颜色和描边，按照形态可分为开放路径、闭合路径以及复合路径。开放路径的起始锚点和结束锚点未重合，如图10-1所示；闭合路径的起始锚点和结束锚点重合为一个锚点，是没有起点和终点的，路径呈闭合状态，如图10-2所示；复合路径是由两个独立的路径经过相交、相减等运算创建为一个新的复合状态路径，如图10-3所示。

图 10-1　　　　　图 10-2　　　　　图 10-3

10.1.2 认识锚点

路径由直线路径段或曲线路径段组成，它们通过锚点连接。锚点分为两种，一种是平滑点，另外一种是角点，平滑点连接可以形成平滑的曲线，如图10-4所示；角点连接形成直线，如图10-5所示，或者转角曲线，如图10-6所示。曲线路径段上的锚点有方向线，方向线的端点为方向点，它们用于调整曲线的形状。

图 10-4

图 10-5

图 10-6

10.2 钢笔工具

"钢笔工具"是Photoshop中最为强大的绘图工具，了解和掌握"钢笔工具"的使用方法是创建路径的基础。它主要有两种用途：一是绘制矢量图形，二是用于选取对象。在作为选取工具使用时，"钢笔工具"描绘的轮廓光滑且准确，将路径转换为选区就可以准确地选择对象。

10.2.1 钢笔工具组

Photoshop CC 2019中的钢笔工具组包含6个工具，如图10-7所示，它们分别用于绘制路径、添加锚点、删除锚点及转换锚点类型。

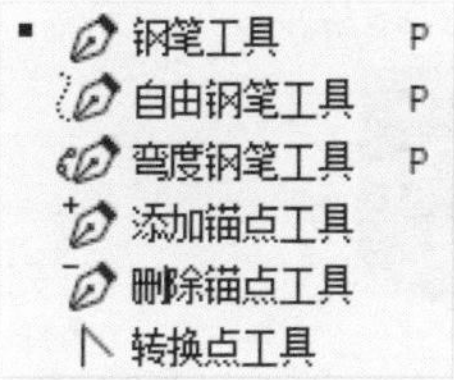

图 10-7

钢笔工具组中各工具说明如下。

钢笔工具 ⌀：这是最常用的路径工具，使用它可以创建光滑而复杂的路径。

自由钢笔工具 ⌀：类似于真实的钢笔工具，它允许在单击并拖动鼠标时创建路径。

弯度钢笔工具 ⌀：可用来创建自定形状或定义精确的路径，无须切换快捷键即可转换钢笔的直线或曲线模式。

添加锚点工具 ⌀：为已经创建的路径添加锚点。

删除锚点工具 ⌀：从路径中删除锚点。

转换点工具 ⌝：用于转换锚点的类型，可以将路径的圆角转换为尖角，或将尖角转换为圆角。

在工具箱中选取"钢笔工具" ⌀ 后，可在工作界面上方看到"钢笔工具"选项栏，如图10-8所示。

图 10-8

"钢笔工具"选项栏中各选项说明如下。

选择工具模式：在该下拉列表中，选择"形状"选项，将在形状图层中创建路径；选择"路径"选项，将直接创建路径；选择"像素"选项，创建的路径为填充像素的框。

建立选项组：单击不同的按钮，可分别将路径创建不同的对象。

"路径操作"选项 ▣：单击该按钮，在展开的下拉列表中可选择相应的路径操作。

相关链接：关于"路径操作"选项的详细说明可参照10.3.6小节。

"路径对齐方式"选项 ▤：在展开的下拉列表中可以设置对象以不同的方式进行对齐。

"路径排列方式"选项 ▧：通过下拉列表中的各个选项，可以将形状调整到不同的图层。

几何选项 ✿：显示当前工具的选项面板。选择"钢笔工具"后，在工具选项栏中单击此按钮，可以打开钢笔选项下拉面板，面板中有"橡皮带"复选框。

自动添加/删除：定义钢笔停留在路径上时是否具有直接添加或删除锚点的功能。

对齐边缘：勾选该复选框后，将矢量形状边缘与像素网格对齐。

●（答疑解惑）如何复位对话框中的参数？

单击"钢笔工具"选项栏中的 ✿ 按钮，打开下拉面板，勾选"橡皮带"复选框，此后使用"钢笔工具" ✑ 绘制路径时，可以预先看到将要创建的路径段，从而判断路径的走向，如图10-9所示。

图10-9

10.2.2 实战——钢笔工具

选择"钢笔工具"后，在工具选项栏中选择"路径"选项，依次在图像窗口单击以确定路径各个锚点的位置，锚点之间将自动创建一条直线型路径，通过调节锚点还可以绘制出曲线。

01 启动Photoshop CC 2019软件，按快捷键Ctrl+O，打开相关素材中的"荷花.jpg"文件，效果如图10-10所示。

02 在工具箱中选择"钢笔工具" ✑ 后，在工具选项栏中选择"路径"，将光标移至画面上，当光标变成 ✎. 状态时，单击鼠标左键，即可创建一个锚点，如图10-11所示。

图10-10

图10-11

--- 延伸讲解 ✍

锚点即连接路径的点，锚点两端有用于调整路径形状的方向线。锚点分为平滑点和角点两种，平滑点的连接可形成平滑的曲线，而角点的连接可形成直线或转角曲线。

03 将光标移动到下一处并单击左键，创建另一个锚点，两个锚点之间由一条直线连接，即创建了一条直线路径，如图10-12所示。

图10-12

04 将光标移动到下一处，单击并按住鼠标拖动，在拖动过程中观察方向线的方向和长度，当路径与边缘重合时释放鼠标，直线和平滑的曲线组成了一条转角曲线路径，如图10-13所示。

图10-13

05 将光标移动到下一处，单击并按住鼠标拖动，在拖动过程中观察方向线的方向和长度，当路径与边缘重合时释放鼠标，则该锚点与上一个锚点之间创建了一条平滑的曲线路径，如图10-14所示。

图10-14

06 按住Alt键并单击该锚点，将该平滑锚点转换为角点，如图10-15所示。

图10-15

07 用同样的方法，沿整个荷花和荷叶边缘创建路径，当起始锚点和结束锚点重合时，路径将闭合，如图10-16所示。

图10-16

08 在路径上右击，在弹出的快捷菜单中执行"建立选区"命令，在弹出的"建立选区"对话框中，设置"羽化半径"为0，如图10-17所示，单击"确定"按钮即可将路径转换为选区。

图10-17

09 将相关素材中的"背景.jpg"文件拖入文档，放置在底层，调整大小并摆放至合适的位置，如图10-18所示。

图10-18

10.2.3 自由钢笔工具选项栏

与"钢笔工具" 不同，使用"自由钢笔工具" 可以徒手绘制的方式建立路径。在工具箱中选择该工具，移动光标至图像窗口中自由拖动，直至到达适当的位置后释放鼠标，光标移动的轨迹即为路径。在绘制路径的过程中，系统自动根据曲线的走向添加适当的锚点，并设置曲线的平滑度。

选择"自由钢笔工具" 后，勾选选项栏中的"磁性的"复选框。这样，"自由钢笔工具" 也会具有和"磁性套索工具" 一样的磁性功能，在单击确定路径起始点后，沿着图像边缘移动光标，系统会自动根据颜色反差建立路径。

选择"自由钢笔工具" ，在工具选项栏中单击 按钮，将弹出如图10-19所示的面板。

图10-19

179

面板中各选项说明如下。

曲线拟合：按拟合贝塞尔曲线时允许的错误容差创建路径。像素值越小，允许的错误容差越小，创建的路径越精细。

磁性的：勾选"磁性的"复选框，宽度、对比、频率3个选项可用。其中"宽度"选项用于检测"自由钢笔工具"指定距离以内的边缘；"对比"选项用于指定该区域看作边缘所需的像素对比度，值越大，图像的对比度越低；"频率"选项用于设置锚点添加到路径中的频率。

钢笔压力：勾选该复选框，使用绘图压力以更改钢笔的宽度。

10.2.4 实战——自由钢笔工具

"自由钢笔工具"和"套索工具"类似，都可以用来绘制比较随意的图形。不同的是，用"自由钢笔工具"绘制的是封闭的路径，而用"套索工具"创建的是选区。

01 启动Photoshop CC 2019软件，按快捷键Ctrl+O，打开相关素材中的"背景.jpg"文件，效果如图10-20所示。

02 选择工具箱中的"自由钢笔工具" 后，在工具选项栏中选择"路径"，在画面中单击并拖动鼠标，绘制比较随意的山峰路径，如图10-21所示。

图10-20

图10-21

--- 延伸讲解 ✎

单击鼠标即可添加一个锚点，双击鼠标可结束编辑。

03 单击"图层"面板中的"创建新图层"按钮 ，新建空白图层。按快捷键Ctrl+Enter将路径转换为选区，如图10-22所示。

图10-22

04 设置前景色色为灰色（#f2efed），按快捷键Alt+Delete为选区填充颜色，按快捷键Ctrl+D取消选择，得到如图10-23所示的图形对象。

图10-23

05 用上述同样的方法，绘制山峰阴影并填充颜色（#060606），效果如图10-24所示。

06 按快捷键Ctrl+O，打开相关素材中的"雄鹰.jpg"文件，如图10-25所示。

图10-24

图10-25

07 选择"自由钢笔工具" ，在工具选项栏中选择"路径"，勾选"磁性的"复选框，并单击 按钮，在下拉列表中设置"曲线拟合"为2像素，设置"宽度"为10像素，"对比"为10%，"频率"为57，如图10-26所示。

08 此时移动光标到画面中，光标形状变成 。单击鼠标左键，创建第一个锚点，如图10-27所示。

图10-26

图10-27

09 沿雄鹰的边缘拖动，锚点将自动吸附在边缘处。此时每单击一次，将在单击处创建一个新的锚点，移动光标直到与起始锚点重合，单击鼠标，路径闭合，如图10-28所示。

10 按快捷键Ctrl+Enter将路径转换为选区，并使用"移动工具" ⊕ 将选区中的图像拖入"背景"文档中，调整大小后，按Enter键确认，完成

效果如图10-29所示。

图10-28   图10-29

10.3 编辑路径

要想使用"钢笔工具"准确地描摹对象的轮廓，必须熟练掌握锚点和路径的编辑方法，下面将详细讲解如何对锚点和路径进行编辑。

10.3.1 选择与移动

Photoshop提供了两个路径选择工具，分别是"路径选择工具" ▶ 和"直接选择工具" ▶。

■ 选择锚点、路径段和路径

"路径选择工具" ▶ 用于选择整条路径。移动光标至路径区域内任意位置单击鼠标，路径的所有锚点被全部选中，锚点以黑色实心显示，此时拖动鼠标可移动整条路径，如图10-30所示。如果当前的路径有多条子路径，可按住Shift键依次单击，以连续选择各子路径，如图10-31所示。或者拖动鼠标拉出一个虚框，与框交叉和被框包围的所有路径都将被选择。如果要取消选择，可在画面空白处单击。

图10-30   图10-31

选择"直接选择工具" ▶ 后，单击一个锚点即可选择该锚点，选中锚点为黑色实心，未选中的锚点为空心方块，如图10-32所示；单击一个路径段，可以选择该路径段，如图10-33所示。

图10-32   图10-33

--- 延伸讲解 ✐ ---

按住 Alt 键单击一个路径段，可以选择该路径段及路径段上的所有锚点。

■ 移动锚点、路径段和路径

选择锚点、路径段和路径后，按鼠标左键不放并拖动，即可将其移动。如果选择了锚点，光标从锚点上移开后，又想移动锚点，可将光标重新定位在锚点上，按住并拖动鼠标才可将其移动，否则，只能在画面中拖出一个矩形框，可以框选锚点或者路径段，但不能移动锚点。从选择的路径上移开光标后，需要重新将光标定位在路径上才能将其移动。

--- 延伸讲解 ✐ ---

按住 Alt 键移动路径，可在当前路径内复制子路径。如果当前选择的是"直接选择工具" ▶，按住 Ctrl 键，可切换为"路径选择工具" ▶。

10.3.2 删除和添加锚点

使用"添加锚点工具" 🖋 和"删除锚点工具" 🖋，可添加和删除锚点。

选择"添加锚点工具" 🖋 后，移动光标至路径上方，如图10-34所示；当光标变为 🖎₊状态时，单击即可添加一个锚点，如图10-35所示；如果单击并拖动鼠标，可以添加一个平滑点，如图10-36所示。

图10-34

图10-35

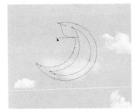

图10-36

选择"删除锚点工具" 🖋 后，将光标放在锚点上，如图10-37所示；当光标变为 🖎₋形状时，单击即可删除该锚点，如图10-38所示；使用"直接选择工具" 🖎 选择锚点后，按Delete键也可以将锚点删除，但该锚点两侧的路径段会同时删除。如果路径为闭合路径，则会变为开放式路径，如图10-39所示。

图10-37

图10-38

图10-39

10.3.3 转换锚点的类型

使用"转换点工具" ⋏ 可轻松完成平滑点和角点之间的相互转换。

如果当前锚点为角点，在工具箱中选择"转换点工具" ⋏，然后移动光标至角点上并按住鼠标左键拖动，可将其转换为平滑点，如图10-40和图10-41所示。如需要转换的是平滑点，单击该平滑点，可将其转换为角点，如图10-42所示。

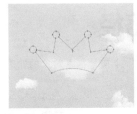

图10-40

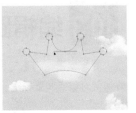

图10-41

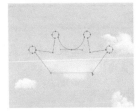

图10-42

10.3.4 调整路径方向

使用"直接选择工具" 🖎 选中锚点之后，该锚点及相邻锚点的方向线和方向点就会显示在图像窗口中，方向线和方向点的位置确定了曲线段的曲率，移动这些元素将改变路径的形状。

移动方向点与移动锚点的方法类似，首先移动光标至方向点上，然后按住鼠标左键拖动，即可改变方向线的长度和角度。如图10-43所示为原图形，使用"直接选择工具" 🖎 拖动平滑点上的方向线时，方向线始终为一条直线，锚点两侧的路径段都会发生改变，如图10-44所示；使用"转换点工具" ⋏ 拖动方向线时，则可以单独调整平滑点任意一侧的方向线，而不会影响另外一侧的方向线和同侧的路径段，如图10-45所示。

图 10-43　　　　图 10-44　　　　图 10-45

10.3.5 实战——路径的变换操作

与图像和选区一样，路径也可以进行旋转、缩放、斜切、扭曲等变换操作。下面将讲解路径的变换操作。

01 启动Photoshop CC 2019软件，按快捷键Ctrl+O，打开相关素材中的"烟雨江南.jpg"文件，效果如图10-46所示。

02 在工具箱中选择"自定形状工具" ✿ 后，在工具选项栏中选择"路径"，在"形状"下拉列表中选择"鸟2"图形选项，如图10-47所示。

 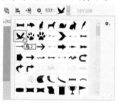

图 10-46　　　　　　图 10-47

03 完成上述设置后，在画面左上角绘制图形，如图10-48所示。

图 10-48

04 执行"编辑"|"变换路径"|"缩放"|命令，将光标定位在定界框的角点处，光标状态为斜向的双向箭头时，按住快捷键Shift+Alt，往内拖动，缩小路径，如图10-49所示。

图 10-49

05 在工具箱中选择"路径选择工具" ▶，按住Alt键，拖动路径，再复制一层，按快捷键Ctrl+T，进入自由变换状态，将光标定位在定界框的角点处，出现旋转箭头时旋转图像，如图10-50所示。

图 10-50

06 再次复制得到一个鸟路径，按快捷键Ctrl+T，进入自由变换状态。右击，在弹出的快捷菜单中执行"斜切"命令，将光标定位在中控制点处，当箭头变为白色并带有水平或垂直的双向箭头时，拖动鼠标，斜切变换图形，如图10-51所示。

图 10-51

07 用上述同样的方法，多次复制路径，并调整图像的大小，如图10-52所示。

08 新建图层，按快捷键Ctrl+Enter将路径转换为选区，再填充黑色，如图10-53所示。

图 10-52

图 10-53

10.3.6 路径的运算方法

使用"魔棒工具" 🪄 和"快速选择工具" 🖌 选取对象时，通常要对选区进行相加、相减等运算，以使其符合要求。使用钢笔工具或形状工具时，也要对路径进行相应的运算，才能得到想要的轮廓。单击工具选项栏中的 🖻 按钮，可以在弹出的下拉列表中选择路径运算方式，如图10-54所示。

图 10-54

下拉列表中各选项说明如下。

新建图层 □ ：选择该选项，可以创建新的路径层。

合并形状 🖻 ：选择该选项，新绘制的图形会与现有的图形合并，如图10-55所示。

减去顶层形状 🖻 ：选择该选项，可从现有的图形中减去新绘制的图形，如图10-56所示。

与形状区域相交 🖻 ：选择该选项，得到的图形

为新图形与现有图形相交的区域，如图10-57所示。

排除重叠形状 🖻 ：选择该选项，得到的图形为合并路径中排除重叠的区域，如图10-58所示。

合并形状组件 🖻 ：选择该选项，可以合并重叠的路径组件。

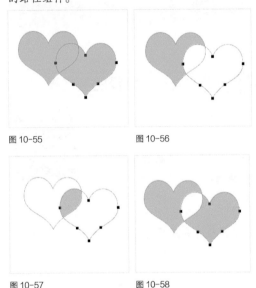

图 10-55   图 10-56

图 10-57   图 10-58

10.3.7 实战——路径运算

路径运算是指将两条路径组合在一起，包括合并形状、减去顶层形状、与形状区域相交和排除重叠形状，操作完成后还能将经过运算的路径合并。下面将讲解路径运算的具体操作方法。

01 启动Photoshop CC 2019软件，按快捷键Ctrl+O，打开相关素材中的"背景.jpg"文件，效果如图10-59所示。

02 在工具箱中选择"椭圆工具" ○ 后，在工具选项栏中选择"形状"，在画面中单击，弹出"创建椭圆"对话框，设置"宽度"和"高度"为258像素，如图10-60所示。

图 10-59

图 10-60

03 单击"确定"按钮，创建一个固定大小的圆。设置其填充颜色为橘色（#ed6941），描边颜色为无颜色，并在圆心处拉出参考线，如图10-61所示。

04 在工具选项栏中单击"路径操作"按钮 ⊡，在弹出的下拉列表中选择"合并形状组件"选项，如图10-62所示。

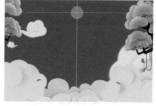

图10-61　　　　　　　图10-62

05 选择工具箱中的"矩形工具" □，在工具选项栏中选择"形状"，按住Shift键，从圆心处单击并拖动鼠标，绘制一个正方形，使正圆形和正方形合并成一个形状，如图10-63所示。

06 清除参考线。新建图层，选择"椭圆工具" ○，在画面中单击，弹出"创建椭圆"对话框，设置"宽度"和"高度"为1064像素，绘制一个正圆形，设置其填充颜色为黄色（#fac33e），描边颜色为无颜色，并在圆心处拉出参考，如图10-64所示。

图10-63　　　　　　　图10-64

07 在工具选项栏中单击"路径操作"按钮 ⊡，在下拉列表中选择"减去顶层形状"选项。

08 选择工具箱中的"矩形工具" □，单击并拖动鼠标，沿参考线处圆的直径向左绘制一个正方形，正圆减去矩形后成为半圆，如图10-65所示。

09 新建图层，选择工具箱中的"矩形工具" □，按住Shift键，从圆心处单击并向左拖动鼠标，绘制一个正方形。设置填充颜色为黄色

（#f5ae25），描边颜色为无颜色，如图10-66所示。

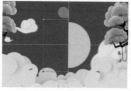

图10-65　　　　　　　图10-66

10 在工具选项栏中单击"路径操作"按钮 ⊡，在下拉列表中选择"与形状区域相交"选项。

11 选择工具箱中的"椭圆工具" ○，在画面中单击，弹出"创建椭圆"对话框，设置"宽度"和"高度"为1064像素，绘制一个正圆形，正圆与正方形相交，如图10-67所示。

12 新建图层，选择工具箱中的"椭圆工具" ○，在画面中单击，弹出"创建椭圆"对话框，设置"宽度"和"高度"为230像素，绘制一个正圆形，设置填充颜色为黄色（#fac33e），描边颜色为无颜色，如图10-68所示。

图10-67　　　　　　　图10-68

13 在工具选项栏中单击"路径操作"按钮 ⊡，在下拉列表中选择"排除重叠形状"选项。

14 选择工具箱中的"椭圆工具" ○，在画面中单击，弹出"创建椭圆"对话框，设置"宽度"和"高度"为47像素，绘制一个圆形，正圆与小正圆排除重叠形状，如图10-69所示。

15 用同样的方法，绘制公鸡的其他部分，完成图像制作，如图10-70所示。

图10-69　　　　　　　图10-70

10.3.8 路径的对齐与分布

在路径选择工具的工具选项栏中单击 按钮，可展开如图10-71所示的面板，其中包含路径的"对齐与分布"选项。

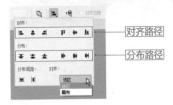

图 10-71

对齐选项包括"左对齐" 、"水平居中对齐" 、"右对齐" 、"顶对齐" 、"垂直居中对齐" 和"底对齐" 。使用"路径选择工具" 选择需要对齐的路径后，单击上述任意一个对齐选项即可进行路径对齐操作。

如果要分布路径，应至少选择3个路径组件，然后单击一个分布选项即可进行路径的分布操作。

10.4 路径面板

"路径"面板用于保存和管理路径，面板中显示了每条存储的路径，当前工作路径和当前矢量蒙版的名称和缩览图。使用该面板可以保存和管理路径。

10.4.1 了解路径面板

执行"窗口"|"路径"命令，可以打开"路径"面板，如图10-72所示。

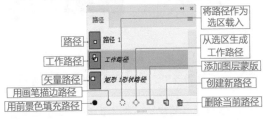

图 10-72

"路径"面板中各选项说明如下。

路径：当前文件中包含的路径。

工作路径：使用钢笔工具或形状工具绘制的路径为工作路径。

矢量路径：当前文件中包含的矢量蒙版。

用前景色填充路径 ●：用前景色填充路径区域。

用画笔描边路径 ○：用"画笔工具" 描边路径。

将路径作为选区载入 ○：将当前选择的路径转换为选区。

从选区中生成工作路径 ◇：从当前创建的选区中生成工作路径。

添加图层蒙版 □：从当前路径创建蒙版。

创建新路径 ▫：单击该按钮，可以创建新的路径。如果要在新建路径时为路径命名，可以按住Alt键单击"创建新路径"按钮，在打开的"新建路径"对话框中设置。

删除当前路径 🗑：用于删除当前选择的路径。

10.4.2 了解工作路径

在使用钢笔工具或形状工具直接绘图时，该路径在"路径"面板中被保存为工作路径，"路径"面板如图10-73所示；如果在绘制路径前单击"路径"面板上的"创建新路径"按钮 ▫，再绘制路径，此时创建的只是路径，如图10-74所示。

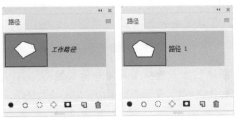

图 10-73　　　　　　图 10-74

延伸讲解

工作路径只是暂时保存路径，如果不选中此路径，再次在图像中绘制路径，则新的工作路径将替换为原来的工作路径，因此若要避免工作路径被替代，应将其中的路径保存起来。在"路径"面板中双击工作路径，在弹出的"存储路径"对话框中输入名称，单击"确定"按钮即可保存路径。

10.4.3 复制路径

在"路径"面板中将需要复制的路径拖曳至"创建新路径"按钮 □ 上，可以直接复制此路径。选择路径，然后执行路径面板菜单中的"复制路径"命令。在打开的"复制路径"对话框中输入新路径的名称即可复制并重命名路径，如图10-75所示。

图10-75

此外，用"路径选择工具" ▶ 选择画面中的路径后，执行"编辑"｜"复制"命令，可以将路径复制到剪贴板中。复制路径后，执行"编辑"｜"粘贴"命令，可粘贴路径。如果在其也打开的图像中执行"粘贴"命令，则可将路径粘贴到其他图像中。

10.4.4 实战——路径和选区的转换

路径与选区可以相互转换，即路径可以转换为选区，选区也可以转换为路径。下面将讲解路径与选区相互转换的具体操作。

01 启动Photoshop CC 2019软件，按快捷键Ctrl+O，打开相关素材中的"房子.jpg"文件。在工具箱中选择"魔棒工具" ✐ 后，在图像背景上单击，建立选区，如图10-76所示。如果一次没有选中，可按住Shift键加选背景。

02 按快捷键Ctrl+Shift+I反选选区，选中除背景以外的图像部分，如图10-77所示。

图10-76　　　　　　　　图10-77

03 单击"路径"面板中的"从选区生成工作路径"按钮 ◇ ，可以将选区转换为路径，如图10-78所示，对应地在"路径"面板上生成一个工作路径，如图10-79所示。

图10-78　　　　　　　　图10-79

04 单击"路径"面板中的工作路径，单击"将路径作为选区载入"按钮 ◌ ，如图10-80所示，将路径载入选区，如图10-81所示。

图10-80　　　　　　　　图10-81

10.5 形状工具

形状实际上就是由路径轮廓围成的矢量图形。使用Photoshop提供的"矩形工具" □ 、"圆角矩形工具" ▢ 、"椭圆工具" ◯ 、"多边形工具" ⬠ 和"直线工具" ╱ ，可以创建规则的几何形状，使用"自定形状工具" ✿ 可以创建不规则的复杂形状。

10.5.1 矩形工具

"矩形工具" ▢ 用来绘制矩形和正方形。选择该工具后，单击并拖动鼠标可以创建矩形；按住Shift键单击并拖动可以创建正方形；按住Alt键单击并拖动会以单击点为中心向外创建矩形；按住Shift+Alt键单击并拖动会以单击点为中心向外创建正方形。单击工具选项栏中的 ⚙ 按钮，在打开的下拉面板中可以设置矩形的创建方式，如图10-82所示。

图 10-82

下拉面板中各选项说明如下。

不受约束：选择该单选按钮，可通过拖动鼠标创建任意大小的矩形和正方形，如图10-83所示。

方形：选择该单选按钮，只能创建任意大小的正方形，如图10-84所示。

图 10-83　　　　　图 10-84

固定大小：选择该单选按钮，并在它右侧的文本框中输入数值（W为宽度，H为高度），此后只创建预设大小的矩形。

比例：选择该单选按钮，并在它右侧的文本框中输入数值（W为宽度比例，H为高度比例），此后无论创建多大的矩形，矩形的宽度和高度都保持预设的比例。

从中心：选择该单选按钮，以任何方式创建矩形时，在画面中的单击点即为矩形的中心，拖动鼠标时矩形将由中心向外扩展。

对齐边缘：勾选该复选框后，矩形的边缘与像素的边缘重合，不会出现锯齿；取消勾选，矩形边缘会出现模糊的像素。

10.5.2 圆角矩形工具

"圆角矩形工具" ▢ 用来创建圆角矩形，其使用方法与"矩形工具" ▢ 相同，只是多了一个"半径"选项，如图10-85所示。

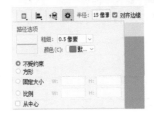

图 10-85

"半径"用来设置圆角半径，该值越高，圆角越广，如图10-86所示。

半径为 10 像素　　　　　半径为 70 像素

图 10-86

10.5.3 椭圆工具

"椭圆工具" ◯ 用来创建不受约束的椭圆和圆形，也可以创建固定大小和固定比例的圆形，如图10-87所示。选择该工具后，单击并拖动鼠标可创建椭圆形，按住Shift键单击并拖动则可创建圆形。

图 10-87

10.5.4 多边形工具

"多边形工具" ◯ 用来创建多边形和星形。择该工具后，首先要在工具选项栏中设置多边形或星形的边数，范围为3～100。单击工具选项栏

中的 ⚙ 按钮，打开下拉面板，在面板中可以设置多边形的选项，如10-88所示。

图10-88

下拉面板中各选项说明如下。

半径：设置多边形或星形的半径长度，此后将创建指定半径值的多边形或星形。

平滑拐角：勾选该复选框，可创建具有平滑拐角的多边形或星形，如图10-89所示。

未勾选"平滑拐角"复选框　　　　勾选"平滑拐角"复选框

图10-89

星形：勾选该复选框，可以创建星形。在"缩进边依据"文本框中可以设置星形边缘向中心缩进的数量，该值越高，缩进量越大，如图10-90所示。若勾选"平滑缩进"复选框，可以使星形的边平滑地向中心缩进。

"缩进边依据"为50%　　　　　"缩进边依据"为80%

图10-90

10.5.5 直线工具

"直线工具" ／ 用来创建直线和带有箭头的线段。选择该工具后，单击并拖动鼠标可以创建直线或线段；按住Shift键单击并拖动可创建水平、垂直或以45°角为增量的直线。它的工具选

项栏包含设置直线粗细的选项，下拉面板中还包含设置箭头的选项，如图10-91所示。

图10-91

下拉面板中各参数说明如下。

起点/终点：可设置分别或同时在直线的起点和终点添加箭头，如图10-92所示。

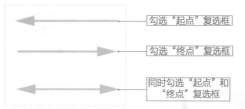

勾选"起点"复选框

勾选"终点"复选框

同时勾选"起点"和"终点"复选框

图10-92

宽度：可设置箭头宽度与直线宽度的百分比，范围为10%~1000%。

长度：可设置箭头长度与直线宽度的百分比，范围为10%~5000%。

凹度：用来设置箭头的凹陷程度，范围为-50%~50%。该值为0%时，箭头尾部平齐，如图10-93所示；该值大于0%时，向内凹陷，如图10-94所示；该值小于0%时，向外凸出，如图10-95所示。

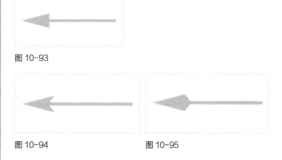

图10-93

图10-94　　　　　　　　图10-95

10.5.6 自定形状工具

使用"自定形状工具" ✿ 可以创建Photoshop预设的形状、自定义的形状或者是外部提供的形状。选择该工具后，需要单击工具选项栏中的·按钮，在打开的形状下拉面板中选择一种形状，如图10-96所示，然后单击并拖动鼠标即可创建该

图形。如果要保持形状比例，可以按住Shift键绘制图形。

如果要使用其他方法创建图形，可以在形状选项下拉面板中进行设置，如图10-97所示。

图10-96　　　　　　图10-97

10.5.7　实战——绘制卡通插画

下面使用Photoshop中预设的各类自定义形状为画面添加图形元素，制作出极具趣味性的插画效果。

01 启动Photoshop CC 2019软件，按快捷键Ctrl+O，打开相关素材中的"童趣.jpg"文件，效果如图10-98所示。

02 在工具箱中选择"自定形状工具"，在工具选项栏中的"形状"下拉面板中单击右上角的按钮，展开级联菜单，执行"全部"命令，弹出提示框，单击"确定"按钮，载入全部形状。

03 在形状列表中选择"皇冠1"形状，设置"工具模式"为"形状"，然后在头部上方绘制一个填充色为黄色且无描边的皇冠形状，如图10-99所示。

图10-98　　　　　　图10-99

04 找到"树"形状，在画面中绘制深绿色（#00561f）的树木，如图10-100所示。

05 找到"草2"形状和"草3"形状，分别在画面中绘制深绿（#009944）和浅绿色（#52ea7d）的小草形状，如图10-101所示。

图10-100　　　　　　图10-101

06 找到"花7"形状，在画面中绘制不同颜色的花朵形状，使画面色彩更为丰富，如图10-102所示。

07 用上述同样的方法，继续在画面中添加其他图形元素，如图10-103所示。

图10-102　　　　　　图10-103

10.6 综合实战——时尚服装插画

下面结合本节重要知识点，绘制一幅时尚服装插画。

01 启动Photoshop CC 2019软件，按快捷键Ctrl+O，打开相关素材中的"背景.jpg"文件，效果如图10-104所示。

02 在工具箱中选择"钢笔工具"，在图像上方绘制一条路径，如图10-105所示。

图 10-104

图 10-105

03 在"图层"面板中单击"创建新图层"按钮，新建空白图层，并设置前景色为深灰色（#414143），设置背景色为白色。

04 在"路径"面板中选择路径，右击，在弹出的快捷菜单中执行"填充路径"命令，弹出"填充路径"对话框，如图10-106所示。默认"内容"选项为"前景色"，单击"确定"按钮，路径将被填充深灰色，如图10-107所示。

图 10-106

图 10-107

05 在"路径"面板中单击"创建新路径"按钮，使用"钢笔工具"绘制新路径，如图10-108所示。

06 在"图层"面板中单击"创建新图层"按钮，新建空白图层。接着在"路径"面板中选择路径，右击，在弹出的快捷菜单中执行"填充路径"命令，弹出"填充路径"对话框，将"内容"选项设置为"背景色"，单击"确定"按钮，路径填充为白色，如图10-109所示。

图 10-108

图 10-109

07 用上述同样的方法，绘制其他路径，并对路径进行填充。在"填充路径"对话框中选择"颜色"，在"拾色器（颜色）"对话框中给衣领、口袋、扣子分别填充黑色，给左侧衣袖填充灰色（#414143），给右侧衣身和衣袖填充深灰色（#282828），给右侧衬衣填充浅灰色（#dedede），如图10-110所示。

08 按快捷键Ctrl+O，打开相关素材中的"格子.jpg"文件，如图10-111所示。

图 10-110

图 10-111

09 执行"编辑"|"定义图案"命令，将格子定义为新图案。

10 选择工具箱中的"钢笔工具"，在图像上方绘制领带路径，如图10-112所示。

11 在"图层"面板中单击"创建新图层"按钮，新建空白图层。在"路径"面板中选择路径，右击，在弹出的快捷菜单中执行"填充路径"命令，在弹出的"填充路径"对话框中将"内容"选项设置为"图案"，并选择格子图案进行填充。

12 在"图层"面板中，将领带所在的图层移动到衬衣与领子所在图层的中间。最终效果如图10-113所示。

图 10-112

图 10-113

MERRY CHRISTMAS

第 11 章 文本的应用

> **本章简介**

文字是设计作品的重要组成部分，它不仅可以传达信息，还能起到美化版面和强化主题的作用。本章将详细讲解Photoshop中文字的输入和编辑方法。通过本章的学习，可以快速掌握点文字、段落文字的输入方法，以及变形文字的设置和路径文字的制作方法。

> **本章重点**

文字工具选项栏
"字符"面板
变形文字的创建与编辑
路径文字的创建与编辑

11.1 文字工具概述

在平面设计中，文字一直是画面不可缺少的元素，好的文字布局和设计有时会起到画龙点睛的作用。对于商业平面作品而言，文字更是不可缺少的内容，只有通过文字的点缀和说明，才能清晰、完整地表达作品的含义。Photoshop的文字操作和处理方法非常灵活，通过添加各种图层样式或进行变形等艺术化处理，可以使文本更鲜活醒目。

11.1.1 文字的类型

Photoshop中的文字是以数学方式定义的形式组成的。在图像中创建文字时，字符由像素组成，并且与图像文件具有相同的分辨率。但是，在将文字栅格化以前，Photoshop会保留基于矢量的文字轮廓。因此，即使是对文字进行缩放或调整文字大小，文字也不会因为分辨率的限制而出现锯齿。

文字的划分方式有很多种。如果从排列方式上划分，可以将文字分为横排文字和直排文字；如果从创建的内容上划分，可以将其分为点文字、段落文字和路径文字；如果从样式上划分，则可将其分为普通文字和变形文字。

11.1.2 文字工具选项栏

Photoshop CC 2019中的文字工具包括"横排文字工具" **T**、"直排文字工具" **IT**、"直排文字蒙版工具" **IT** 和"横排文字蒙版工具" **T** 4种。其中"横排文字工具"**T**和"直排文字工具"**↓T**用来创建点文字、段落文字和路径文字，"横排文字蒙版工具"**T**和"直排文字蒙版工具"**↓T**用来创建文字选区。

在使用文字工具输入文字前，需要在工具选项栏或"字符"面板中设置字符的属性，包括字体、大小和文字颜色等。文字工具选项栏中各选项说明如图11-1所示。

图 11-1

文字工具选项栏中各选项说明如下。

更改文本方向↓T：单击该按钮，可以将横排文字转换为直排文字，或者将直排文字转换为横排文字。

设置字体华文行楷：在该选项的下拉列表中可以选择一种字体。

设置字体样式：字体样式是单个字体的变体，包括Regular（规则的）、Italic（斜体）、Bold（粗体）和Bold Italic（粗斜体）等，该选项只对部分英文字体有效。

设置文字大小↓T 200点：可以设置文字的大小，也可以直接输入数值并按Enter键来进行调整。

设置文本颜色：单击颜色块，可以在打开的"拾色器（文本框）"对话框设置文字的颜色。

创建变形文字↑：单击该按钮，可以打开"变形文字"对话框，为文本添加变形样式，从而创建变形文字。

显示/隐藏字符和段落面板：单击该按钮，可以显示或隐藏"字符"面板和"段落"面板。

对齐文本：根据输入文字时单击点的位置来对齐文本，包括左对齐文本、居中对齐文本和右对齐文本。

11.2 文字的创建与编辑

本节将对创建与编辑文字的相关知识进行介绍，并学习如何创建和编辑点文字及段落文字。

11.2.1 了解字符面板

"字符"面板用于编辑文本字符的格式。执行"窗口"|"字符"命令，将弹出如图11-2所示的"字符"面板。

图 11-2

"字符"面板中各选项说明如下。

设置行距：行距是指文本中各个文字行之间的垂直间距。在下拉列表中可以为文本设置行距，也可以在数值栏中输入数值来设置行距。

字距微调：该选项用来调整两个字符之间的间距，在操作时首先在要调整的两个字符之间单击，设置插入点，然后调整数值。

字距调整：选择了部分字符时，可调整所选字符的间距；没有选择字符时，可调整所有字符的间距。

比例间距：用来设置所选字符的比例间距。

水平缩放 I /垂直缩放↓T：水平缩放用于调整字符的宽度，垂直缩放用于调整字符的高度。

基线偏移：用来控制文字与基线的距离，它可以升高或降低所选文字。

OpenType字体：包含当前PostScript和TrueType字体不具备的功能。

连字及拼写规则：可对所选字符进行有关连字符和拼写规则的语言设置。

11.2.2 实战——创建点文字

点文字是一个水平或垂直的文本行，在创建标题等字数较少的文字时，可以通过点文字来完成。

01 启动Photoshop CC 2019软件，按快捷键Ctrl+O，打开相关素材中的"背景.jpg"文件，效果如图11-3所示。

02 在工具箱中选择"横排文字工具" T 后，在工具选项栏中设置字体为"华文琥珀"，设置文字大小为300点，设置文字颜色为白色。在需要输入文字的位置单击，设置插入点，画面中会出现一个闪烁的"I"形光标，如图11-4所示。

03 上述操作完成后，在文档中可直接输入文字"浓情一口丝滑享受"，如图11-5所示。

图11-3　　　　图11-4　　　　图11-5

04 在"口"和"丝"字中间单击，按Enter键对文字进行换行，并用空格键调整文字的位置，效果如图11-6所示。

05 在选择"横排文字工具" T 的状态下，框选"丝滑"二字，如图11-7所示。

06 在文字工具选项栏中重设文字颜色为黄色（#ffba27），如图11-8所示。

图11-6　　　　图11-7　　　　图11-8

11.2.3 了解段落面板

"段落"面板用于编辑段落文本。执行"窗口"｜"段落"命令，将打开如图11-9所示的"段落"面板。

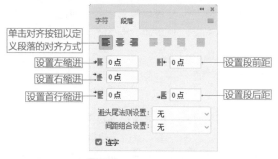

图11-9

"段落"面板中各选项说明如下。

左对齐文本 ▤：将文本左对齐，段落右端参差不齐，如图11-10所示。

居中对齐文本 ▤：将文本居中对齐，段落两端参差不齐，如图11-11所示。

图11-10　　　　　　　图11-11

右对齐文本 ▤：将文本右对齐，段落左端参差不齐，如图11-12所示。

最后一行左对齐 ▤：将文本中最后一行左对齐，其他行左右两端强制对齐。

最后一行居中对齐 ▤：将文本中最后一行居中对齐，其他行左右两端强制对齐。

最后一行右对齐 ▤：将文本中最后一行右对齐，其他行左右两端强制对齐。

全部对齐 ▤：通过在字符间添加间距的方式，使文本左右两端强制对齐，如图11-13所示。

左缩进 ▸▤：横排文字从段落的左边缩进，直排文字则从段落的顶端缩进，如图11-14所示。

右缩进 ▤◂：横排文字从段落的右边缩进，直排文字则从段落的底端缩进。

首行缩进 ▸▤：可缩进段落中的首行文字，如

图11-15所示。对于横排文字，首行缩进与左缩进有关；对于直排文字，首行缩进与顶端缩进有关。

图 11-12　　　　　　图 11-13

图 11-14

图 11-15

段前添加空格 ‘昌：设置选择的段落与前一段落的距离，如图11-16所示。

图 11-16

段后添加空格 ‧昌：设置选择的段落与后一段落的距离，如图11-17所示。

图 11-17

避头尾法则设置：选取换行集为无、JS宽松、JS严格。

间距组合设置：选取内部字符间距集。

连字：为了对齐的需要，有时会将某一行末端的单词断开至下一行，这时需要使用连字符在断开的单词之间显示标记，前后对比效果如图11-18和图11-19所示。

图 11-18　　　　　　图 11-19

11.2.4 实战——创建段落文字

段落文字具有自动换行、可调整文字区域大小等优势。在需要处理文字较多的文本时，可以使用段落文字来完成。

01 启动Photoshop CC 2019软件，按快捷键Ctrl+O，打开相关素材中的"背景.jpg"文件，效果如图11-20所示。

02 在工具箱中选择"横排文字工具"T后，在工具选项栏中设置字体为"华文行楷"，设置文字大小为70点，设置文字颜色为白色。完成设置后，在画面中单击并向右下角拖动，释放鼠标后，会出现闪烁的"I"光标，如图11-21

所示。

图 11-20

图 11-21

图 11-22

图 11-23

03 此时可输入文字,当文字达到文本框边界时会自动换行,如图11-22所示。

04 单击工具选项栏中的 ✔ 按钮,即可完成段落文字的创建,如图11-23所示。

延伸讲解

在单击并拖动鼠标定义文本区域时,如果同时按住 **Alt** 键,会弹出"段落文字大小"对话框,在对话框中输入"宽度"和"高度"值,可以精确定义文字区域的大小。

11.3 变形文字

Photoshop中的文字可以进行变形操作,转换为波浪形、球形等各种形状,从而创建富有动感的文字特效。

11.3.1 实战——创建变形文字

Photoshop中提供了多种变形文字选项,在图像中输入文字后,便可进行变形操作。下面将讲解创建变形文字的具体操作方法。

01 启动Photoshop CC 2019软件,按快捷键Ctrl+O,打开相关素材中的"背景.jpg"文件,效果如图11-24所示。

02 在工具箱中选择"横排文字工具" **T** 后,在工具选项栏中设置字体为"Adobe黑体Std",设置文字大小为150点,设置文字颜色为黄色(#fae361),在图像中输入文字,如图11-25所示。

图 11-24

图 11-25

03 单击工具选项栏中的"创建变形文字"按钮，在弹出的"变形文字"对话框中选择"旗帜"选项，并设置相关参数，如图11-26所示。

图11-26

04 单击"确定"按钮，关闭对话框，此时得到的文字效果如图11-27所示。

图11-27

05 使用"钢笔工具"在文字上方绘制路径，如图11-28所示。

图11-28

06 按快捷键Ctrl+Enter将上述绘制的路径转换为选区，新建图层，填充黄色（#fae361），如图11-29所示。

图11-29

07 将变形文字所在的图层与路径所在的图层合并，然后单击"添加图层样式"按钮，添加"斜面和浮雕"及"描边"样式，参数设置如图11-30所示。

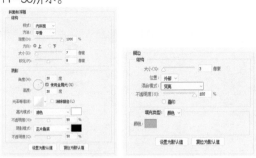

图11-30

08 单击"确定"按钮，关闭对话框，此时得到的文字效果如图11-31所示。

图11-31

09 用上述同样的方法，在"圣诞快乐"文字下方输入其他文字，并添加相同的文字样式，如图11-32所示。

图11-32

11.3.2 设置变形选项

在文字工具选项栏中单击"创建变形文字"按钮，可打开如图11-33所示的"变形文字"对话框，利用该对话框中的样式可制作出各种文字弯曲变形的艺术效果，如图11-34所示。

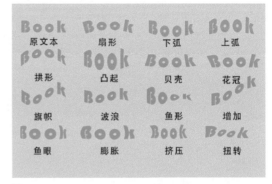

图11-35

图11-33　　　　　图11-34

Photoshop提供了15种文字变形样式效果，如图11-35所示。

要取消文字的变形，可以打开"变形文字"对话框，在"样式"下拉列表中选择"无"选项，单击"确定"按钮，关闭对话框，即可取消文字的变形。

--- 延伸讲解 ·

使用"横排文字工具"和"直排文字工具"创建的文本，只要保持文字的可编辑性，即没有将其栅格化、转换成为路径或形状前，可以随时进行重置变形与取消变形的操作。要重置变形，可选择一个文字工具，然后单击工具选项栏中的"创建变形文字"按钮，打开"变形文字"对话框，此时可以修改变形参数，或者在"样式"下拉列表中选择另一种样式。

11.4 路径文字

路径文字是指创建在路径上的文字，文字会沿着路径排列，改变路径形状时，文字的排列方式也会随之改变。用于排列文字的路径可以是闭合的，也可以是开放的。

11.4.1 实战——沿路径排列文字

沿路径排列文字，首先要绘制路径，然后使用文字工具输入文字。下面将讲解具体操作方法。

01 启动Photoshop CC 2019软件，按快捷键Ctrl+O，打开相关素材中的"酷狗.jpg"文件，效果如图11-36所示。

02 选择"钢笔工具" ，设置"工具模式"为"路径"，在画面上方绘制一段开放路径，如图11-37所示。

图11-36　　　　　图11-37

03 选择"横排文字工具" T，在工具选项栏中设置字体为"微软雅黑"，设置文字大小为10点，设置文字颜色为白色，移动光标至路径上方，（光标会显示为工形状），如图11-38所示。

04 单击即可输入文字，文字输入完成后，在"字符"面板中调整"字距"☑为460。按快捷键Ctrl＋H隐藏路径，即得到文字按照路径走向排列的效果，如图11-39所示。

图 11-38　　　　　　　图 11-39

--- 延伸讲解 ✎ ----------

如果觉得路径文字排列得太过紧凑，可以框选文字后在"字符"面板中调整所选字符间距。

11.4.2 移动/翻转路径文字

在Photoshop中，不仅可以沿路径编辑文字，还可以移动翻转路径中的文字。下面将讲解具体操作方法。

01 启动Photoshop CC 2019软件，按快捷键Ctrl+O，打开相关素材中的"狗.psd"文件，效果如图11-40所示。

图 11-40

02 在"图层"面板中选中文字所在的图层，如图11-41所示，画面中会显示对应的文字路径，在工具箱中选择"路径选择工具"▶或"直接选择工具"▷，移动光标至文字上方，当光标显示为↓状时单击并拖动，如图11-42所示。

图 11-41　　　　　　　图 11-42

03 通过上述操作即可改变文字在路径上的起始位置，如图11-43所示。

04 将文字还原至最初状态，选择"路径选择工具"▶或"直接选择工具"▷，单击并朝路径的另一侧拖动文字，可以翻转文字（文字由路径下方翻转至了路径上方），如图11-44所示。

图 11-43　　　　　　　图 11-44

11.4.3 实战——调整路径文字

之前学习了如何移动并翻转路径上的文字，接下来学习如何沿路径排列后编辑文字路径。

01 启动Photoshop CC 2019软件，按快捷键Ctrl+O，打开相关素材中的"模特.psd"文件，效果如图11-45所示。

02 在"图层"面板中选择文字所在的图层，选择"直接选择工具"▷，单击路径以显示锚点，如图11-46所示。

图 11-45

图 11-46

图 11-47

图 11-48

03 移动锚点或者调整方向线，可以修改路径的形状，文字会沿修改后的路径重新排列，如图11-47和图11-48所示。

延伸讲解

文字路径是无法在"路径"面板中直接删除的，除非在"图层"面板中删除文字路径所在的图层。

11.5 编辑文本命令

在Photoshop中，除了可以在"字符"面板和"段落"面板中编辑文本外，还可以通过命令编辑文本，如进行拼写检查、查找和替换文本等。

11.5.1 拼写检查

执行"编辑"|"拼写检查"命令，可以检查当前文本中英文单词的拼写是否有误，如果检查到错误，Photoshop还会提供修改建议。选择需要检查拼写错误的文本，执行命令后，打开"拼写检查"对话框，显示检查信息，如图11-49所示。

图 11-49

"拼写检查"对话框中各选项说明如下。

不在词典中：系统会将查出的拼写错误的单词显示在该列表中。

更改为：可输入用来替换错误单词的正确单词。

建议：在检查到错误单词后，系统会将修改建议显示在该列表中。

检查所有图层：勾选该复选框，可检查所有图层上的文本。

完成：单击该按钮，可结束检查并关闭对话框。

忽略：单击该按钮，忽略当前检查的结果。

全部忽略：单击该按钮，忽略所有检查的结果。

更改：单击该按钮，可使用"建议"列表中提供的单词替换查找到的错误单词。

更改全部：单击该按钮，使用正确的单词替换掉文本中所有的错误单词。

添加：如果被查找到的单词是正确的，则可以单击该按钮，将该单词添加到Photoshop词典中。以后查找到该单词时，Photoshop会确认其为正确的拼写形式。

11.5.2 查找和替换文本

执行"编辑"|"查找和替换文本"命令，可以查找到当前文本中需要修改的文字、单词、标点或字符，并将其替换为正确的内容，如图11-50所示为"查找和替换文本"对话框。

图 11-50

在进行查找时，只需在"查找内容"文本框中输入要替换的内容，然后在"更改为"文本框中输入用来替换的内容，单击"查找下一个"按钮，Photoshop会将搜索到的内容高亮显示，单击"更改"按钮，可将其替换。如果单击"更改全部"按钮，则搜索并替换所找到文本的全部匹配项。

11.5.3 更新所有文字图层

导入在低版本的Photoshop中创建的文字时，执行"文字"|"更新所有文字图层"命令，可将其转换为矢量类型。

11.5.4 替换所有欠缺字体

打开文件时，如果该文档中的文字使用了系统中没有的字体，会弹出一条警告信息，指明缺少哪些字体。出现这种情况时，可以执行"文字"|"替换所有欠缺字体"命令，使用系统中安装的字体替换欠缺的字体。

11.5.5 基于文字创建工作路径

选择一个文字图层，如图11-51所示，执行"文字"|"创建工作路径"命令，可以基于文字生成工作路径，原文字图层保持不变，如图11-52所示。生成的工作路径可以进行填充和描边，或者通过调整锚点得到变形文字。

图 11-51

图 11-52

11.5.6 将文字转换为形状

选择文字图层，如图11-53所示，执行"文字"|"转换为形状"命令，或右击文字图层，在弹出的快捷菜单中执行"转换为形状"命令，可以将其转换为具有矢量蒙版的形状图层，如图11-54所示。需要注意的是，此操作后，原文字图层将不会保留。

图 11-53　　　　　图 11-54

11.5.7 栅格化文字

在"图层"面板中选择文字图层，执行"文字"|"栅格化文字图层"命令，或执行"图层"|"栅格化"|"文字"命令，可以将文字图层栅格化，使文字变为图像。栅格化后的图像可以用画笔工具和滤镜等进行编辑，但不能再修改文字的内容。

11.6 综合实战——奶酪文字

本实例将结合滤镜与选区工具的使用，创建一款自定义图案，然后利用该图案填充文字，来制作一款立体感十足的奶酪文字。

01 启动Photoshop CC 2019软件，执行"文件"|"新建"命令，新建一个"高度"为200像素，"宽度"为200像素，"分辨率"为72像素/英寸的空白文档，如图11-55所示。

02 新建图层，设置前景色为黄色（#fbf2b7），按快捷键Alt+Delete为新图层填充前景色，如图11-56所示。

图11-55   图11-56

03 在工具箱中选择"椭圆选框工具" ○ ，在工具选项栏中单击"添加到选区"按钮 □ ，然后在图像上方绘制多个椭圆形选区，如图11-57所示。

04 绘制完成后，按Delete键将选区内的图像删除，并按快捷键Ctrl+D取消选择，得到如图11-58所示的效果。

图11-57   图11-58

05 执行"滤镜"|"其他"|"位移"命令，在弹出的"位移"对话框中设置"水平"与"垂直"位移量均为100像素，设置"未定义区域"为"折回"，如图11-59所示，这样可以使椭圆

图形分布均匀。

图11-59

06 设置完成后单击"确定"按钮，得到的效果如图11-60所示。用上述同样的方法，使用"椭圆选框工具" ○ 绘制圆形以填补空缺处，并按Delete键删除选区中的图像，得到的效果如图11-61所示。

图11-60   图11-61

--- 相关链接 ✐
　　关于"滤镜"的使用可参照本书第12章。

07 将"背景"图层隐藏，如图11-62所示。选择"图层1"图层，执行"编辑"|"定义图案"命令，将绘制的图形定义为图案，如图11-63所示。

图11-62   图11-63

08 按快捷键Ctrl+O，打开相关素材中的"背景.jpg"文件，效果如图11-64所示。

09 使用"横排文字工具"**T**在图像上方输入文字Cheese，其中文字大小为180像素，颜色为黑色，效果如图11-65所示（这里使用的字体为Berlin Sans FB Demi）。

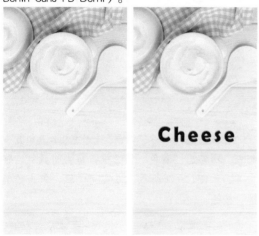

图11-64   图11-65

10 在"图层"面板中选择文字所在的图层，按住Ctrl键的同时单击该图层的缩览图，可得到文字选区。单击"创建新图层"按钮🗏，在文字所在的图层上方新建图层，命名为"芝士填充"，然后选中该图层，执行"编辑"｜"填充"命令，在弹出的"填充"对话框中选择"奶酪"图案，其他选项保持默认，单击"确定"按钮，如图11-66所示。

图11-66

11 使用"油漆桶工具"🪣为选区填充图案，并按快捷键Ctrl+D取消选择，如图11-67所示。

12 将文字所在的图层隐藏或删除。选择"芝士填充"图层，按快捷键Ctrl+J复制得到新的图层，并重命名为"基础层"，并为该图层执行

"图像"｜"调整"｜"色相/饱和度"命令，在弹出的对话框中勾选"着色"选项，并调整参数，如图11-68所示。设置完成后单击"确定"按钮，得到的效果如图11-69所示。

图11-67

图11-68

图11-69

13 选择"基础层"图层，按4次快捷键Ctrl+J，连续复制得到4个图层。在工具箱中选择"移动工具"✢，然后选择"基础层 复制4"图层，使用方向键，将图层向下移动1像素，向右移动2像素；选择"基础层 复制3"图层，将图层向下移动3像素，向右移动3像素，然后执行"图像"｜"调整"｜"亮度/对比度"命令，将"亮度"降低至-25；选择"基础层 复制2"图层，将图层向下和向右各移动5像素，并将"亮度"降低至-39；选择"基础层 复制"图层，将图层向下移动像素，向右各移动6像素，并将"亮度"降低至-59；最后选择"基础层"图

层，将图层向下移动9像素，向右移动8像素，并将"亮度"降低至−60。此时得到的效果如图11−70所示，文字产生了由浅到深的层次感。

14 在"图层"面板中将"背景"图层和"芝士"图层隐藏，然后右击，在弹出的快捷菜单中执行"合并可见图层"命令，将显示的图层合并至"基础层"图层。

15 选择"基础层"图层，执行"滤镜"|"模糊"|"高斯模糊"命令，在弹出的"高斯模糊"对话框中设置"半径"为0.7像素，如图11−71所示。

图 11-70

图 11-71

16 设置完成后，单击"确定"按钮，并恢复"背景"图层的显示，可以看到模糊操作后消除了层与层之间比较明显的界限，如图11−72所示。

17 接下来处理奶酪的侧面部分。选择"基础层"图层，使用"魔棒工具" ✐ 选取文字的侧面部分，如图11−73所示。

图 11-72

图 11-73

18 执行"滤镜"|"杂色"|"添加杂色"命令，在弹出的"添加杂色"对话框中设置"数量"为12%，"分布"选择"高斯分布"，并勾选"单色"复选框，如图11−74所示，设置完成后，单击"确定"按钮。

19 执行"滤镜"|"模糊"|"动感模糊"命令，在弹出的"动感模糊"对话框中设置

"角度"为−43度，设置"距离"为13像素，如图11−75所示，设置完成后，单击"确定"按钮。

图 11-74

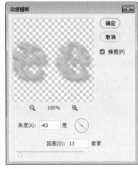

图 11-75

20 执行"图像"|"调整"|"色相/饱和度"命令，不勾选"着色"复选框，适当将颜色调整一下，如图11−76所示，设置完成后，单击"确定"按钮。

图 11-76

21 执行"图像"|"调整"|"色阶"命令，在弹出的"色阶"对话框中调整色阶参数，如图11−77所示，设置完成后，单击"确定"按钮。

22 完成上述设置后，按快捷键Ctrl+D取消选择，得到的图像侧面效果如图11−78所示。

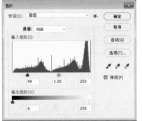

图 11-77

图 11-78

23 恢复"芝士填充"图层的显示，并将其置顶，双击该图层，在弹出的"图层样式"对话框

中勾选"斜面和浮雕"选项，并参照图11-79所示调整参数，使表面更加细腻。

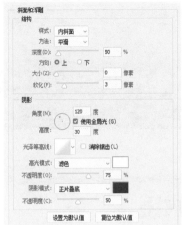

图11-79

24 完成设置后，单击"确定"按钮。在"图层"面板中双击"基础层"图层，在弹出的"图层样式"对话框中勾选"阴影"选项，并参照图11-80所示调整参数。

25 设置完成后，单击"确定"按钮，在文档中继续添加其他文字，最终效果如图11-81所示。

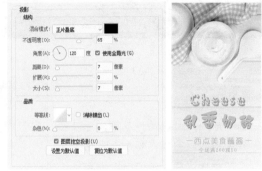

图11-80

图11-81

第 12 章 滤镜的应用

本章简介

滤镜是Photoshop的万花筒，可以在顷刻之间完成许多令人眼花缭乱的特殊效果，例如指定印象派绘画或马赛克拼贴外观，或者添加独一无二的光照和扭曲效果。本章将详细讲解常用的滤镜效果，及其在图像处理中的应用方法和技巧。

本章重点

滤镜的种类
滤镜的使用方法
编辑智能滤镜

12.1 认识滤镜

Photoshop的滤镜种类繁多，功能和应用各不相同，但在使用方法上有许多相似之处，了解和掌握这些方法和技巧，对提高滤镜的使用效率很有帮助。

12.1.1 什么是滤镜

Photoshop中的滤镜是一种插件模块，它们能够操纵图像中的像素。位图是由像素构成的，每一个像素都有自己的位置和颜色值，滤镜就是通过改变像素的位置或颜色值来生成特效的。

12.1.2 滤镜的种类

滤镜分为内置滤镜和外挂滤镜两大类。内置滤镜是Photoshop自身提供的各种滤镜，外挂滤镜是由其他厂商开发的滤镜，它们需要安装在Photoshop中才能使用。本章将主要讲解Photoshop CC 2019内置滤镜的使用方法与技巧。

12.1.3 滤镜的使用

掌握一些滤镜的使用规则及技巧，可以有效地避免陷入操作误区。

■ 使用规则

使用滤镜处理某个图层中的图像时，需要选择该图层，并且图层必须是可见状态，即缩览图前显示 ● 图标。

滤镜同绘画工具或其他修饰工具一样，只能处理当前选择的图层中的图像，而不能同时处理多个图层中的图像。

滤镜的处理效果以像素为单位，使用相同的参数处理不同分辨率的图像时，其效果也会不同。

只有"云彩"滤镜可以应用在没有像素的区域，其他滤镜都必须应用在包含像素的区域，否则不能使用这些滤镜（外挂滤镜除外）。

如果已创建选区，如图12-1所示，那么滤镜只处理选中的图像，如图12-2所示；如果未创建选区，则处理当前图层中的全部图像。

图 12-1

图 12-2

■ 使用技巧

在滤镜对话框中设置参数时，按住Alt键，"取消"按钮会变成"复位"按钮，如图12-3所示，单击该按钮，可以将参数恢复为初始状态。

图 12-3

使用一个滤镜后，"滤镜"菜单中会出现该滤镜的名称，单击它或按快捷键Ctrl+F可以快速应用这个滤镜。如果要修改滤镜参数，可以按快捷键Alt+Ctrl+F，打开相应的对话框重新设定。

应用滤镜的过程中，如果要终止处理，可以按Esc键。

使用滤镜时通常会打开滤镜库或者相应的对话框，在预览框中可以预览滤镜的效果。单击 或

 按钮，可以放大或缩小显示比例；单击并拖动预览框内的图像，可移动图像，如图12-4所示；如果想要查看某一区域，可在文档中单击，滤镜预览框中就会显示单击处的图像，如图12-5和图12-6所示。

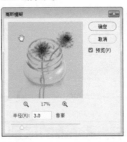

图 12-4

图 12-5

图 12-6

使用滤镜处理图像后，执行"编辑"|"渐隐"命令，可以修改滤镜效果的混合模式和不透明度。

12.1.4 提高滤镜工作效率

有些滤镜使用时会占用大量内存，尤其是将滤镜应用于大尺寸、高分辨率的图像时，处理速度会非常缓慢。

如果图像尺寸较大，可以在图像上选择一小部分区域试验滤镜效果，得到满意的结果后，再应用于整幅图像。如果图像尺寸很大，而且内存不足时，可将滤镜应用于单个通道中的图像，添加滤镜效果。

在运行滤镜之前，执行"编辑"|"清理"|"全部"命令，释放内存。

将更多的内存分配给Photoshop。如果需要，可关闭其他正在运行的应用程序，以便为Photoshop提供更多的可用内存。

尝试更改设置以提高占用大量内存的滤镜的速度，如"光照效果""木刻""染色玻璃""铬黄""波纹""喷溅""喷色描边"和"玻璃"滤镜等。

12.2 智能滤镜

所谓智能滤镜，实际上就是应用在智能对象上的滤镜。与应用在普通图层上的滤镜不同，Photoshop保存的是智能滤镜的参数和设置，而不是图像应用滤镜的效果。在应用滤镜的过程中，当发现某个滤镜的参数设置不恰当，滤镜前后次序颠倒或某个滤镜不需要时，就可以像更改图层样式一样，将该滤镜关闭或重设滤镜参数，Photoshop会使用新的参数对智能对象重新进行计算和渲染。

12.2.1 智能滤镜与普通滤镜的区别

在Photoshop中，普通滤镜是通过修改像素来生成效果的。如图12-7所示为一个图像文件，如图12-8所示是使用"镜头光晕"滤镜处理后的效果，从"图层"面板中可以看到，"背景"图层的像素被修改了，如果将图像保存并关闭，就无法恢复为原来的效果了。

图 12-9

图 12-7

图 12-8

智能滤镜是一种非破坏性的滤镜，它将滤镜效果应用于智能对象上，不会修改图像的原始数据。如图12-9所示为使用"镜头光晕"智能滤镜的处理结果，与普通"镜头光晕"滤镜的效果完全相同。

--- 延伸讲解 🖋

遮盖智能滤镜时，蒙版会应用于当前图层中的所有智能滤镜，单个智能滤镜无法遮盖。执行"图层"|"智能滤镜"|"停用滤镜蒙版"命令，可以暂时停用智能滤镜的蒙版，蒙版上会出现一个红色的"×"；执行"图层"|"智能滤镜"|"删除滤镜蒙版"命令，可以删除蒙版。

12.2.2 实战——使用智能滤镜

要应用智能滤镜，首先应将图层转换为智能对象或执行"滤镜"|"转换为智能滤镜"命令，下面将讲解智能滤镜的用法。

01 启动Photoshop CC 2019软件，按快捷键Ctrl+O，打开相关素材中的"儿童.jpg"文件，效果如图12-10所示。

02 执行"滤镜"|"转换为智能滤镜"命令，弹出提示信息，单击"确定"按钮，将"背景"图层转换为智能对象，如图12-11所示。

图12-10

图12-11

--- 延伸讲解

应用于智能对象的任何滤镜都是智能滤镜，如果当前图层为智能对象，可直接对其应用滤镜，而不必将其转换为智能滤镜。

03 按快捷键Ctrl+J复制得到"图层0 拷贝"图层。将前景色设置为黄色（#f1c28a），执行"滤镜"|"滤镜库"命令，打开"滤镜库"对话框。为对象添加"素描"组中的"半调图案"滤镜效果，并将"图像类型"设置为"网点"，如图12-12所示。

图12-12

04 单击"确定"按钮，对图像应用智能滤镜，效果如图12-13所示。

图12-13

05 执行"滤镜"|"锐化"|"USM锐化"命令，对图像进行锐化，使网点变得更加清晰，如图12-14所示。

图12-14

06 设置"图层0 拷贝"图层的混合模式为"正片叠底"，如图12-15所示。

图12-15

12.2.3 实战——编辑智能滤镜

添加智能滤镜效果后，可以进行修改，下面讲解编辑智能滤镜的方法和技巧。

01 启动Photoshop CC 2019软件，按快捷键Ctrl+O，打开相关素材中的"儿童.psd"文件，效果如图12-16所示。

02 在"图层"面板中双击"图层0 拷贝"图层的"USM锐化"智能滤镜，如图12-17所示。

03 在弹出的"USM锐化"对话框中，可以修改滤镜参数，修改完成后单击"确定"按钮，可预览修改后的效果，如图12-18所示。

04 在"图层"面板中双击"滤镜库"智能滤镜旁的"编辑滤镜混合选项"图标 ，如图12-19所示。

图 12-16

图 12-17

图 12-18

图 12-19

05 打开"混合选项（滤镜库）"对话框，可设置滤镜的不透明度和混合模式，如图12-20所示。

06 在"图层"面板中，单击"滤镜库"智能滤镜前的 ◉ 图标，如图12-21所示，可隐藏该智能滤镜效果，再次单击该图标，可重新显示滤镜。

图 12-20

07 在"图层"面板中，按住Alt键的同时将光标放在智能滤镜图标 ◉ 上，如图12-22所示。

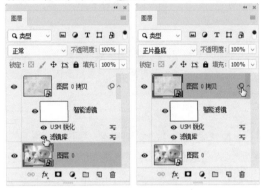

图 12-21　　　　　　　　　图 12-22

08 从一个智能对象拖动到另一个智能对象，便可复制智能效果，如图12-23和图12-24所示。

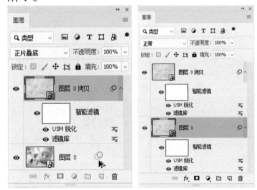

图 12-23　　　　　　　　　图 12-24

◆—（答疑解惑）哪些滤镜可用作智能滤镜？—◆

　　除"液化"和"消失点"等少数滤镜之外，其他的都可以作为智能滤镜使用，其中包括支持智能滤镜的外挂滤镜。此外，在"图像"|"调整"菜单中的"阴影/高光"和"变化"命令也可以作为智能滤镜来使用。

12.3 滤镜库

"滤镜库"是一个整合了风格化、画笔描边、扭曲和素描等多个滤镜组的对话框，它可以将多个滤镜同时应用于同一图像，也能对同一图像多次应用同一滤镜，或者用其他滤镜替换原有的滤镜。

12.3.1 滤镜库概览

执行"滤镜"|"滤镜库"命令，或者使用风格化、画笔描边、扭曲、素描和艺术效果滤镜组中滤镜时，都可以打开"滤镜库"对话框，如图12-25所示。

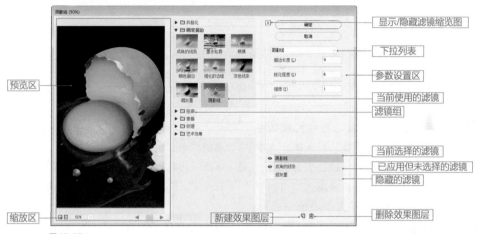

图 12-25

"滤镜库"对话框中主要选项说明如下。

预览区：用来预览滤镜效果。

滤镜组/参数设置区："滤镜库"中共包含6组滤镜，单击一个滤镜组前的 ▶ 按钮，可以展开该滤镜组，单击滤镜组中的一个滤镜即可使用该滤镜，同时在右侧的参数设置区内会显示该滤镜的参数选项。

当前选择的滤镜：显示了当前使用的滤镜。

显示/隐藏滤镜缩览图 ▣：单击该按钮，可以隐藏滤镜组，将窗口空间留给图像预览区；再次单击，则显示滤镜组。

下拉列表：单击 ▾ 按钮，可在打开的下拉列表中选择一个滤镜。

缩放区：单击 ▣ 按钮，可放大预览区图像的显示比例；单击 ▣ 按钮，则缩小显示比例。

12.3.2 效果图层

在"滤镜库"中选择一个滤镜后，它就会出

现在对话框右下角的已应用滤镜列表中，如图12-26所示。单击"新建效果图层"按钮 ▣，可以添加一个效果图层，此时可以选择其他滤镜，图像效果也将变得更加丰富。

图 12-26

滤镜效果图层与图层的编辑方法相同，上下拖曳效果图层可以调整它们的堆叠顺序，滤镜效

211

果也会发生改变,如图12-27所示。单击回按钮,可以删除效果图层,单击 ● 图标可以隐藏或显示滤镜。

图 12-27

12.4 风格化滤镜组

"风格化"滤镜组包含9种滤镜,它们可以置换像素、查找并增加图像的对比度,产生绘画和印象派风格效果。

12.4.1 查找边缘

"查找边缘"滤镜可以自动搜索图像的主要颜色区域,将高反差区域变亮,低反差区域变暗,其他区域则介于两者之间,硬边变为线条,柔边变粗,可以自动形成清晰的轮廓,突出图像的边缘。滤镜使用前后的效果如图12-28所示。

图 12-28

12.4.2 等高线

"等高线"滤镜可以查找主要亮度区域的转换,并为每个颜色通道淡淡地勾勒主要亮度区域的转换,以获得与等高线图中的线条类似的效果。其选项设置与应用效果如图12-29和图12-30所示。

图 12-29　　　　图 12-30

"等高线"对话框中各选项说明如下。

色阶:用来设置描绘边缘的基准亮度等级。

边缘:用来设置处理图像边缘的位置,以及边界的产生方法。选择"较低"时,可以在基准亮度等级下的轮廓上生成等高线;选择"较高"时,则在基准亮度等级以上的轮廓上生成等高线。

12.4.3 风

"风"滤镜可在图像中增加一些细小的水平线以模拟风吹效果,如图12-31和图12-32所示。该滤镜只在水平方向起作用,要产生其他方向的风吹效果,需要先将图像旋转,然后使用该滤镜。

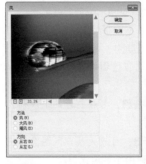

图 12-31　　　　图 12-32

12.4.4 浮雕效果

"浮雕效果"滤镜可通过勾画图像或选区的轮廓,以及降低周围色值来生成凸起或凹陷的浮雕效果，其选项设置与应用效果如图12-33和图12-34所示。

图 12-33　　　　　图 12-34

"浮雕效果"对话框中各选项说明如下。

角度：用来设置照射浮雕的光线角度，影响浮雕的凸出位置。

高度：用来设置浮雕效果凸起的高度。

数量：用来设置浮雕滤镜的作用范围，该值越高边界越清晰，小于40%时，整个图像会变灰。

12.4.5 扩散

"扩散"滤镜可以使图像中相邻的像素按规定的方式有机地移动，使图像扩散，形成一种类似于透过磨砂玻璃观看对象时的分离模糊效果，其选项设置与应用效果如图12-35和图12-36所示。

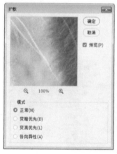

图 12-35　　　　　图 12-36

"扩散"对话框中各选项说明如下。

正常：选择该单选按钮，图像的所有区域都进行扩散处理，与图像的颜色值没有关系。

变暗优先：选择该单选按钮，用较暗的像素替换亮的像素，暗部像素扩散。

变亮优先：选择该单选按钮，用较亮的像素替换暗的像素，只有亮部像素产生扩散。

各向异性：选择该单选按钮，在颜色变化最小的方向上搅乱像素。

12.4.6 拼贴

"拼贴"滤镜可以将图像分解为瓷砖方块，并使其偏离原来的位置，产生不规则瓷砖拼凑成的图像效果，如图12-37和图12-38所示。该滤镜会使各砖块之间产生一定的空隙，可以在"填充空白区域用"选项组内选择使用什么样的内容填充空隙。

图 12-37　　　　　图 12-38

"拼贴"对话框中各选项说明如下。

拼贴数：设置图像拼贴块的数量。当拼贴数达到99时，整个图像将被"填充空白区域"选项组中的设定的颜色覆盖。

最大位移：设置拼贴块的间隙。

12.4.7 曝光过度

"曝光过度"滤镜可以混合负片和正片图像，用来模拟摄影中因增加光线强度而产生的过度曝光效果，其效果如图12-39所示。

图 12-39

12.4.8 凸出

"凸出"滤镜可以将图像分成一系列大小相同且有机重叠放置的立方体或锥体，产生特殊的3D效果，其选项设置与应用效果如图12-40和图12-41所示。

图 12-40　　　　　　图 12-41

"凸出"对话框中各选项说明如下。

类型：用来设置图像凸起的方式。

大小：用来设置立方体或金字塔底面的大小，

该值越高，生成的立方体和椎体越大。

深度：用来设置凸出对象的高度，"随机"表示为每个块或金字塔设置任意的深度；"基于色阶"则表示使每个对象的深度与其亮度对应，越亮，凸出得越多。

立方体正面：勾选该复选框后，将失去图像的整体轮廓，生成的立方体上只显示单一的颜色，如图12-42所示。

蒙版不完整块：勾选该复选框后，可以隐藏所有延伸至选区外的对象，如图12-43所示。

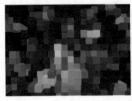

图 12-42　　　　　　图 12-43

12.5 "画笔描边"滤镜组

"画笔描边"滤镜组包括成角的线条、喷色描边、强化的边缘等8个滤镜，可以为图像制作绘画效果，也可以添加颗粒、杂色、纹理等。

12.5.1 成角的线条

"成角的线条"滤镜可以用对角描边重新绘制图像，暗部和亮部区域为不同的线条方向。如图12-44所示为原图，如图12-45和图12-46所示为滤镜参数及效果。

图 12-44

图 12-45　　　　　　图 12-46

"成角的线条"滤镜参数说明如下。

方向平衡：用来设置对角线条的倾斜角度。

描边长度：用来设置对角线条的长度。

锐化程度：用来设置对角线条的清晰程度。

12.5.2 墨水轮廓

"墨水轮廓"滤镜能够以钢笔画的风格，用纤细的线条在原细节上重绘图像，如图12-47所示为原图，如图12-48和图12-49所示为滤镜参数及效果。

图 12-47

图 12-48　　　　　图 12-49

"墨水轮廓"滤镜参数说明如下。

描边长度：用来设置图像中生成的线条的长度。

深色强度：用来设置线条阴影的轻度，该值越高，图像越暗。

光线强度：用来设置线条高光的轻度，该值越高，图像越亮。

12.5.3 喷溅

"喷溅"滤镜能够模拟喷枪，使图像产生笔墨喷溅的艺术效果，如图12-50所示为原图，如图12-51和图12-52所示为滤镜参数及效果。

图 12-50

图 12-51　　　　　图 12-52

"喷溅"滤镜参数说明如下。

喷色半径：可处理不同颜色的区域，该值越高，颜色越分散。

平滑度：确定喷射效果的平滑程度。

12.5.4 喷色描边

"喷色描边"滤镜用喷溅的颜色线条重新绘制图像，产生斜纹飞溅效果，如图12-53所示为原图，如图12-54和图12-55所示为滤镜参数及效果。

图 12-53

图 12-54　　　　　图 12-55

"喷色描边"滤镜参数说明如下。

描边长度/描边方向：用来设置笔触的长度和线条方向。

喷色半径：用来控制喷洒的范围。

12.5.5 强化的边缘

"强化的边缘"滤镜可以强化图像的边缘，设置高的边缘亮度值时，强化效果类似白色粉笔，如图12-56所示为原图，如图12-57和图12-58所示为滤镜参数及效果。

图12-56

图12-57　　　　　　　图12-58

"强化的边缘"滤镜参数说明如下。

边缘宽度：用来设置需要强化的边缘的宽度。

边缘亮度：用来设置需要强化的边缘的亮度。数值越高，强化效果就越类似于白色粉笔；数值越低，强化效果就越类似于黑色油墨。

平滑度：用于设置边缘的平滑程度。数值越高，图像效果越柔和。

12.5.6 深色线条

"深色线条"滤镜用短而紧密的深色线条绘制暗部区域，用长的白色线条绘制亮区，如图12-59所示为原图，如图12-60和图12-61所示为滤镜参数及效果。

图12-59　　　　　　　图12-60

图12-61

"深色线条"滤镜参数说明如下。

平衡：用来控制绘制的黑白色调的比例。

黑色强度/白色强度：可调整绘制的黑色调和白色调的强度。

12.5.7 烟灰墨

"烟灰墨"滤镜能够以日本画的风格绘画，它使用非常黑的油墨在图像中创建柔和的模糊边缘，使图像看起来像是用蘸满油墨的画笔在宣纸上绘制的，如图12-62和图12-63所示为滤镜参数及效果。

图12-62　　　　　　　图12-63

"烟灰墨"滤镜参数说明如下。

描边宽度/描边压力：用来设置笔触的宽度和压力。

对比度：用来设置画面效果的对比程度。

12.5.8 阴影线

"阴影线"滤镜可以保留原始图像的细节和特征，同时使用模拟的铅笔阴影线添加纹理，并使彩色区域的边缘变得粗糙，如图12-64所示为原图，如图12-65和图12-66所示为滤镜参数及效果。

图 12-64

图 12-65　　　　　图 12-66

12.6 模糊滤镜组

　　模糊滤镜包含表面模糊、动感模糊、径向模糊等11种滤镜，它们可以柔化像素，并降低相邻像素间的对比度，使图像产生柔和、平滑过渡的效果。

12.6.1 表面模糊

　　"表面模糊"滤镜能够在保留边缘的同时模糊图像，可用来创建特殊效果，并消除杂色或颗粒，如图12-67所示为原图，如图12-68和图12-69所示为滤镜参数及效果。

图 12-67

图 12-68　　　　　图 12-69

　　"表面模糊"滤镜参数说明如下。

　　半径：用来指定模糊取样的大小。

　　阈值：用来控制相邻像素色调值与中心像素值相差多大时才能成为模糊的一部分，色调值小于阈值的像素将被排除在模糊之外。

12.6.2 动感模糊

　　"动感模糊"滤镜可以根据制作效果的需要沿指定方向模糊图像，产生的效果类似于以固定的曝光时间给一个移动的对象拍照，如图12-70和图12-71所示为滤镜参数及效果。

图 12-70　　　　　图 12-71

12.6.3 方框模糊

　　"方框模糊"滤镜可以基于相邻像素的平均色值来模糊图像，生成类似于方块状的特殊模糊效果。如图12-72和图12-73所示为滤镜参数及效果。"半径"值可以调整用于计算给定像素的平均值的区域大小。

图 12-72　　　　　　　图 12-73

12.6.4 高斯模糊

"高斯模糊"滤镜可以添加低频细节，使图像产生一种朦胧效果。如图12-74和图12-75所示为滤镜参数及效果。通过调整"半径"值可以设置模糊的范围，它以像素为单位，数值越高，模糊效果越强烈。

图 12-74　　　　　　　图 12-75

12.6.5 进一步模糊

"进一步模糊"滤镜可以平衡已定义的线条和遮蔽区域的清晰边缘旁边的像素，使变化显得柔和。

12.6.6 径向模糊

"径向模糊"滤镜用于模拟缩放或旋转相机时所产生的模糊，产生一种柔化的模糊效果，如图12-76所示为原图，如图12-77所示为"径向模糊"对话框。

图 12-76　　　　　　　图 12-77

"径向模糊"对话框中各选项说明如下。

数量：设置模糊的强度，该值越高，模糊效果越强烈。

模糊方法：选择"旋转"时，图像会沿同心圆环线产生旋转的模糊效果，如图12-78所示；选择"缩放"时，则会产生放射状模糊效果，如图12-79所示。

图 12-78　　　　　　　图 12-79

中心模糊：在该设置框内单击，可以将单击点定义为模糊的原点，原点位置不同，模糊中心也不相同，如图12-80和图12-81所示。

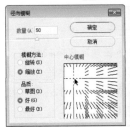

图 12-80

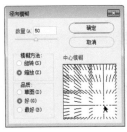

图 12-81

品质：设置应用模糊效果后图像的显示品质。选择"草图"，处理速度最快，但会产生颗粒状效果；选择"好"和"最好"，都可以产生较为平滑的效果，但除非在较大图像上，否则看不出这两种品质的区别。

--- 延伸讲解

使用"径向模糊"滤镜处理图像时，需要进行大量的计算，如果图像的尺寸较大，可以先设置较低的"品质"来观察效果，在确认最终效果后，再提高"品质"。

12.6.7 镜头模糊与模糊

"镜头模糊"滤镜可以向图像中添加模糊，模糊效果取决于模糊的源设置。

"模糊"滤镜用于在图像中有显著颜色变化的地方消除杂色，它可以通过平衡已定义的线条和遮蔽区域的清晰边缘旁边的像素来使图像变得柔和。

12.6.8 平均

"平均"滤镜可以查找图像的平均颜色，然后以该颜色填充图像，创建平滑的外观。

12.6.9 特殊模糊

"特殊模糊"滤镜提供了半径、阈值和模糊品质等参数，可以精确地模糊图像，如图12-82所示为原图，如图12-83所示为"特殊模糊"对话框。

图 12-82

图 12-83

"特殊模糊"对话框中各选项说明如下。

半径：设置模糊的范围，该值越高，模糊效果越明显。

阈值：确定像素具有多大差异后才会被模糊处理。

品质：设置图像的品质，包括低、中等和高3种。

模式：在该下拉列表中可以选择产生模糊效果的模式。在"正常"模式下，不会添加特殊效果，如图12-84所示；在"仅限边缘"模式下，会以黑色显示图像，以白色描绘出图像边缘像素亮度值变化强烈的区域，如图12-85所示；在"叠加边缘"模式下，则以白色描绘出图像边缘像素亮度值变化强烈的区域，如图12-86所示。

图 12-84

图 12-85

图 12-86

12.6.10 形状模糊

"形状模糊"滤镜可以使用指定的形状创建特殊的模糊效果，如图12-87所示为原图，如图12-88和图12-89所示为"形状模糊"对话框及效果。

图 12-87

图 12-88

图 12-89

"形状模糊"对话框中各选项说明如下。

半径：设置形状的大小，该值越高，模糊效果越好。

形状列表：单击列表中的一个形状即可使用该形状模糊图像。单击列表右侧的 ✿. 按钮，可以在打开的下拉列表中载入其他形状库。

12.6.11 实战——打造运动模糊效果

使用"动感模糊"滤镜可以模拟因高速跟拍而产生的带有运动方向的模糊效果，下面将使用该滤镜为照片添加运动模糊效果。

01 启动Photoshop CC 2019软件，按快捷键Ctrl+O，打开相关素材中的"滑雪.jpg"文件，效果如图12-90所示。

02 按快捷键Ctrl+J复制"背景"图层，得到"图层1"。选择"图层1"，执行"滤镜"|"转换为智能滤镜"命令，如图12-91所示。

图 12-90

图 12-91

03 继续执行"滤镜"|"模糊"|"动感模糊"命令，在弹出的"动感模糊"对话框中设置"角度"为30度，设置"距离"为258像素，如图12-92所示。单击"确定"按钮，完成设置，此时得到的画面效果如图12-93所示。

图 12-92   图 12-93

04 在"图层"面板中选中智能滤镜的图层蒙版，如图12-94所示。

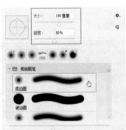

图 12-94

05 单击工具箱中的"画笔工具" ✐，选择柔边圆笔刷，在工具选项栏中设置"画笔大小"为150像素，设置"硬度"为50%，将前景色设置为黑色，然后在画面中人像的位置进行涂抹，最终效果如图12-95所示。

图 12-95

12.7 扭曲滤镜

扭曲滤镜包括波浪、波纹、极坐标、挤压、切变、球面化等9个滤镜，它们通过创建三维或其他形体效果对图像进行几何变形，创建3D或其他扭曲效果。

12.7.1 波浪

"波浪"滤镜可以在图像上创建波浪起伏的图案，生成波浪效果，如图12-96所示为原图，如图12-97所示为"波浪"对话框。

图 12-96

图 12-97

在"类型"选项组中可以设置正弦、三角形和方形3种波纹形态，如图12-98所示。

正弦　　　　　　　　三角形

方形

图 12-98

12.7.2 波纹

"波纹"滤镜和"波浪"滤镜的工作方式相同，但提供的选项较少，只能控制波纹的数量和波纹大小，如图12-99所示为原图，图12-100和图12-101所示为"波纹"对话框及效果。

图 12-99

图 12-100　　　　　　图 12-101

12.7.3 极坐标

"极坐标"滤镜以坐标轴为基准,将图像从平面坐标转换到极坐标,或将极坐标转换为平面坐标,如图12-102所示为"极坐标"对话框,图12-103和图12-104所示为两种极坐标效果。

图 12-102

图 12-103　　　　　　　图 12-104

12.7.4 挤压

"挤压"滤镜可以将整个图像或选区内的图像向内或向外挤压。如图12-105所示为"挤压"对话框。其中"数量"用于控制挤压程度,该值为负值时图像向外凸出,效果如图12-106所示;为正值时图像向内凹陷,效果如图12-107所示。

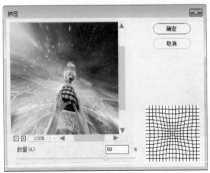

图 12-105

图 12-106　　　　　　　图 12-107

12.7.5 切变

"切变"滤镜是比较灵活的滤镜,可以按照自己设定的曲线来扭曲图像。如图12-108为原图像,在"切变"对话框的曲线上单击,可以添加控制点,通过拖动控制点改变曲线的形状即可扭曲图像,如图12-109所示。如果要删除某个控制点,将它拖至对话框外即可。单击"默认"按钮,则可将曲线恢复到初始的直线状态。

图 12-108　　　　　　　图 12-109

"切变"对话框中各选项说明如下。

折回:可在空白区域中填入溢出图像之外的图像,如图12-110所示。

重复边缘像素:可在图像边界不完整的空白区域填入扭曲边缘的像素颜色,如图12-111所示。

图 12-110　　　　　　　图 12-111

12.7.6 球面化

"球面化"滤镜通过将选区折成球形,扭曲图像以及伸展图像以适合选中的曲线,使图像产生3D效果，如图12-112所示为原图，图12-113所示为"球面化"对话框。

图12-112　　　　　图12-113

"球面化"对话框中各选项说明如下。

数量：设置挤压程度，该值为正值时，图像向外凸出，如图12-114所示；该值为负值时向内收缩，如图12-115所示。

图12-114　　　　　图12-115

模式：在该下拉列表中可以选择挤压方式，包括正常、水平优先和垂直优先。

12.7.7　水波

"水波"滤镜可以模拟水池中的波纹，在图像中模拟向水池中投入石子后水面的变化形态，如图12-116所示为图像中创建的选区；如图12-117所示为"水波"对话框。

图12-116　　　　　图12-117

"水波"对话框中各选项说明如下。

数量：设置波纹的大小，范围为-100～100，负值产生下凹的波纹，正值产生上凸的波纹。

起伏：设置波纹数量，范围0～20，该值越高，波纹越多。

样式：设置波纹形成的方式。选择"围绕中心"选项，可以围绕中心产生波纹，如图12-118所示；选择"从中心向外"选项，波纹从中心向外扩散，如图12-119所示；选择"水池波纹"选项，可以产生同心状波纹，如图12-120所示。

图12-118　　　　　图12-119

图12-120

12.7.8　旋转扭曲

"旋转扭曲"滤镜可以使图像产生旋转的风轮效果，旋转会围绕图像中心进行，中心旋转的程度比边缘大，如图12-121和图12-122所示为原图和"旋转扭曲"对话框。"角度"值为正值时沿顺时针方向扭曲，如图12-123所示；为负值时沿逆时针方向扭曲，如图12-124所示。

图 12-121

图 12-122

图 12-123

图 12-124

12.7.9 置换

"置换"滤镜可以根据另一个图像的亮度值使现有图像的像素重新排列并产生位移，在使用该滤镜前需要准备一个用于置换的PSD格式的图像。

12.7.10 实战——制作水中涟漪效果

下面将主要利用"水波"滤镜来制作水中的涟漪。

01 启动Photoshop CC 2019软件，按快捷键Ctrl+O，打开相关素材中的"背景.jpg"文件，效果如图12-125所示。

02 按快捷键Ctrl+J复制得到一个图层，右击该图层，在弹出的快捷菜单中执行"转换为智能对象"命令，将复制得到的图层转换为智能对象。

03 执行"滤镜"|"扭曲"|"水波"命令，在弹出的"水波"对话框中设置"数量"为74，设置"起伏"为20，"样式"选择"水池波纹"，如图12-126所示。

图 12-125

图 12-126

04 设置完成后，单击"确定"按钮，此时得到的图像效果如图12-127所示。

05 在"图层"面板中选择水波所在的图层，单击"添加图层蒙版"按钮 ◻，为该图层创建图层蒙版，如图12-128所示。

图 12-127

图 12-128

06 将前景色设置为黑色，选择工具箱中的"画笔工具" ✎，选择柔边笔触，调整到合适大小后，在图像中的湖面周围涂抹，将湖面周围的涟漪隐去，如图12-129所示。

07 将相关素材中的"天鹅.png"文件拖入文档中，调整文档大小和位置后，按Enter键确认，最终效果如图12-130所示。

图 12-129

图 12-130

12.8 锐化滤镜组

"锐化"滤镜组中包含6种滤镜，它们可以通过增强相邻像素间的对比度来聚焦模糊的图像，使图像变得清晰。

12.8.1 USM 锐化

"USM锐化"滤镜可以查找图像颜色发生明显变化的区域，然后将其锐化，如图12-131所示为原图，如图12-132和图12-133所示为"USM锐化"对话框及效果。

图 12-131

图 12-132

图 12-133

"USM锐化"对话框中各选项说明如下。

数量：设置锐化强度，该值越高，锐化效果越明显。

半径：设置锐化的范围。

阈值：只有相邻像素间的差值达到该值所设定的范围时才会被锐化，该值越高，被锐化的像素就越少。

12.8.2 防抖

"防抖"滤镜模拟相机镜头效果，能够在一定程度上降低因抖动产生的模糊。

12.8.3 进一步锐化与锐化

"锐化"滤镜通过增加像素间的对比度使图像变得清晰，锐化效果不是很明显。"进一步锐化"比"锐化"滤镜的效果强烈些，相当于应用了2~3次"锐化"滤镜。

12.8.4 锐化边缘

"锐化边缘"滤镜只锐化图像的边缘，同时会保留图像整体的平滑度，使用滤镜前后的效果如图12-134所示。

图 12-134

12.8.5 智能锐化

"智能锐化"与"USM锐化"滤镜比较相似，但它提供了独特的锐化控制选项，可以设置锐化算法、控制阴影和高光区域的锐化量。如图12-135所示为原图像，图12-136所示为"智能锐化"对话框，它包含基本和高级两种锐化方式。

图 12-135

图 12-136

"智能锐化"对话框中各选项说明如下。

预设：在该下拉列表中，可以载入预设、保存预设，也可自定设置预设参数。

数量：设置锐化数量，较高的值可增强边缘像素之间的对比度，使图像看起来更加锐利，如图12-137所示。

半径：确定受锐化影响的边缘像素的数量，该值越高，受影响的边缘就越宽，锐化的效果也就越明显，如图12-138所示。

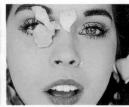

"数量"为100%　　　　　"数量"为500%

图 12-137

"半径"为1　　　　　　"半径"为4

图 12-138

减少杂色：设置杂色的减退量，值越高杂色越少。

移去：在该下拉列表中可以选择锐化算法。

阴影/高光：单击左侧的三角按钮，可以显示"阴影"与"高光"的参数，可以分别调整阴影和高光区的渐隐量、色调宽度、半径。

● 答疑解惑 图像锐化的原理是什么？

锐化图像时，Photoshop会提高图像中两种相邻颜色（或灰度层次）交界处的对比度，使它们的边缘更加明显，令其看上去更加清晰，造成锐化的错觉，如图12-139所示。

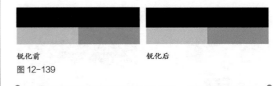

锐化前　　　　　　　　锐化后
图 12-139

12.9 视频滤镜组

视频滤镜组中包含两种滤镜，它们可以处理以隔行扫描方式提取的图像，将普通图像转换为视频设备可以接收的图像，以解决视频图像交换时系统差异的问题。

12.9.1 NTSC 颜色

"NTSC颜色"滤镜可以将色域限制在电视机重现可接受的范围内，以防止过度饱和的颜色。

12.9.2 逐行

"逐行"滤镜可以移去视频图像中的奇数或偶数隔行线，使在视频上捕捉的运动图像变得平滑，如图12-140所示为"逐行"对话框。

图 12-140

"逐行"对话框中各选项说明如下。

消除：选择"奇数行"单选按钮，可删除奇数扫描线；选择"偶数行"单选按钮，可删除偶数扫描线。

创建新场方式：选择"复制"单选按钮，可复制被删除部分周围的像素来填充空白区域；选择"插值"单选按钮，则利用被删除的部分周围的像素，通过插值的方法进行填充。

12.10　像素化滤镜组

像素化滤镜组包含7种滤镜，它们可以通过使单元格中颜色值相近的像素结成块来清晰地定义一个选区，可用于创建彩块、点状、晶格和马赛克等特殊效果。

12.10.1　彩块化

"彩块化"滤镜可以使纯色或相近颜色的像素结成像素块。使用该滤镜处理扫描的图像时，可以使其看起来像手绘的图像，也可以使现实主义图像产生类似抽象派的绘画效果。

12.10.2　彩色半调

"彩色半调"滤镜可以使图像变为网点状效果。它先将图像的每一个通道划分为矩形区域，再以和矩形区域亮度成比例的圆形替代这些矩形，圆形的大小与矩形的亮度成比例，高光部分生成的网点较小，阴影部分生成的网点较大。如图12-141所示为原图像，如图12-142和图12-143所示为滤镜效果与"彩色半调"对话框。

图 12-141

图 12-142

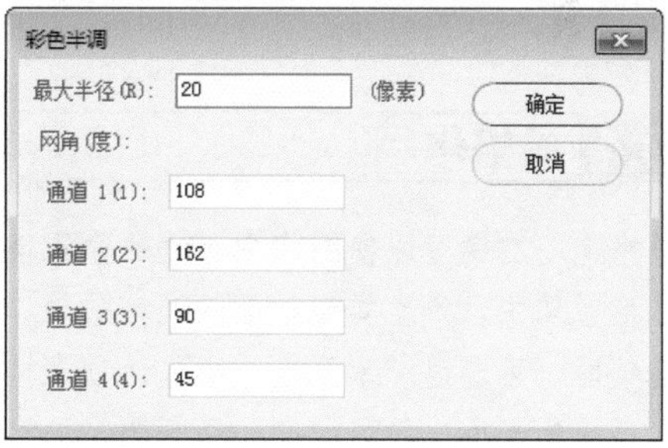

图 12-143

"彩色半调"对话框中各选项说明如下。

最大半径：用来设置生成的最大网点的半径。

网角（度）：用来设置图像各个原色通道的网点角度。如果图像为灰度模式，只能使用"通道1"；如果图像为RGB模式，可以使用3个通道；如果图像为CMYK模式，可以使用所有通道。当各个通道中的网角数值相同时，生成的网点会重置显示出来。

12.10.3 点状化

"点状化"滤镜可以将图像中的颜色分散为随机分布的网点，如同点状绘画效果，背景色将作为网点之间的画布区域。使用该滤镜时，可通过"单元格大小"来控制网点的大小。如图12-144所示为原图像，如图12-145和图12-146所示为滤镜效果与"点状化"对话框。

图 12-144　　　　图 12-145

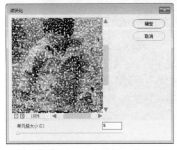

图 12-146

12.10.4 晶格化

"晶格化"滤镜可以使图像中相近的像素集中到多边形色块中，产生类似结晶的颗粒效果。使用该滤镜时，可通过"单元格大小"选项来控制多边形色块的大小，如图12-147所示为"晶格化"对话框，如图12-148所示为滤镜效果。

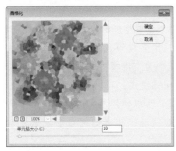

图 12-147

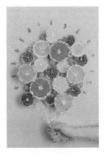

图 12-148

12.10.5 马赛克

"马赛克"滤镜可以使像素结为方形块，再给块中的像素应用平均的颜色，创建马赛克效果。使用该滤镜时，可通过"单元格大小"调整马赛克的大小，如图12-149所示为原图像，如图12-150和图12-151所示为滤镜效果与"马赛克"对话框。

图 12-149

图 12-150　　　　　　图 12-151

12.10.6 碎片

"碎片"滤镜可以把图像的像素复制4次，再将它们平均，并使其相互偏移，使图像产生一种类似于因相机对焦不准而拍摄的效果模糊的照片。

12.10.7 铜版雕刻

"铜版雕刻"滤镜可以在图像中随机生成各种不规则的直线、曲线和斑点，使图像产生年代久远的金属板效果。

12.11 渲染滤镜组

渲染滤镜组中的滤镜可以在图像中创建灯光效果、3D形状和折射图案等，是非常重要的特效制作滤镜。

12.11.1 云彩和分层云彩

"云彩"滤镜可以使用介于前景色与背景色之间的随机值生成柔和的云彩图案，如图12-152所示。

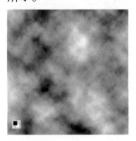

图 12-152

"分层云彩"滤镜可以将云彩数据和现有的像素混合，其方式与"差值"模式混合颜色的方式相同。第一次使用滤镜时，图像的某些部分被反相为云彩图案，多次应用滤镜后，可以创建出与大理石纹理相似的凸缘与叶脉图案。

— 延伸讲解

如果先按住 Alt 键，再执行"云彩"命令，可生成色彩更加鲜明的云彩图案。

12.11.2 纤维

"纤维"滤镜可以使用前景色和背景色随机创建编制纤维效果。如图12-153所示为"纤维"对话框，图12-154所示为前景色、背景色及滤镜效果。

图 12-153

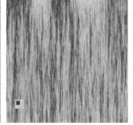

图 12-154

"纤维"对话框中各选项说明如下。

差异：用来设置颜色的变化方式。该值较低时，会产生较长的颜色条纹；该值较高时，则会产生较短且颜色分布变化更大的纤维。

强度：用来控制纤维的外观。该值较低时，会产生松散的织物效果，该值较高时，会产生短的绳状纤维。

随机化：单击该按钮，可随机生成新的纤维外观。

12.11.3 光照效果

"光照效果"滤镜是一个强大的灯光效果制作滤镜，它包含17种光照样式、3种光源，可以产生无数种光照。它还可以使用灰度文件的纹理（称为凹凸图）产生类似3D状的立体效果。

12.11.4 镜头光晕

"镜头光晕"滤镜可以模拟亮光照射到相机镜头所产生的折射，常用来表现玻璃、金属等材质的反射光，或用来增强日光和灯光效果。如图12-155所示为原图像，如图12-156所示为"镜头光晕"对话框。

图 12-155   图 12-156

"镜头光晕"对话框中各选项说明如下。

光晕中心：在对话框中的图像缩览图上单击或拖曳十字线，可以指定光晕的中心。

亮度：用来控制光晕的强度，变化范围为

10%~300%。

镜头类型：可以模拟不同类型镜头产生的光晕，如图12-157所示。

50～300毫米变焦　　　35毫米聚焦

105毫米聚焦　　　电影镜头

图12-157

12.11.5 实战——为照片添加唯美光晕

"镜头光晕"滤镜常用于模拟因光照射到相机镜头产生折射而出现的眩光。虽然在拍摄时需要避免眩光的出现，但在后期处理时加入一些眩光，能使画面效果更加丰富。

01 启动Photoshop CC 2019软件，按快捷键Ctrl+O，打开相关素材中的"植物.jpg"文件，效果如图12-158所示。

02 由于该滤镜需要直接作用于画面，容易对原图造成破坏，因此需要新建图层，并为其填充黑色，然后将图层的混合模式设置为"滤色"，如图12-159所示。这样即可将黑色部分去除，且不会对原始画面造成破坏。

图12-158　　　　　图12-159

03 选择图层，执行"滤镜"|"渲染"|"镜头光晕"命令，在弹出的"镜头光晕"对话框中，拖曳缩览图中的"+"标志，即可调整光源的位置，并调整光源的"亮度"与"镜头类型"，如图12-160所示。调整完成后，单击"确定"按钮，最终效果如图12-161所示。

图12-160　　　　　图12-161

--- 延伸讲解

如果觉得效果不满意，可以在填充的黑色图层上进行位置或缩放比例的修改，避免对原图层的破坏。此外，可以按快捷键Ctrl+J复制得到另一个层并进行操作。

12.12 杂色滤镜组

杂色滤镜组包含5种滤镜，它们可以添加或去除杂色、带有随机分布色阶的像素，创建与众不同的纹理。

12.12.1 减少杂色

"减少杂色"滤镜对去除用数码相机拍摄的照片中的杂色是非常有效的。图像的杂色显示为随机的无关像素，它们不是图像细节的一部分。"减少杂色"滤镜可基于影响整个图像或各个通道的设置保留边缘，同时减少杂色。如图12-162所示为"减少杂色"对话框。

图 12-162

12.12.2 蒙尘与划痕

"蒙尘与划痕"滤镜通过更改图像中有差异的像素来减少杂色、灰尘、瑕疵等。如图12-163所示为"蒙尘与划痕"对话框，为了在锐化图像和隐藏瑕疵之间取得平衡，可尝试"半径"与"阈值"设置的各种组合。"半径"值越高，模糊程度越强。"阈值"用于定义像素的差异有多大才能视为杂点，该值越高，去除杂点的效果就越弱。如图12-164所示为滤镜效果。

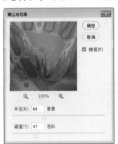

图 12-163　　　　　图 12-164

12.12.3 去斑

"去斑"滤镜可以检测图像的边缘，并模糊那些边缘外的所有区域，同时会保留图像的细节。

12.12.4 添加杂色

"添加杂色"滤镜可以将随机的像素应用于图像，以模拟用高速胶片拍摄所产生的颗粒效果，也可以用来减少羽化选区或渐变填充中的条

纹，如图12-165所示为原图像，如图12-166和图12-167所示为滤镜效果与"添加杂色"对话框。

图 12-165　　　　　　　　图 12-166

图 12-167

"添加杂色"对话框中各选项说明如下。

数量：设置杂色的数量。

分布：设置杂色的分布方式。选择"平均分布"单选按钮，会随机地在图像中加入杂点，效果比较柔和；选择"高斯分布"单选按钮，会沿一条钟形分布的方式来添加杂点，杂点较强烈。

单色：勾选该复选框，杂点只影响原有像素的亮度，像素的颜色不会改变。

12.12.5 中间值

"中间值"滤镜可以混合选区中像素的亮度以减少图像的杂色，该滤镜会搜索像素选区的半径范围以查找亮度相近的像素，并且会扔掉与相邻像素差异太大的像素，然后用搜索到的像素的中间亮度值来替换中心像素。

12.12.6 实战——制作雪景

"添加杂色"滤镜可以在图像中添加随机的单色或彩色像素点，下面将通过该滤镜打造雪景效果。

01 启动Photoshop CC 2019软件，按快捷键Ctrl+O，打开相关素材中的"雪景.jpg"文件，效果如图12-168所示。

02 新建图层，设置前景色为黑色。选择工具箱中的"矩形选框工具" 、，在画面中绘制一个矩形选框，按快捷键Alt+Delete填充黑色，然后按快捷键Ctrl+D取消选择，如图12-169所示。

图 12-168　　　　　图 12-169

03 选择"图层1"图层，执行"滤镜"|"杂色"|"添加杂色"命令，在弹出的"添加杂色"对话框中设置"数量"为25%，选择"高斯分布"单选按钮，勾选"单色"复选框，如图12-170所示，单击"确定"按钮，完成设置。

04 在"图层1"图层选中状态下，使用"矩形选框工具" 、创建一个小一些的矩形选区，如图12-171所示。

图 12-170　　　　　图 12-171

05 按快捷键Ctrl+Shift+I将选区反选，按Delete键删除反选部分的图像。按快捷键Ctrl+D取消选择，此时画面中只留下小部分黑色矩形，如图

12-172所示。

图 12-172

06 按快捷键Ctrl+T进行自由变换，将矩形放大到与画面大小一致，如图12-173所示。

07 执行"滤镜"|"模糊"|"动感模糊"命令，在弹出的"动感模糊"对话框中设置"角度"为-40°，设置"距离"为30像素，如图12-174所示，设置完成后，单击"确定"按钮。

图 12-173　　　　　图 12-174

08 在"图层"面板中设置"图层1"图层的混合模式为"滤色"，设置"不透明度"为75%，如图12-175所示。

09 按快捷键Ctrl+J复制得到"图层1"图层，然后按快捷键Ctrl+T进行自由变换，适当放大，使雪更具层次感，最终效果如图12-176所示。

图 12-175　　　　　图 12-176

12.13 其他滤镜

其他滤镜组中有允许用户自定义滤镜的命令，也有使用滤镜修改蒙版、在图像中使选区发生位移和快速调整颜色的命令。

12.13.1 高反差保留

"高反差保留"滤镜可以在具有强烈颜色变化的地方按指定的半径保留边缘细节，并且不显示图像的其余部分，如图12-177所示为"高反差保留"对话框，如图12-178所示为滤镜效果。

图 12-177   图 12-178

通过"半径"值可调整原图像保留的程度，该值越高，保留的原图像越多；如果该值为0，则整个图像会变为灰色。

12.13.2 位移

"位移"滤镜可以在水平或垂直方向上偏移图像，如图12-179所示为原图，如图12-180所示为"位移"对话框。

图 12-179   图 12-180

"位移"对话框中各选项说明如下。

水平：设置水平偏移的距离。该值为正值时，

向右偏移，左侧留下空缺；该值为负值时，向左偏移，右侧出现空缺，如图12-181所示。

"水平"值为 100 像素   "水平"值为 -100 像素

图 12-181

垂直：设置垂直偏移的距离。该值为正值时向下偏移，上侧出现空缺；该值为负值时，向上偏移，下侧出现空缺，如图12-182所示。

"垂直"值为 100 像素   "垂直"值为 -100 像素

图 12-182

未定义区域：设置偏移图像后产生的空缺部分的填充方式。选择"设置为背景"，以背景色填充空缺部分，如图12-183所示；选择"重复边缘像素"，可在图像边缘不完整的空缺部分填入扭曲边缘的像素颜色；选择"折回"在空缺部分填入溢出图像之外的图像，如图12-184所示。

图12-183 图12-184

12.13.3 自定

"自定"滤镜是Photoshop提供的可以自

定义滤镜效果的功能，它根据预定义的数学运算更改图像中每个像素的亮度值，这种操作与通道的加、减计算类似，用户可以存储创建的自定滤镜，并将它们用于其他Photoshop图像。

12.13.4 最大值和最小值

"最大值"滤镜对于修改蒙版非常有用。该滤镜可以在指定的半径范围内，用周围像素的最高亮度值替换当前像素的亮度值。

"最小值"滤镜对于修改滤镜蒙版非常有用，该滤镜具有伸展功能，可以扩展黑色区域，而收缩白色区域。

12.14 综合实战——墨池荷香

本实例使用Photoshop内置滤镜，将普通照片转换为水墨画。

01 启动Photoshop CC 2019软件，按快捷键Ctrl+O，打开相关素材中的"荷花.jpg"文件，效果如图12-185所示。

02 按快捷键Ctrl+J复制得到"图层1"图层，并在该图层中执行"图像"|"调整"|"阴影/高光"命令，在弹出的"阴影/高光"对话框中调整"数量"参数，如图12-186所示。设置完成后，单击"确定"按钮。

图12-185 图12-186

03 执行"图像"|"调整"|"黑白"命令，在弹出的"黑白"对话框中调整各个颜色参数，如图12-187所示，设置完成后，单击"确定"按钮。此时得到的图像效果如图12-188所示。

图12-187 图12-188

04 执行"选择"|"色彩范围"命令，弹出"色彩范围"对话框，用"吸管工具"选取画面中的黑色背景，将其载入选区，并调整"颜色容差"值为80，如图12-189所示。单击"确定"按钮，保存设置。

05 执行"图像"|"调整"|"反相"命令，将黑色背景转为白色，按快捷键Ctrl+D取消选择，此时得到的图像效果如图12-190所示。

图 12-189　　　　　图 12-190

06 按快捷键Ctrl+J复制得到"图层1 拷贝"图层和"图层1 拷贝2"图层，如图12-191所示。

图 12-191

07 将位于顶层的"图层1 拷贝2"图层的混合模式更改为"颜色减淡"，按快捷键Ctrl+I反相，再执行"滤镜"|"其他"|"最小值"命令，在弹出的"最小值"对话框中调整"半径"为2像素，如图12-192所示。完成设置后，单击"确定"按钮，此时得到的图像效果如图12-193所示。

图 12-192　　　　　图 12-193

08 右击，在弹出的快捷菜单中执行"向下合并"命令，并将合并所得图层隐藏。接着，选择"图层1"图层，执行"滤镜"|"滤镜库"命令，选择"喷溅"滤镜，并设置"喷色半径"为9，设置"平滑度"为4，如图12-194所示。此时得到的图像效果如图12-195所示。

图 12-194　　　　　图 12-195

09 恢复"图层1 复制"图层的显示，选择该图层，使用"橡皮擦工具" 将画面中的荷叶部分擦出来，如图12-196所示。

图 12-196

10 将"图层1"图层与"图层1 拷贝"图层合并，然后为该图层执行"滤镜"|"滤镜库"命令，选择"纹理化"滤镜，将"纹理"设为"画布"，并调整"缩放"与"凸现"等参数，如图12-197所示，设置完成后，单击"确定"按钮。

11 使用"直排文字工具"，在画面中输入文字"墨池荷香"，并调整到合适的大小及位置，如图12-198所示。

图 12-197 　　　　　　　图 12-198

图层的下方，并选择图像所在的图层，按快捷键 Ctrl+T进行自由变换，将图像适当缩小，最终效果如图12-202所示。

图 12-199 　　　　　　　图 12-200

12 将图像与文字所在的图层合并，在"图层"面板单击 按钮，创建"照片滤镜"调整图层，并在其"属性"面板中调整"浓度"参数，如图12-199和图12-200所示。

13 为图像所在的图层执行"图像"|"调整"|"色阶"命令，在弹出的"色阶"对话框中适当调整参数，如图12-201所示，设置完成后，单击"确定"按钮。

14 使用"矩形工具" 绘制一个与文档大小一致的绿色（#8c9282）矩形，放置在图像所在

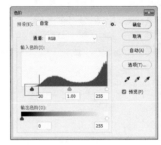

图 12-201 　　　　　　　图 12-202

本章简介

为了快速熟悉各行业的设计特点和要求，以适应复杂多变的平面设计工作，本章将结合当下比较热门的行业和领域，深入剖析Photoshop在淘宝美工、照片处理、创意合成、UI设计，以及产品包装与设计等方面的具体应用。通过本章的学习，能够迅速积累相关经验，拓展知识深度，进而轻松完成各类平面设计工作。

13.1 淘宝美工

随着电商产业的快速发展，淘宝已成为生活中不可缺少的一部分，淘宝美工这个新行业应运而生。电商可以通过广告、招贴等宣传形式，将自己的产品及产品特点以视觉的方式传播给买家，而买家则可以通过这些宣传对产品进行了解。

13.1.1 实战——双十一时尚 Banner

Banner指的是网站页面上的横幅广告。在电商设计中，无论是新品发布，还是专题活动，都需要通过Banner进行展示。本例将结合各类图形工具与选区，制作一款时尚个性的双十一活动Banner。

01 启动Photoshop CC 2019软件，执行"文件"|"新建"命令，新建一个"高度"为800像素，"宽度"为1920像素，"分辨率"为72像素/英寸的空白文档，并命名为"电商Banner"。

02 按快捷键Ctrl+O，打开相关素材中的"模特.jpg"文件，如图13-1所示。

03 按住Alt键的同时，双击"图层"面板中的"背景"图层，将其转换为可编辑图层。使用"钢笔工具" ∅ 沿着人物轮廓进行描绘，完成轮廓描绘后，转换为选区，按快捷键Ctrl+Shift+I反选选区，按Delete键删除选区中的图像，得到的效果如图13-2所示。

图 13-1

图 13-2

04 选择"移动工具" ⊕，将上述抠图像拖动至"电商Banner"文档中，并调整到合适的大小及位置。同时按住Alt键双击"图层"面板中的"背景"图层，将其转换为可编辑图层。设置前景色为深蓝（#0c056d），设置背景色为蓝色（#322a98），然后使用"渐变工具" ■ 为背景填充径向渐变，得到的效果如图13-3所示。

图 13-3

05 选择人物所在的图层，按住Ctrl键的同时，单击图层缩略图，将人物载入选区。然后单击"图层"面板下方的"创建新图层"按钮 ，创建空白图层，修改前景色为红色（#f25d9c），按快捷键Alt+Delete填充选区。将填充后的图形拖动至人物下方，并适当放大，如图13-4所示。

06 用上述同样的方法，创建几个不同颜色的图形并叠放在一起，效果如图13-5所示。将人物及其下方的图形所在的图层合并，并将图层命名为"人物"。

图 13-4

图 13-5

07 使用"矩形工具" □ 和"椭圆工具" ○ 分别绘制一个红色（#ff68b3）正圆形和一个蓝色（#6ff7ff）正方形，放置在"人物"图层上方。

08 为了使画面更加丰富饱满，使用"直线工具" ／ 绘制几条白色直线，效果如图13-6所示。

图 13-6

09 使用"横排文字工具" T 分别输入文字"释放自我"和"购物狂欢节"，并在"字符"面板中进行字符参数调整，具体如图13-7和图13-8所示。设置完成后得到的文字效果如图13-9所示。

图 13-7 图 13-8

图 13-9

10 用同样的方法，继续使用"横排文字工具" T 分别输入文字fashion和11·11，调整到合适的大小及位置后，将文字所在图层拖动到上述中文文字所在图层的下方，并在"图层"面板中调整"不透明度"为11%，得到的文字效果如图13-10所示。

图 13-10

11 选择"自定形状工具" ✿ ，在工具选项栏的形状下拉面板中选取不同的形状，在图像中绘制不同颜色的几何图形，使画面更动感，最终效果如图13-11所示。

图13-11

---- 相关链接 ⤷

关于形状工具的具体使用方法请参考本书第10章10.5节。

13.1.2 实战——火锅促销海报

在设计促销海报前，需要确立海报的创意构思、配色技巧和文字内容，找到与主题相关的素材。本例将使用浅黄色作为背景主色，搭配不同的火锅素材凸显海报主题，并将文案在海报上方按层级放置，给海报增添层次感。

01 启动Photoshop CC 2019软件，执行"文件"｜"新建"命令，新建一个"高度"为600像素，"宽度"为1920像素，"分辨率"为72像素/英寸的空白文档，并命名为"火锅海报"。

02 修改前景色为浅黄色（#fbe6d1），按快捷键Alt+Delete为"背景"图层填充前景色，并执行"滤镜"｜"滤镜库"命令，为"背景"图层添加"纹理化"滤镜，参数设置如图13-12所示，设置完成后，单击"确定"按钮。

图13-12

03 执行"文件"｜"置入嵌入对象"命令，在弹出的"置入嵌入的对象"对话框中找到PNG图像素材，如图13-13所示，单击"置入"按钮即可将素材置入文档。这里也可以选择打开文件夹，将图形文件直接拖入文档。

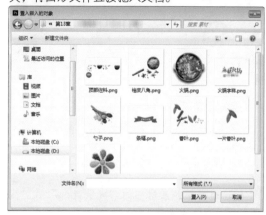

图13-13

04 将置入的PNG图形素材摆放在画面中合适的位置，并进行自由变换，调整至合适大小，使画面视觉均衡，摆放效果如图13-14所示。

图13-14

05 在"图层"面板中，双击"勺子"图层，弹出"图层样式"对话框，勾选"投影"选项，并在右侧参数面板中调整投影参数，如图13-15所示，设置完成后，单击"确定"按钮。此时，可以看到画面中的"勺子"图层对应的图像下方出现了投影效果，对象更加立体，如图13-16所示。

图13-15　　　　　　图13-16

06 在"图层"面板中，按住Alt键的同时，拖动"勺子"图层的"投影"样式至另一图层，可快速复制同一效果到其他图层，用此方法，为其余的图形对象统一添加投影效果，如图13-17所示。

图 13-17

--- 相关链接

复制与粘贴图层样式的具体方法可参考本书第 4 章 4.7.8 小节。

07 分别将相关素材中的"火锅.png"和"火锅字样.png"文件置入文档，摆放在画面中心位置，如图13-18所示。

图 13-18

08 为了更加凸显文字，使用"矩形工具" □ 在"火锅字样"图层下方绘制一个白色无描边的矩形，并在"图层"面板降低其"不透明度"至70%，如图13-19和图13-20所示。

图 13-19

图 13-20

09 将上述绘制的矩形复制，并在工具选项栏中修改复制对象的填充颜色为黄色（#ffe1a1），按快捷键Ctrl+T进行自由变换，按住Alt键的同时拖曳控制点，由中心向外扩展矩形，得到的效果如图13-21所示。

图 13-21

10 将相关素材中的"条幅.png"文件置入文档，摆放在矩形右下角位置，并为该对象添加投影效果，如图13-22所示。

图 13-22

--- 延伸讲解

在制作电商海报时，可将产品图分散排列在海报四周。通过多张产品图片可以展现商品的多样化，按照层级摆放，能给海报增添层次感。为了吸引浏览者的注意，需要在画面中显示优惠力度，让浏览者可以轻松、实惠地进行购买。

11 使用"横排文字工具" T 在文档中分别输入RMB、29和.9字样，如图13-23和图13-24所示。

图 13-23

图 13-24

12 使用"圆角矩形工具" □ 在画面中绘制一个黑色圆角矩形，并在"属性"面板中调整各角的半径，如图13-25所示。

13 在"图层"面板中双击圆角矩形所在的图层，在弹出的"图层样式"对话框中勾选"渐变叠加"选项，为图形添加深红（#d20d23）到浅红（#f6601e）色渐变，如图13-26所示。

图 13-25

14 继续在"图层样式"对话框中勾选"投影"复选框，使图形更加立体，然后单击"确定"按钮，保存设置。最后，使用"横排文字工具" **T** 在图形上方添加黄色（#fabf0c）文字

"点击购买"，最终的海报效果如图13-27所示。

图 13-26

图 13-27

13.2 照片处理

在数码相机普及的今天，人像摄影作为倍受喜爱的拍摄主题之一，受到众多摄影师及摄影爱好者的青睐。在掌握拍摄技巧的同时，摄影师们还需要掌握一些常见的后期处理技术，用有效的方法对人像照片的瑕疵和缺陷进行修复，化腐朽为神奇，展现出数码照相机无法拍摄出来的完美效果，带来视觉上的最佳体验和享受。

13.2.1 实战——泛黄牙齿美白

本例将通过建立调整图层，对发黄的牙齿进行校色，从而达到美白牙齿的目的。

01 启动Photoshop CC 2019软件，按快捷键Ctrl+O，打开相关素材中的"牙齿.jpg"文件，如图13-28所示。

图 13-28

02 按快捷键Ctrl+J复制"背景"图层，并将复制得到的图层命名为"牙齿"。按住Alt键，同时单击"图层"面板中的"添加图层蒙版"按钮 ▣ ，为复制的图层创建蒙版。

---- 延伸讲解

　　按住 Alt 键的同时添加图层蒙版，可以添加黑色蒙版，即画面被全部隐藏；按住 Ctrl 键的同时添加图层蒙版，可以添加白色蒙版，即画面被全部显现。

03 在工具箱中选择"画笔工具" ✐ ，将前景色设置为白色，选择一个柔边画笔，在图像中的牙齿区域进行涂抹。单击"背景"图层前的 ◉ 图标，将"背景"图层隐藏，观察牙齿区域是否被完整地涂抹，如图13-29所示。

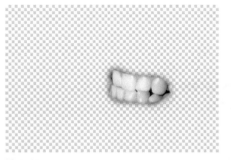

图 13-29

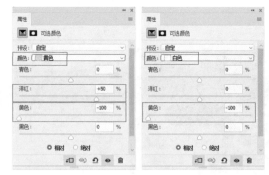

图 13-32　　　　　　　图 13-33

04 单击"背景"图层前的"指示图层可见性"图标 ▨（即原 ◉ 图标位置），恢复"背景"图层的显示状态。单击"图层"面板中的"创建新的填充或调整图层"按钮 ◒，在弹出的快捷菜单中执行"可选颜色"命令。

05 按住Alt键的同时，在"牙齿"图层与调整图层中间单击（待出现 ↓□ 图标），创建可选颜色剪贴蒙版，如图13-30所示。

06 在调整图层的"属性"面板中，选择"可选颜色"的红色，调整"黑色"为−50%，如图13-31所示。

图 13-30　　　　　　　图 13-31

--- 延伸讲解 ✐

　　利用可选颜色修改牙齿颜色的思路是从红色（牙齿的牙龈阴影处）、黄色（牙齿本身的颜色）、白色（高光的黄色）三个可选颜色入手，降低其黄色的值。

07 在调整图层的"属性"面板中继续选择"可选颜色"的黄色，设置"洋红"为+50，设置"黄色"为−100，如图13-32所示。

08 选择"可选颜色"的白色，设置"黄色"为−100，如图13-33所示。

09 完成可选颜色的参数调整后，可以看到原本泛黄的牙齿变白了，效果如图13-34所示。

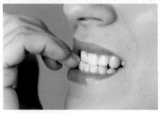

图 13-34

13.2.2 实战——祛除面部色斑

　　本例将利用高反差保留计算磨皮的方法，祛除人物面部斑点，此方法的优势在于能较好地保留人物面部的质感。

01 启动Photoshop CC 2019软件，按快捷键Ctrl+O，打开相关素材中的"女孩.jpg"文件，如图13-35所示。

02 按快捷键Ctrl+J复制"背景"图层。在"通道"面板中选择斑点对比较为明显的"绿"通道，将其拖曳到"创建新通道"按钮 ▣ 上，复制得到"绿 拷贝"通道，如图13-36所示。

图 13-35

图 13-36

03 执行"滤镜"|"其他"|"高反差保留"

命令，弹出"高反差保留"对话框，设置"半径"为10像素，如图13-37所示。单击"确定"按钮，此时得到的图像效果如图13-38所示。

图 13-37

图 13-38

--- 延伸讲解 ᐟ

　　"高反差保留"滤镜可以将图像中颜色、明暗反差较大的两部分的交界处保留下来，反差大的地方提取出来的图案效果明显，反差小的地方则生成中灰色，可以用来移去图像中的低频细节。

04 执行"图像"|"计算"命令，弹出"计算"对话框，"通道"选择"绿 拷贝"通道，设置"混合"为"亮光"，如图13-39所示。单击"确定"按钮，可以看到通道的对比度增加，效果如图13-40所示。

图 13-39

图 13-40

--- 延伸讲解 ᐟ

　　"计算"命令用于混合两个来自一个或多个源图像的单个通道，并将结果应用到新图像、新通道或编辑的图像的选区。不能对复合通道（如RGB通道）应用"计算"命令。

05 用上述同样的参数重复执行"计算"命令3次，每次计算将生成一个新通道，第3次计算后通道的对比度明显增加，效果如图13-41所示。

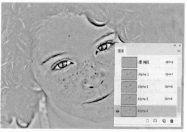

图 13-41

06 按住Ctrl键的同时，单击计算后所得通道的缩略图，将白色区域载入选区。按快捷键Ctrl+Shift+I反选选区，将包含斑点的黑色区域载入选区，如图13-42所示。

图 13-42

07 选择RGB通道，回到"图层"面板，按快捷键Ctrl+J将选区中的图像复制到新图层中。

08 单击"图层"面板中的"创建新的填充或调整图层"按钮 ◐ ，在快捷菜单中执行"曲线"

命令，然后按住Alt键，在斑点所在的图层与曲线调整图层中间单击，创建曲线剪贴蒙版，如图13-43所示。

09 在曲线调整图层的"属性"面板中调整曲线，如图13-44所示，使斑点部分被调亮。

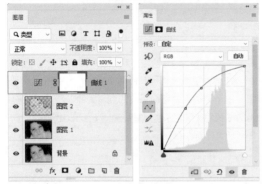

图 13-43　　　　　　　图 13-44

10 将前景色设置成黑色，选择工具箱中的"画笔工具" ✐，并选择一个柔边画笔，单击曲线调整图层的蒙版缩略图，在斑点区域之外涂抹，使斑点区域之外的五官部分保持原来的细节，如图13-45所示。

图 13-45

11 按快捷键Ctrl+Alt+Shift+E盖印图层。选择"污点修复画笔工具" ✐，进行细节修饰，人物去斑后的效果如图13-46所示。

图 13-46

●━━ 答疑解惑 盖印图层与合并可见图层的区别 ━━●

合并可见图层是把所有可见图层合并新的图层，原图层被直接合并；盖印图层的效果与合并可见图层后的效果一样，但会新建图层，而不影响原来的图层。

13.2.3 实战——打造修长美腿

"内容识别比例"命令可用于一定限度地变动、调整画面的结构或比例时，最大程度地保护画面主体像素。本例将主要使用该命令打造修长美腿。

01 启动Photoshop CC 2019软件，按快捷键Ctrl+O，打开相关素材中的"模特.jpg"文件，如图13-47所示。

02 按快捷键Ctrl+J复制"背景"图层，选择工具箱中的"矩形选框工具" ▯，框选模特的腿，如图13-48所示。

图 13-47　　　　　　　图 13-48

03 执行"编辑"|"内容识别比例"命令，调出内容识别比例框，如图13-49所示。

04 光标移动到比例框右边，当光标变成 ↔ 状态时，单击并按住鼠标往右边拖动，此时，脚被拉长了，如图13-50所示。

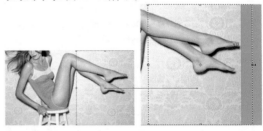

图 13-49　　　　　　　图 13-50

05 按Enter键确认变形，按快捷键Ctrl+D取消选择，并右击该图层，在弹出的快捷菜单中执行"转换为智能对象"命令，将复制得到的图层转换为智能对象。

06 执行"滤镜"|"液化"命令，弹出"液化"对话框，单击"向前变形工具"按钮 ✐，设置画笔工具大小为240，在腿部较粗部位进行推拉，同时将变形的脚掌推拉成正常大小，如图13-51所示。

07 选择工具箱中的"平滑工具"按钮 ，在液化推拉处涂抹，使边缘平滑，一双修长美腿便完成了，如图13-52所示。

图13-51　　　　　　　图13-52

13.3 创意合成

在现实生活中，很多设计需要表现的特殊场景是无法靠拍摄实现的，这就要用Photoshop进行图像合成了。在广告创意的表现和实现中，图像合成起关键的作用。下面讲解Photoshop的图像创意合成技术。

13.3.1 实战——时尚花卉合成海报

本例主要使用"钢笔工具"勾勒图形轮廓，进而完成选区的创建、分割和填充等操作。

01 启动Photoshop CC 2019软件，执行"文件"|"新建"命令，新建一个"高度"为800像素，"宽度"为1200像素，"分辨率"为72像素/英寸的空白文档，并命名为"花卉合成海报"。

02 使用"矩形选框工具" 在"背景"图层上方绘制一个矩形选框，如图13-53所示。修改前景色为黄色（#ffff95），按快捷键Alt+Delete填充选区，如图13-54所示。

图13-53　　　　　　　图13-54

03 将选区上移，用同样的方法分别填充粉色（#ffb2e3）和紫色（#cca2e1），得到的效果如图13-55所示。

04 执行"文件"|"置入嵌入对象"命令，将相关素材中的"人物.png"文件置入文档，并摆

放至画面中心位置，如图13-56所示。

图13-55　　　　　　　图13-56

05 使用"钢笔工具" 在"人物"图层上方绘制一条闭合路径，如图13-57所示，然后按快捷键Ctrl+Enter建立选区。

06 按快捷键Ctrl+X进行剪切，再按快捷键Ctrl+V进行粘贴，即可将图像分隔开来，效果如图13-58所示。

图13-57　　　　　　　图13-58

07 在"图层"面板中单击"创建新图层"按钮 ，在"人物"图层下方新建空白图层。使用"钢笔工具" 在该图层中绘制一个闭合路径，如图13-59所示。

08 按快捷键Ctrl+Enter建立选区，修改前景色为咖色（#433023），按快捷键Alt+Delete填充选

区，得到的效果如图13-60所示。

图13-59

图13-60

09 在"图层"面板中选择"图层1"图层（即头顶部分），按快捷键Ctrl+J复制得到"图层3"图层并置于其下方。双击"图层1 复制"图层，在弹出的"图层样式"对话框中勾选"渐变叠加"选项，并在右侧的面板中调整渐变参数，如图13-61所示，设置完成后，单击"确定"按钮。

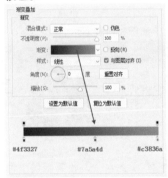
图13-61

10 选择"图层1"图层，使用"移动工具" ✛ 将对象向上移动适当距离，使其与下方的图像叠加在一起，产生厚度感，如图13-62所示。

11 使用"钢笔工具" ✐ 勾勒下方厚度的轮廓，如图13-63所示。

图13-62

图13-63

12 在"图层"面板中单击"创建新图层"按钮 ▯ ，在"人物"图层下方新建空白图层（即"图层3"图层）。按快捷键Ctrl+Enter建立选区并填充颜色。接着，双击"图层3"图层，在弹出的"图层样式"对话框中勾选"渐变叠加"选项，并调整为合适的渐变参数，使下方厚度轮廓

与上方轮廓相互融合，如图13-64所示。

图13-64

13 上述操作完成后，将"背景"图层暂时隐藏。按快捷键Ctrl+Shift+Alt+E盖印人物所在的图层，并将图层命名为"人物盖印图层"，方便进行后面的颜色调整。

14 选择"人物盖印图层"图层，执行"图像"|"调整"|"曲线"命令，在弹出的"曲线"对话框中调整曲线，如图13-65所示，调整完成后，单击"确定"按钮。

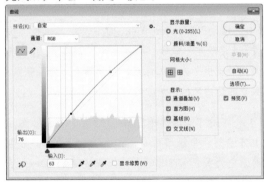
图13-65

15 执行"图像"|"调整"|"色彩平衡"命令，在弹出的"色彩平衡"对话框中拖动滑块，如图13-66所示，完成设置后，单击"确定"按钮。

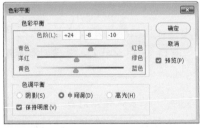
图13-66

16 将相关素材中的"背景花左.png"和"背景花右.png"文件置入文档，摆放在人物对象下方，此时得到的效果如图13-67所示。

图13-67

17 为了使画面视觉效果更加丰富，继续添加相关素材中的郁金香等素材至画面中，根据实际情况摆放至合适的位置。使用"橡皮擦工具" ◢ 擦除多余部分，并调整颜色参数，使花朵与人物完美融合，如图13-68所示。

图13-68

--- 延伸讲解 ✎

　　添加花朵素材时，最好能表现出花朵的穿插效果。在靠近花朵根部的位置，可使用黑色画笔描绘阴影，并降低透明度以使阴影融合至对象中。后期制作需要足够的耐心和细心，结合"画笔工具"细致地描绘各部分的阴影、高光等，能使画面更加立体。

13.3.2 实战——云海漂流创意合成

　　本例的画面比较简洁，素材运用少。在制作时，只需要利用溶图、抠图、调色，就可以迅速完成图像合成。

01 启动Photoshop CC 2019软件，执行"文件"|"新建"命令，新建一个"高度"为1280像素，"宽度"为1920像素，"分辨率"为72像素/英寸的空白文档，并命名为"云海漂流"。

02 执行"文件"|"置入嵌入对象"命令，将相关素材中的"云海.jpg"文件置入文档。在定界框显示状态下，将光标放置在定界框内，右击，在弹出的快捷菜单中执行"斜切"命令，然后拖动定界框右上角的控制点斜切图像，如图13-69所示。

图13-69

03 将相关素材中的"乌云.png"文件置入文档，调整到合适的位置及大小，用上述同样的方法斜切图像，使云层产生向外延伸的感觉，如图13-70所示。

图13-70

04 单击"图层"面板下方的"添加图层蒙版"按钮 ◻，为"乌云"图层添加蒙版。设置前景色为黑色，选择"渐变工具" ◼，在工具选项栏中选择"前景色到透明渐变"，并激活"线性渐变" ◻ 按钮，如图13-71所示。

图13-71

05 完成上述设置后，从乌云的下方往上方拖动鼠标，添加线性渐变，以隐藏多余的图像，使"乌云"与"云海"图像融合到一起，如图13-72和图13-73所示。

图 13-72

图 13-73

06 在"图层"面板中选择"云海"图层，单击"图层"面板下方的"创建新的填充或调整图层"按钮 ⊘ ，在弹出的快捷菜单中执行"曲线"命令，然后在"属性"面板中调整RGB通道的参数，提亮云海，如图13-74所示。

07 单击"图层"面板下方的"创建新的填充或调整图层"按钮 ⊘ ，在弹出的快捷菜单中执行"色相/饱和度"命令，然后在"属性"面板中调整"饱和度"参数，降低图像的饱和度，如图13-75所示。

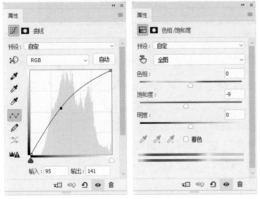

图 13-74　　　　　　图 13-75

08 单击"图层"面板下方的"创建新的填充或调整图层"按钮 ⊘ ，在弹出的快捷菜单中执行"色彩平衡"命令，然后在"属性"面板中调整

"中间调"和"高光"参数，使云海的色调与乌云色调一致，如图13-76所示。

图 13-76

09 在"图层"面板中选择"乌云"图层，单击"创建新图层"按钮 ⊡ ，在其上方新建图层。设置前景色为灰橙色（#ddc0b0），选择"画笔工具" ✐ ，在工具选项栏中适当降低画笔的"不透明度"，然后在乌云与云海相接处涂抹，设置图层的混合模式为"柔光"，使画面更协调，如图13-77所示。

图 13-77

10 将相关素材中的"大树.png"文件置入文档，单击"添加图层蒙版"按钮 ⊡ ，添加图层蒙版，然后用黑色画笔在树的根部涂抹，隐藏树根，如图13-78所示。

图 13-78

11 创建"色相/饱和度"调整图层，调整参数，按快捷键Ctrl+Alt+G创建剪贴蒙版，只调整

树的颜色，如图13-79所示。

图13-79

12 创建"色彩平衡"调整图层，调整"中间调"参数，按快捷键Ctrl+Alt+G创建剪贴蒙版，更改树的色调，如图13-80所示。

图13-80

13 单击"创建新图层"按钮 🔲，新建空白图层，按快捷键Ctrl+Alt+G创建剪贴蒙版。设置前景色为深红色（#bc444e），选择"画笔工具" ✐，在树的顶端涂抹。执行"滤镜"｜"模糊"｜"高斯模糊"命令，在弹出的对话框中设置"模糊半径"为80，并设置该图层的混合模式为"颜色减淡"，设置"不透明度"为27%，如图13-81所示。

图13-81

14 用上述同样的方法，在文档中添加其他素

材，效果如图13-82所示。

图13-82

15 为"船"图层和"模特"图层添加图层蒙版，选择"画笔工具" ✐，用黑色的柔边笔刷涂抹，隐藏部分图像，涂抹过程中注意画笔"不透明度"的设置，如图13-83所示。

图13-83

16 在"船"图层上方新建图层，并创建为剪贴蒙版，设置图层的混合模式为"叠加"，用黑色的画笔（可适当降低透明度）在船的四周涂抹，绘制小船的阴影，如图13-84所示。

图13-84

17 选择"模特"图层，创建"曲线"调整图层，调整RGB参数，然后按快捷键Ctrl+Alt+G创建剪贴蒙版，如图13-85所示。

18 选择上述"曲线"调整图层的蒙版，执行"编辑"|"填充"命令，填充"50%灰色"，如图13-86所示。

图 13-85

图 13-86

19 设置前景色为黑色，选择"画笔工具" ✐，降低"不透明度"，在人物左侧涂抹，将人物的高光区域画出，如图13-87所示。

图 13-87

20 选择"海鸥"图层，按快捷键Ctrl+B打开"色彩平衡"对话框，调整参数，分别更改两只海鸥的颜色，如图13-88所示。

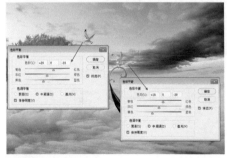

图 13-88

21 将相关素材中的"碎片.jpg"文件置入文档，调整到合适的位置及大小，设置其图层混合模式为"线性减淡（添加）"，并调整素材的色

相及饱和度，如图13-89所示。

图 13-89

22 创建"渐变填充"调整图层，在弹出的"渐变填充"对话框中参照图13-90所示设置参数，并设置其图层混合模式为"柔光"。

图 13-90

---- 延伸讲解 ✐ --------

在添加碎片素材时，如果觉得碎片效果过于繁杂，可添加图层蒙版，使用黑色柔边画笔涂抹，隐藏多余部分；使用灰色柔边画笔涂抹，适当降低碎片透明度。

----

23 创建"曲线"调整图层。调整RGB通道和"蓝"通道的参数，加强图像的对比度，并调整图像的色调，如图13-91所示。

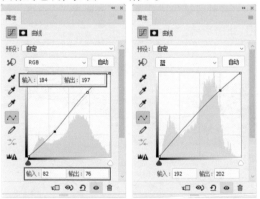

图 13-91

24 在"曲线"调整图层上新建图层，填充黑

色。执行"滤镜"|"渲染"|"镜头光晕"命令，参照图13-92所示设置参数。

图 13-92

图 13-93

25 单击"确定"按钮，关闭对话框，设置镜头光晕调整图层的混合模式为"颜色减淡"，调整"不透明度"为83%。最后按快捷键Ctrl+Shift+Alt+E盖印图层，进行适当调色，最终效果如图13-93所示。

13.4 UI 设计

随着经济的高速发展，人们的生活水平蒸蒸日上，这也直接带动了科技和信息的发展。如今，大量的智能电子产品出现在大家的工作和生活中，人们也开始对UI界面的品质提出了更高的要求，学习UI设计与制作，俨然已成为当下热潮。

13.4.1 实战——绘制药丸 UI 图标

使用Photoshop绘制UI，主要用到的是图形工具及图层样式效果，通过这两种工具的组合使用，可以打造出各种形态及质感的UI。

01 启动Photoshop CC 2019软件，执行"文件"|"新建"命令，新建一个"高度"为800像素，"宽度"为800像素，"分辨率"为72像素/英寸的空白文档，并命名为"药丸图标"。

02 设置前景色为蓝色（#3f398e），设置背景色为深灰色（#343437）。在工具箱中选择"渐变工具" ，然后在工具选项栏中设置"前景色

到背景色渐变"，并激活"径向渐变"按钮 ，在文档中为背景添加径向渐变，如图13-94所示。

03 在工具箱中选择"圆角矩形工具" ，在文档中单击，在弹出的"创建矩形"对话框中设置"宽度"与"高度"参数，并勾选"从中心"复选框，如图13-95所示。

图 13-94

图 13-95

04 单击"确定"按钮，将圆角矩形的填充为

白色。在"图层"面板中将圆角矩形所在的图层命名为"胶囊"，并在圆角矩形的"属性"面板中调整角的半径，使其变得更加圆滑，然后把圆角矩形旋转45度，此时得到的图形效果如图13-96所示。

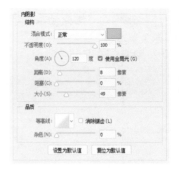

图13-99

05 双击"胶囊"图层，在弹出的"图层样式"对话框中勾选"内发光"选项，并在右侧的"内发光"参数面板中修改"混合模式"为"柔光"，设置"不透明度"为22%，设置颜色为绿色（#3dff8e），并调整"大小"为100像素，如图13-97所示。

08 再次将"胶囊"图层复制得到"胶囊 复制2"图层。双击该图层，打开"图层样式"对话框，参照图13-100所示修改"内阴影"选项的参数。单击"确定"按钮，保存设置，此时得到的效果如图13-101所示。

图13-96　　　　　　图13-97

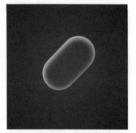

图13-100　　　　　　图13-101

06 设置完成后，单击"确定"按钮，在"图层"面板修改该图层的"填充"为0%，得到的图形效果如图13-98所示。

09 选择"椭圆工具"，在文档中创建一个"宽度"为286像素、"高度"为48像素的椭圆形（白色填充且无描边），将其所在的图层命名为"水面轮廓"图层。双击该图层，在打开的"图层样式"对话框中勾选"内发光"选项，并在右侧的参数面板中修改"混合模式"为"正常"，设置"不透明度"为85%，设置"大小"为8像素，颜色为绿色（#0fd06c），如图13-102所示，设置完成后，单击"确定"按钮，修改图层"填充"为0%。

图13-98

07 按快捷键Ctrl+J复制得到"胶囊 复制"图层，将其所带的"内发光"效果删除。然后双击该图层，打开"图层样式"对话框，在其中勾选"内阴影"选项，并在右侧的"内阴影"参数面板中修改"混合模式"为"正常"，颜色为绿色（#3dff8e），设置"不透明度"为100%，同时调整"距离"为8像素、"大小"为49像素，如图13-99所示，单击"确定"按钮。

图13-102

10 使用"椭圆工具"创建一个"宽度"为

230像素、"高度"为28像素的椭圆形，为其填充深绿色（#1a8b56）。执行"滤镜"|"模糊"|"高斯模糊"命令，在弹出的对话框中设置"半径"为6.5像素，如图13-103所示。单击"确定"按钮，保存设置，得到的效果如图13-104所示。

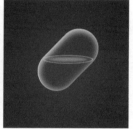

图13-103　　　　　　图13-104

11 使用"钢笔工具" ✐ 绘制如图13-105所示的白色无描边形状，并将图层命名为"闪电1"。

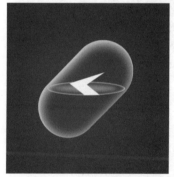

图13-105

12 为"闪电1"图层添加"内阴影"与"渐变叠加"图层样式，具体设置如图13-106和图13-107所示。

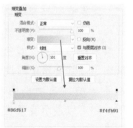

图13-106　　　　　　图13-107

13 完成上述设置后，得到的"闪电1"效果如图13-108所示。用同样的方法，继续绘制图形的剩余组成部分（这里划分为5个部分），并添加合适的图形样式，效果如图13-109所示。

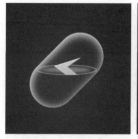

图13-108　　　　　　图13-109

14 选择"椭圆工具" ◯ 绘制一个填充为绿色（#b3fd17）的无描边正圆形，如图13-110所示。

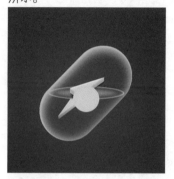

图13-110

---- 延伸讲解 ✐ ------------

　　闪电在插入水中时会产生折射效果，除了将图形拆分为水面上与水面下两个部分外，还需要添加适当的阴影以表现图形的立体效果。

----

15 执行"滤镜"|"模糊"|"高斯模糊"命令，调整"半径"为28.8像素，调整完成后得到的效果如图13-111所示。

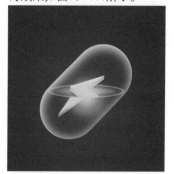

图13-111

16 用上述同样的方法，继续绘制几何图形并模糊，来制作水底的反光，如图13-112和图13-

113所示。

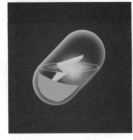

图 13-112

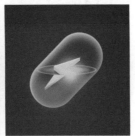

图 13-113

17 使用"钢笔工具" ✐ 沿着胶囊图形边缘绘制两组图形，作为高光部分，填充颜色为浅绿色（b1ffc7），如图13-114所示，在"图层"面板中降低图形的"不透明度"至20%，使效果更加自然。

18 使用"钢笔工具" ✐ 与"椭圆工具" ○ 在图形左上角绘制白色光斑图形，如图13-115所示。

图 13-114

图 13-115

19 为上述绘制的白色光斑图形添加"内发光"图层样式，设置其"混合模式"为"滤色"，设置"不透明度"为100%，颜色为白色，如图13-116所示。

图 13-116

20 在"图层"面板中调整白色光斑图形的"不透明度"为70%，调整"填充"至50%，如图13-117所示。操作完成后得到的图形效果如图13-118所示。

图 13-117

图 13-118

21 在文档中绘制气泡，并添加文字优化图像，最终效果如图13-119所示。

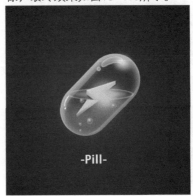

图 13-119

13.4.2 实战——简约透明搜索栏

搜索栏在网页UI或移动UI中应用广泛，部分联机游戏也会加入搜索栏的元素。如今不少网页趋向于设计半透明的控件元素，在不影响用户功能需求的前提下，还可以展示背景或其他展示元素。

01 启动Photoshop CC 2019软件，执行"文件"｜"新建"命令，新建一个"高度"为600像素，"宽度"为800像素，"分辨率"为72像素/英寸的空白文档，并命名为"简约搜索栏"，如图13-120所示。

图 13-120

02 执行"文件"|"置入嵌入对象"命令，找到相关素材中的"背景.jpg"，将其置入文档，并调整到合适的位置及大小，如图13-121所示。

图 13-121

03 为了突出主体，这里选择"背景"图层，执行"滤镜"|"模糊"|"高斯模糊"命令，将背景适当模糊，如图13-122所示。操作完成后的效果如图13-123所示。

图 13-122   图 13-123

--- 延伸讲解 🖈

在具体制作时，根据实际情况还可以适当调整背景的亮度和对比度等。

04 选择"圆角矩形工具"□，在图像上方绘制一个黑色长条矩形，效果如图13-124所示，同时在"图层"面板中新建了"圆角矩形1"图层。

05 在"图层"面板中将"圆角矩形1"图层的"不透明度"调整至30%，如图13-125所示。

图 13-124   图 13-125

06 双击"圆角矩形1"图层，在弹出的"图层样式"对话框中勾选"斜面和浮雕"和"内阴影"复选框，参照图13-126和图13-127所示进行图层样式的设置。

图 13-126   图 13-127

07 设置完成后，单击"确定"按钮，保存图层样式，此时得到的效果如图13-128所示。

08 在工具箱中选择"自定形状工具"，然后在工具选项栏中选择如图13-129所示的放大镜图形。

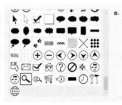

图 13-128   图 13-129

09 在文档中绘制放大镜形状，并为其填充白色，如图13-130所示。

10 在"图层"面板中将上述绘制的"形状1"图层的图层混合模式更改为"叠加"，如图

13-131所示。

图 13-130

图 13-131

11 使用"横排文字工具" **T** 在文档中输入文字"搜索",并在"字符"面板中调整文字参数,如图13-132所示。

12 在"图层"面板中修改文字所在图层的混合模式为"叠加",并将文字移动至矩形框左侧,添加LOGO元素(必应bing),最终得到的效果如图13-133所示。

图 13-132

图 13-133

13.5 产品包装与设计

本例介绍产品手提袋的设计。作为产品宣传的一种方式,设计手提袋时将根据产品的特点,以自然、清新的绿色为主色调,配合素材的使用点明主题,使消费者对包装内容一目了然。

13.5.1 实战——制作平面效果

本例主要使用"钢笔工具"进行绘制,同时结合辅助线,能够更加精确有效地在文档中绘制产品的平面效果图。

01 启动Photoshop CC 2019软件,执行"文件"|"新建"命令,新建一个"高度"为20厘米,"宽度"为30厘米,"分辨率"为300像素/英寸的空白文档,并命名为"手提袋"。

02 按快捷键Ctrl+R显示标尺,然后选择"移动工具" ✛ ,从标尺上拉出辅助线,如图13-134所示。

03 在"图层"面板中单击"创建新图层"按钮 ,新建空白图层。选择"钢笔工具" ,在工具选项栏中选择"路径",沿着辅助线绘制路径,参照图13-135所示。

图 13-134

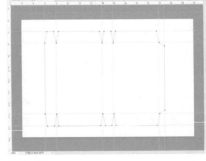
图 13-135

04 按快捷键Ctrl+Enter创建选区，设置前景色为白色，按快捷键Alt+Delete填充前景色至选区，如图13-136所示（这里为了方便观察，可将背景设置为深色）。

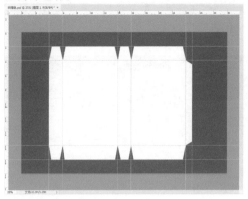

图 13-136

05 新建图层，设置前景色为红色（#9c2d33），选择"矩形工具" □，在工具选项栏中选择"像素"，在文档中绘制一个矩形，如图13-137所示。

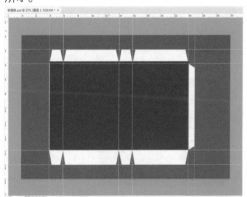

图 13-137

06 执行"图层"|"创建剪贴蒙版"命令，或按快捷键Ctrl+Alt+G，将多余的图像隐藏，如图13-138和图13-139所示。

图 13-138

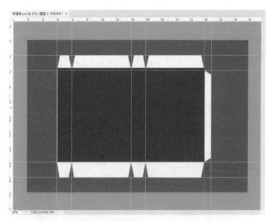

图 13-139

07 执行"文件"|"置入嵌入对象"命令，将相关素材中的"封面图.jpg"文件置入文档，并调整到合适的位置及大小，如图13-140所示。

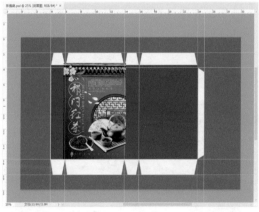

图 13-140

08 暂时隐藏封面图，使用"矩形选框工具" □ 创建选区，如图13-141所示。

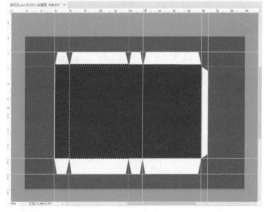

图 13-141

09 恢复封面图为显示状态，并栅格化图像，按快捷键Ctrl+Shift+I反选选区，删除多余图像。按快捷键Ctrl+Shift+G创建剪贴蒙版，使封面图像契合整体形状，如图13-142所示。

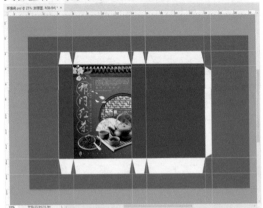

图 13-142

10 用上述同样的方法，制作背面效果，如图13-143所示。

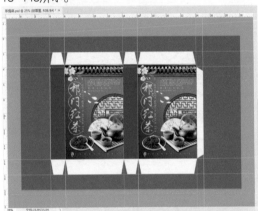

图 13-143

13.5.2 实战——制作立体效果

在平面效果图制作完成后，可以选取部分图形进行变换扭曲操作，使原本平面的图形变得立体，从而更加直观地展示产品在不同场景中的视觉效果。

01 按快捷键Ctrl+N新建一个"高度"为20厘米，"宽度"为30厘米，"分辨率"为300像素/

英寸的空白文档，并命名为"立体展示"。

02 设置前景色为灰色（#3a3535），背景色为白色。在工具箱中选择"渐变工具" ，然后在工具选项栏中设置"前景色到背景色"的线性渐变，在画面中从上往下拖动鼠标，填充线性渐变，如图13-144所示。

图 13-144

03 切换至"手提袋"文档窗口，隐藏"背景"图层，选择最上方图层为当前选中图层，按快捷键Ctrl+Shift+Alt+E，盖印当前所有可见图层，如图13-145所示。

图 13-145

04 选择盖印图层为当前图层，然后使用"矩形选框工具" 选择图像区域，如图13-146所示。

05 使用"移动工具" ，直接剪切选区中的图像并拖入"立体展示"文档中，如图13-147所示。

06 用上述同样的方法，将其他面的图像剪切并拖入"立体展示"文档，如图13-148所示。

图 13-146

图 13-147

图 13-148

07 按快捷键Ctrl+T进行自由变换，分别扭曲变换各个图像，使各部分组合在一起以产生立体感，变换操作时要注意各图层之间的叠加关系，以及透视关系，如图13-149和图13-150所示。

图 13-149

图 13-150

08 在"背景"图层上方新建图层，选择"多边形套索工具" ，创建如图13-151所示的选区，并填充白色，制作出手提袋内侧面的效果。

图 13-151

--- 延伸讲解

进行自由变换时，按住 Ctrl 键，直接调整控制点，也可以进行扭曲变换。

09 用同样的方法，使用"多边形套索工具" 创建如图13-152所示的选区，并填充灰色（#a2a2a2），制作出手提袋右内侧面的效果。

10 新建图层并置于顶层。设置前景色为深红色（#7e2126），然后选择"画笔工具" ，在工具选项栏中设置画笔"大小"为40像素，设置"硬度"为50%，设置"不透明度"为100%，在图像上方绘制手提袋的4个穿绳孔，如图13-153所示。

图 13-152

图 13-153

11 新建图层，绘制提绳。选择"钢笔工具" ，在工具选项栏中选择"路径"，绘制如图13-154所示的路径。

12 使用"路径选择工具" 选中路径后，选择"画笔工具" ，在工具选项栏中设置画笔

"大小"为15像素，设置"硬度"为100%，设置"不透明度"为100%，设置前景色为红色（#ed5551），然后单击"路径"面板中的"用画笔描边路径"按钮 ○，得到的效果如图13-155所示。

图 13-154　　　　　　　图 13-155

13 单击"图层"面板下方的"添加图层样式"按钮 fx，为提绳添加"斜面和浮雕"效果，参照图13-156所示设置参数，完成设置后得到的效果如图13-157所示。

图 13-156　　　　　　　图 13-157

14 绘制完成后，添加背景素材，并适当调整颜色和亮度值，最终效果如图13-158所示。

图 13-158

附录：Photoshop CC2019 快捷键总览

工具快捷键

多种工具共用一个快捷键的，可按Shift+快捷键进行切换选取。

功能	快捷键	功能	快捷键
✛ 移动工具	V	⛶ 画板工具	V
⬚ 矩形选框工具	M	⬭ 椭圆选框工具	M
⬭ 套索工具	L	⚐ 多边形套索工具	L
⬭ 磁性套索工具	L	⬭ 快速选择工具	W
⚡ 魔棒工具	W	⛏ 裁剪工具	C
⬚ 透视裁剪工具	C	⚐ 切片工具	C
⬭ 切片选择工具	C	⚲ 吸管工具	I
⬭ 3D 材质吸管工具	I	⚲ 颜色取样器工具	I
▭ 标尺工具	I	▤ 注释工具	I
1₂³ 计数工具	I	⬭ 污点画笔修复工具	J
⬭ 修复画笔工具	J	⬭ 修补工具	J
⬭ 内容感知移动工具	J	⬭ 红眼工具	J
⬭ 画笔工具	B	⬭ 铅笔工具	B
⬭ 颜色替换工具	B	⬭ 混合器画笔工具	B
⬭ 仿制图章工具	S	⬭ 图案图章工具	S
⬭ 历史记录画笔工具	Y	⬭ 历史记录艺术画笔工具	Y
⬭ 橡皮擦工具	E	⬭ 背景橡皮擦工具	E

功能	快捷键	功能	快捷键
魔术橡皮擦工具	E	渐变工具	G
油漆桶工具	G	3D 材质拖放工具	G
减淡工具	O	加深工具	O
海绵工具	O	钢笔工具	P
自由钢笔工具	P	弯度钢笔工具	P
横排文字工具	T	直排文字工具	T
直排文字蒙版工具	T	横排文字蒙版工具	T
路径选择工具	A	直接选择工具	A
矩形工具	U	圆角矩形工具	U
椭圆工具	U	多边形工具	U
直线工具	U	自定形状工具	U
抓手工具	H	旋转视图工具	R
标准屏幕模式	F	带有菜单栏的全屏模式	F
全屏模式	F		

面板显示快捷键

功能	快捷键	功能	快捷键
打开帮助	F1	剪切	F2
复制	F3	粘贴	F4
隐藏 / 显示 "画笔" 面板	F5	隐藏 / 显示 "颜色" 面板	F6
隐藏 / 显示 "图层" 面板	F7	隐藏 / 显示 "信息" 面板	F8
隐藏 / 显示 "动作" 面板	F9	隐藏 / 显示所有面板	Tab
显示 / 隐藏工具箱以外的面板	Shift+Tab		

菜单命令快捷键

菜单	快捷键	功能
文件菜单	Ctrl+N	打开"新建"对话框，新建图像文件
	Ctrl+O	打开"打开"对话框，打开一个或多个图像文件
	Alt+Shift+Ctrl+O	打开"打开为"对话框，以指定格式打开图像
	Alt+Ctrl+O	在 Bridge 中浏览
	Ctrl+W 或 Alt+F4	关闭当前图像文件
	Alt+Ctrl+W	关闭全部
	Shift+Ctrl+W	关闭并转到 Bridge
	Ctrl+S	保存当前图像文件
	Shift+Ctrl+S	打开"另存为"对话框，保存图像
	Alt+Shift+Ctrl+S	将图像保存为网页
	Ctrl+P	打开"打印"对话框，预览和设置打印参数
	Alt+Shift+Ctrl+P	打印一份
	Ctrl+Q	退出
	F12	恢复图像到最近保存的状态
编辑菜单	Ctrl+Z	还原
	Shift+Ctrl+Z	重做
	Alt+Ctrl+Z	切换最终状态
	Shift+Ctrl+F	渐隐
	Ctrl+X	剪切图像
	Ctrl+C	复制图像
	Shift+Ctrl+C	合并复制
	Ctrl+V	粘贴图像
	Ctrl+Shift+V	粘贴图像到选择区域

（续）

Photoshop CC 2019 从新手到高手

菜单	快捷键	功能
编辑菜单	Ctrl+F	搜索
	Shift+F5	打开"填充"对话框
	Shift+Ctrl+K	颜色设置
	Alt+Shift+Ctrl+K	键盘快捷键
	Alt+Shift+Ctrl+M	菜单
	Alt+Delete	用前景色填充图像或选取范围
	Ctrl+Delete	用背景色填充图像或选取范围
	Ctrl+T	打开定界框，自由变换图像
	Ctrl+Shift+T	再次变换
图像菜单	Shift+Ctrl+L	执行"自动色调"命令
	Alt+Shift+Ctrl+L	执行"自动对比度"命令
	Shift+Ctrl+B	执行"自动颜色"命令
	Alt+Ctrl+I	打开"图像大小"对话框，调整图像大小
	Alt+Ctrl+C	打开"画布大小"对话框，调整画布大小
	Ctrl+L	打开"色阶"对话框
	Ctrl+M	打开"曲线"对话框
	Ctrl+U	打开"色相/饱和度"对话框
	Ctrl+B	打开"色彩平衡"对话框
	Alt+Shift+Ctrl+B	打开"黑白"对话框
	Ctrl+I	打开"反相"对话框
	Shift+Ctrl+U	去色
图层菜单	Ctrl+Shift+N	打开"新建图层"对话框，建立新的图层
	Shift+Ctrl+'	快速导出为PNG
	Alt+Shift+Ctrl+'	导出为…

菜单	快捷键	功能
图层菜单	Ctrl+J	将当前图层选取范围内的内容复制到新建的图层，若当前无选区，则复制当前图层
	Ctrl+Shift+J	将当前图层选取范围内的内容剪切到新建的图层
	Ctrl+G	新建图层组
	Shift+Ctrl+G	取消图层编组
	Alt+Ctrl+G	创建 / 释放剪切蒙版
	Shift+Ctrl+]	将当前图层置为顶层
	Ctrl+]	将当前图层上移一层
	Ctrl+[	将当前图层下移一层
	Shift+Ctrl+[	将当前图层置为底层
	Ctrl+E	将当前图层与下一图层合并（或合并链接图层）
	Shift+Ctrl+E	合并所有可见图层
	Ctrl+,	隐藏图层
	Ctrl+/	锁定图层
选择菜单	Ctrl+A	全选整个图像
	Alt+Ctrl+A	全选所有图层
	Ctrl+D	取消选择
	Shift+Ctrl+D	重新选择
	Shift+Ctrl+I	反转当前选取范围
	Alt+Ctrl+R	选择并遮住
	Alt+Shift+Ctrl+F	查找图层
滤镜菜单	Alt+Ctrl+F	上次滤镜操作
	Alt+Shift+Ctrl+A	自适应广角
	Shift+Ctrl+A	Camera Raw 滤镜

菜单	快捷键	功能
滤镜菜单	Shift+Ctrl+R	镜头校正
	Shift+Ctrl+X	液化
	Alt+Ctrl+V	消失点
视图菜单	Ctrl+Y	校样图像颜色
	Ctrl+Shift+Y	色域警告，在图像窗口中以灰色显示不能印刷的颜色
	Ctrl++	放大图像显示
	Ctrl+ −	缩小图像显示
	Ctrl+0	按屏幕大小缩放
	Ctrl+1	以实际像素显示图像
	Ctrl+H	显示额外内容
	Shift+Ctrl+H	显示 / 隐藏路径
	Ctrl+'	显示 / 隐藏网格
	Ctrl+;	显示 / 隐藏参考线
	Ctrl+R	显示 / 隐藏标尺
	Shift+Ctrl+;	对齐
	Alt+Ctrl+;	锁定参考线

"画笔"面板常用快捷键

功能	快捷键	功能	快捷键
增大或缩小画笔尺寸	[或]	增加或减弱画笔硬度	Shift+[或]
循环选择画笔	< 或 >		